普通高等教育规划教材

液压传动

主　编　任好玲　林添良
副主编　陈其怀　付胜杰

U0218698

机械工业出版社

本书共分八章，从一个简单的液压系统入手，逐渐介绍液压系统中各元件的结构、分类、工作原理、性能及应用，简单液压回路的组成、特点及应用。每章均附有习题，书末有习题参考答案。同时附赠课件。

　　书末附有液压基本元件的图形符号、常用液压术语的英文名称及常用的液压有关国家标准、行业标准及国际标准目录及名称，便于读者进行查阅和参考。

　　本书汲取了国内外的液压新技术、新成果，协调了理论与实际应用的关系，以增强读者分析、解决实际问题的能力及工程应用素质。

　　本书是普通高等学校机械类专业的本科教材，也适合其他近机类专业使用，同时可作为液压工程技术人员的参考书。

图书在版编目（CIP）数据

液压传动/任好玲，林添良主编. —北京：机械工业出版社，2019. 4（2024. 9 重印）
ISBN 978-7-111-62672-5

Ⅰ. ①液…　Ⅱ. ①任…　②林…　Ⅲ. ①液压传动-教材
Ⅳ. ①TH137

中国版本图书馆 CIP 数据核字（2019）第 085448 号

机械工业出版社（北京市百万庄大街 22 号　邮政编码 100037）
策划编辑：张秀恩　责任编辑：张秀恩
责任校对：王明欣　封面设计：鞠　杨
责任印制：刘　媛
涿州市般润文化传播有限公司印刷
2024 年 9 月第 1 版第 4 次印刷
169mm×239mm · 23. 25 印张 · 477 千字
标准书号：ISBN 978-7-111-62672-5
定价：55. 00 元

电话服务　　　　　　　　　网络服务
客服电话：010-88361066　　机 工 官 　网：www.cmpbook.com
　　　　　010-88379833　　机 工 官 　博：weibo.com/cmp1952
　　　　　010-68326294　　金 书 　　网：www.golden-book.com
封底无防伪标均为盗版　　机工教育服务网：www.cmpedu.com

前　言

　　液压传动是机械类专业的一门专业基础课程，适合于机械工程、机械设计制造及自动化、机械电子工程、机械设计、车辆工程等专业。

　　本书共分为八章。第一章 绪论，总体介绍液压传动的发展、工作原理及其组成、液压传动系统的图形符号、优缺点，并重点介绍了液压传动在各个领域的应用；第二章 液压介质，主要介绍了常用介质——液压液的主要特性、选用、污染及其控制方法，并分析了常见问题和解决措施；第三章 流体力学基础知识，主要介绍了流体的静力学、动力学基本方程，以及压力损失、缝隙及孔口流动、气穴及液压冲击等，以及它们在液压系统中的应用；第四章 液压泵和液压马达，主要介绍了各种液压泵和液压马达的结构、工作原理、特点、选用及使用过程的注意事项；第五章 液压缸，主要介绍了各种液压缸的结构和设计计算，并重点介绍了单出杆双作用液压缸在不同供油情况下的输出推力和速度；第六章 液压控制阀，主要介绍了液压系统的三大类控制阀：方向控制阀、压力控制阀和流量控制阀，它们的具体结构、分类、工作原理和使用等，并简单介绍了各种新型液压控制阀；第七章 液压辅件，介绍了油箱、蓄能器、过滤器、热交换器、管件、密封及各种测试仪表；第八章 液压基本回路，主要介绍了速度控制回路、压力控制回路、多缸工作回路和其他回路等。

　　本书在讲解理论的同时，加强知识的应用及能力的培养，协调了理论与实际应用的关系，加强分析、解决实际问题的能力及工程应用素质的培养。另外，为培养学生的工程实践能力和国际化的视野，本书对液压专业术语进行了英文标注，所涉及的国家标准、行业标准及国际标准等均采用最新标准并在附录中进行了相应罗列。

　　本书是教学团队在多年教学与科研的基础上，汲取国内外同类教材的编写经验，摘取知名液压元件生产厂家产品成果和最新技术，精心编写而成的。

　　本书由任好玲、林添良主编，陈其怀、付胜杰任副主编，任好玲负责第二、三、八章的撰写，林添良负责第一、六章的撰写，陈其怀负责第四、五章的撰写，付胜杰负责第七章的撰写。另外，缪骋、李钟慎和叶月影参与了本书部分章节的编写工作。全书由任好玲统稿。

　　感谢浙江大学流体动力与机电系统国家重点实验室杨华勇院士、王庆丰教授、徐兵教授和谢海波教授等长期对华侨大学智能机电液一体化及节能技术研究团队成员的栽培和支持；感谢太原理工大学权龙教授课题组、哈尔滨工业大学姜继海教授课题组、燕山大学孔祥东教授课题组、北京航空航天大学焦宗夏教授课题组等对华侨大学智能机电液一体化及节能技术研究团队的支持和关心；感谢为本书的编写提供素材的各位专家、企业，感谢各位专家提出的宝贵意见和建议，在此表示衷心的感谢！

由于编者水平和经验有限，书中难免存在缺点和错误，恳请广大读者批评指正。

本书附赠课件下载：

网址：https://pan.baidu.com/s/1BWgdCF5ieSU4P6xZbfQdYg

提取码：ldm4

编　　者

于福建厦门

目　录

第一章

绪　论

第一节　液压传动的国内外发展概况

　　液压传动和气压传动统称为流体传动，相较于机械传动而言是一门新技术，是根据 17 世纪帕斯卡提出的液体静压力传动原理而发展起来的。1795 年英国约瑟夫·布拉曼（Joseph Braman，1749—1814），在伦敦用水作为工作介质，以水压机的形式将其应用于工业上，诞生了世界上第一台水压机。1905 年人们将工作介质由水改为油，性能又进一步得到改善。迄今为止，液压技术的应用已经有二三百年的历史。

　　第一次世界大战（1914—1918）后液压传动获得广泛应用，特别是 1920 年以后，其发展更为迅速。液压元件在 19 世纪末 20 世纪初的 20 年间，开始进入正规的工业生产阶段。1925 年维克斯（F. Vikers）发明了压力平衡式叶片泵，为近代液压元件工业和液压传动的逐步发展奠定了基础。20 世纪初康斯坦丁·尼斯克（G·Constantimsco）对能量波动传递进行了理论及实际研究。

　　第二次世界大战（1941—1945）期间，有 30% 的美国机床应用了液压传动技术。20 世纪 50 年代，随着世界各国经济的恢复和发展，生产过程自动化地不断增长，液压技术很快转入民用工业，在机械制造、起重运输机械及各类施工机械、船舶、航空等领域得到了广泛的发展和应用。20 世纪 60 年代以来，随着原子能、航空航天技术、微电子技术的发展，液压技术在更深、更广阔的领域得到了发展。20 世纪 60 年代出现了板式、叠加式液压阀系列，发展了以比例电磁铁为电气-机械转换器的电液比例控制阀并被广泛用于工业控制中，提高了电液控制系统的抗污染能力和性价比。随着科学技术的进步和人类环保、能源危机意识的提高，近 30 年来，人们重新认识和研究历史上以水作为工作介质的水液压传动技术。在理论上和应用研究上，水液压传动技术都得到了复苏与持续稳定的发展，正在逐渐成为现代液压传动技术中的热点问题和新的发展方向之一。

　　我国在液压技术上的相关研究始于 1952 年。最初的液压传动技术用于机床和锻压设备，因此最初的液压传动教材称作《金属切削机床液压传动》，后来才被逐渐应用于工业设备、航空航天装置和工程机械等。1964 年，通过引进、消化吸收国外产品，国内开始自行设计液压产品。经过多年的艰苦探索，在 20 世纪 80 年代后期我国的液压技术登上一个新的台阶。目前，我国的液压元件和产品门类齐全，并已实现标准化、系列化和通用化。国内也逐渐涌现了一大批液压元件生产厂家和液压系统设计厂家等。

第二节　液压传动的工作原理及组成

原动机（各种发动机及电动机等）的输出特性往往不能和执行机构的要求（力、速度和位移）相匹配，因此，就需要某种传动装置，将原动机的输出量进行适当变换，使其满足工作机构的要求。常用的传动装置包括机械传动、电气传动和流体传动（液压传动和气压传动）等。其中，液压传动是一种广泛使用的传动形式，其主要以液体作为介质，通过产生的压力传递能量。

本书对其进行详细描述。

一、基本工作原理

图 1-1 是机床工作台液压传动系统工作原理示意图，主要包括油箱 1、过滤器 2、液压泵 3、溢流阀 7、换向阀 10 和 15、节流阀 13、液压缸 18 和工作台 19、连接这些元件的管路、管接头，以及充满整个系统的液压油等。它的工作原理如下：液压泵 3 在原动机带动下旋转，从油箱 1 中汲取液压油。油箱 1 中的液压油经过过滤器 2 后进入液压泵，经过液压泵将油压升高后输入到压力管 9，在图 1-1a 所示状态下，液压油经过换向阀 10、节流阀 13、换向阀 15 后进入液压缸 18 的无杆腔（左腔），推动活塞 17 和工作台 19 向右运动。此时液压缸 18 的有杆腔（右腔）中的液压油经过换向阀 15 和回油管 14 后回到油箱 1 中。

如果将换向阀 15 的操作手柄 16 扳到图 1-1b 所示位置，则液压泵输出的液压油经过压力管 9、换向阀 10、节流阀 13、换向阀 15 后进入液压缸 18 的有杆腔（右腔），推动活塞 17 和工作台向左运动。液压缸 18 无杆腔（左腔）的液压油则经过换向阀 15、回油管 14 后回到油箱 1 中。

活塞 17 和工作台 19 的运动速度由节流阀 13 来控制。当节流阀的开度增大时，进入液压缸 18 中的液压油就增多，工作台的运动速度就增大；反之，当节流阀的开度减小时，工作台的运动速度就减小。

液压缸带动工作台运动的过程中，必然受到一定的阻力作用，液压缸中的压力油就是用来产生推力以克服阻力，从而使工作台运动的。阻力越大，则需要液压缸中的油液压力越高。液压缸和工作台的运动速度取决于进入液压缸的油液多少，而液压泵提供的多余液压油则需经过溢流阀 7 和回油管 4 回油箱。液压泵输出的压力油作用于钢球 5 上，当该油液产生的压力大于弹簧 6 的预紧力时，钢球 5 离开阀座，打开阀口通道，使得压力支管 8 中的压力油可以经由溢流阀回油箱。此时液压泵的出口压力就由溢流阀 7 所决定，这个压力略大于液压缸中推动负载所需的压力。

当换向阀 10 的操作手柄 11 处于图 1-1c 所示位置时，液压泵输出的压力油经压力管 9、换向阀 10 和回油管 12 回油箱 1 中。此时由于液压油往液压缸支路的阻力大，而回油箱支路基本无阻力，因此液压泵输出的压力油基本上都回到油箱，并无压力油进入液压缸 18 的任何一腔，故此时液压缸处于停止状态。

从上面的工作过程可以看出，液压系统的工作是依靠液体的压力能进行的，具体表现在：

1）液压传动是以液体为工作介质来传递动力。

2）液压传动依靠液体的压力能来传递动力，与依靠液体的动能来传递动力的液力传动不同。

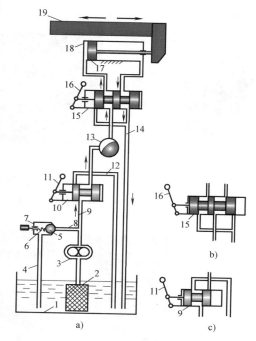

图 1-1 机床工作台液压传动系统工作原理
1—油箱 2—过滤器 3—液压泵 4、12、14—回油管
5—钢球 6—弹簧 7—溢流阀 8—压力支管
9—压力管 10、15—换向阀 11、16—操作手柄
13—节流阀 17—活塞 18—液压缸 19—工作台

3）液压传动中的工作介质是在受控、受调节的状态下工作的，因此液压传动与液压控制很难截然分开。

4）液压系统在工作时，存在机械能与液压能或压力能的多次相互转换。

5）液压传动系统必须满足所驱动负载在力或速度方面的要求。

二、液压系统的组成

从图 1-1 所示系统的工作过程可以看出，液压传动系统的组成可以分为以下四部分。

（1）能源装置 把机械能（发动机或者电动机等）转换为油液的压力能的装置。最常见的就是液压泵，常用的液压泵如图 1-2 所示，按结构分为齿轮泵、叶片泵和柱塞泵等，其主要作用是给液压系统提供压力油，使整个液压系统能够按照设定的功能来满足负载在力或速度方面的要求。

（2）执行装置 把油液的压力能转换为机械能的装置，如图 1-3 所示，液压系统中的执行机构主要包括两类：①作直线运动的液压缸；②做旋转运动的液压马达。

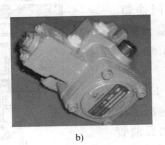

a)   b)   c)

图 1-2　不同类型的液压泵
a）齿轮泵　b）叶片泵　c）柱塞泵

a)   b)

图 1-3　不同类型的执行机构
a）液压缸（直线运动）　b）液压马达（旋转运动）

（3）控制调节装置　对液压系统中油液的压力、流量和流动方向进行控制和调节的装置，如图 1-4 所示的换向阀、溢流阀、调速阀等。通过对这些元件的组合使用即可实现液压系统的不同功能。

（4）辅助装置　液压系统的正常工作，除了需要上述三大装置外，还需要配

a)   b)   c)

图 1-4　不同类型的液压控制装置
a）换向阀　b）溢流阀　c）调速阀

置相应的辅助装置，比如图1-5所示的油箱、过滤器、软管、管接头以及液压蓄能器等。它们对保证液压系统的稳定、可靠和持久地运行起着举足轻重的作用。

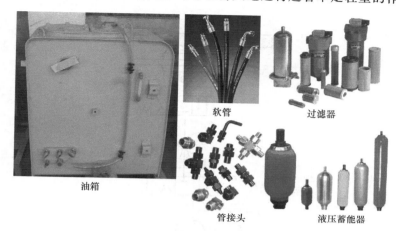

软管 过滤器

油箱

管接头 液压蓄能器

图1-5 不同类型的液压系统辅助装置

三、液压系统的图形符号

图1-1所示原理图为半结构式的液压系统原理图，直观性强，容易理解，但是图形绘制复杂，尤其是对于有较多元器件的复杂系统而言更是如此。为了简化原理图的绘制，系统中各元件可采用图形符号来表示，这些符号只代表元件的职能，不表示元件的具体结构和参数，只反映各元件在油路连接上的相互关系，不反映其空间安装位置，只反映静止位置或初始位置的工作状态，不反映其过渡过程。

国标GB/T 786.1—2009中对常规用途的流体传动系统及元件的图形符号进行了规定。以图1-1为例，介绍各元件的图形符号与半结构图的对应关系。

一般液压符号图应该以该元件处于静止或零位时的状态来表示，图1-1半结构式原理图对应的符号图如图1-6所示。

（1）液压泵 由一个圆加上一个实心的三角形以及在圆外的旋转运动方向来表示，其中，三角形的角向外，表示油液的流动方向，如图1-6中的元件3所示。

（2）换向阀 一般具有两个或以上的工作位置，用来改变液体的流动方向，根据与其连接的管路数量，其通道数（油口）也不相同，如图1-6中的元件5和7所示，换向阀5具有两个工作位置，三个连接通道，而换向阀7具有三个工作位置，四个工作通道。一般用P口代表压力油的入口，T口代表压力油的出口，A口和B口用来代表与负载或下一级油路相连的通道。

（3）溢流阀 一般方格代表阀芯，中间的箭头代表液体的流动方向和流通通道，两侧的直线代表进出油路，虚线代表控制油路。压力阀就是利用作用在阀芯上的液压力与另一侧的弹簧力平衡进行工作的，如图1-6中的元件4所示。

（4）节流阀 由两段圆弧组成的狭小缝隙即为节流阀，由于节流阀的开口是可以调整的，因此添加了一个斜向的箭头，如图1-6的元件6所示。

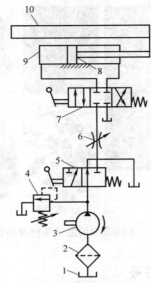

图 1-6 液压传动系统的图形符号图

1—油箱 2—过滤器 3—液压泵 4—溢流阀 5、7—换向阀

6—节流阀 8—活塞 9—液压缸 10—工作台

第三节 液压传动的基本方式及控制方式

一、液压系统的分类

液压系统的种类多、应用范围广，可按不同的特性进行分类，典型的液压系统分类如下。

1）应用场合：工业液压和移动液压。

2）不同的控制方式：手动/自动，开环/闭环。

3）不同的功率：小、中、大功率。

4）不同的精度：换向/比例/伺服。

5）不同的控制参数：位移、力、速度等。

6）不同的结构形式：单/多执行元件，缸/马达。

7）不同的使用环境：室内/室外，高温/低温。

二、工业液压和移动液压

液压传动链的基本形式包括工业液压和移动液压两种，具体分析如下。

1. 工业液压

液压驱动装置的位置是固定的，不需要移动的称为工业液压，也称为固定液压。一般应用于机床、车间等场合，用电方便，空间限制不大。如图 1-7 所示，由于取电方便，一般选用电动机作为原动机来驱动液压泵为液压系统提供动力；此外，由于安装空间不受限制，且不需要移动，因此对液压元件的功率密度（单位质量功率或单位体积功率）、抗振等要求不高。图 1-8 是注塑机的液压系统示意图。

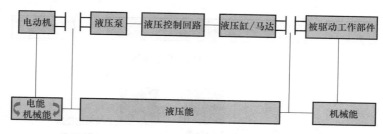

图 1-7 工业液压传动链

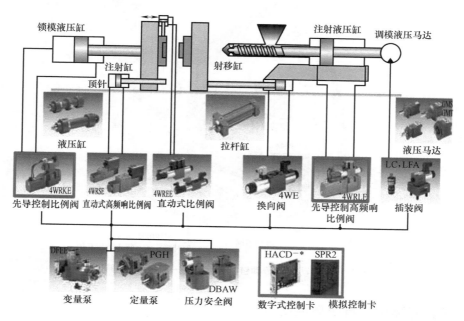

图 1-8 注塑机液压系统示意图

2. 移动液压

广泛应用于工程机械等场合的液压系统，则属于移动液压。由于取电不方便，一般选用柴油机作为原动机，而且安装空间受限制，对关键元件的功率密度要求也较高。近年来，随着新能源和电储能技术的发展，采用电动机代替柴油机驱动液压泵的趋势逐渐加强。进入 21 世纪后，移动液压在整个液压行业所占的比重越来越大。图 1-9 为移动液压传动链。图 1-10 为移动液压系统在工程机械中的典型应用——挖掘机的液压系统示意图。

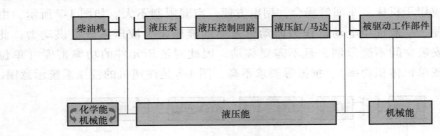

图 1-9　移动液压传动链

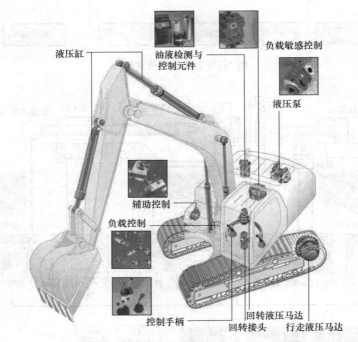

图 1-10　移动液压传动链的典型应用——液压挖掘机

三、开环控制与闭环控制

液压传动的控制方式有两个含义：①对传动部分的操纵和调节方式；②控制部分本身的结构组成方式。对传动部分的操纵方式包括手动、半自动、全自动等。

1. 开环控制

对控制系统本身而言，如图 1-1 所示系统，不论是节流阀、换向阀还是溢流阀都是事先调整好的，在工作过程中，其开度或动作是固定的，称之为开环控制系统，其控制框图如图 1-11 所示。

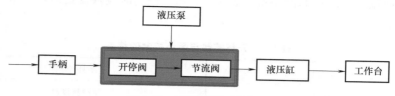

图 1-11　开环控制系统框图

2. 闭环控制

图 1-12 所示系统是手动控制的闭环控制液压系统，其具体工作过程为：当在手柄处输入一个控制信号 x，使手柄向右运动一定的距离，此时杠杆以 O 为支点旋转一定角度，带动杠杆上的 A 点也相应运动一定距离，而伺服阀的阀芯与 A 点连接在一起，因此伺服阀的阀芯相应运动一定位置，伺服阀的阀口打开，此时液压油从供油口流入伺服阀进入液压缸的右腔，推动活塞向左运动。而活塞又与杠杆的 O 点连接在一起，因此同时带动杠杆向左运动，A 点也向左运动。直到伺服阀的阀芯将阀口堵住，无液压油流入液压缸为止，系统进入新的平衡，其工作过程可以用图 1-13 表示出来。当输入信号 x 向左拉动杠杆时，工作过程类似。

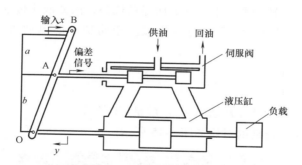

图 1-12　机械液压伺服控制系统

从上面的工作过程可以看出，输入到伺服阀的偏差信号由输入信号及活塞杆的位移信号确定，形成一个闭环的控制系统。该伺服控制系统能在工作过程中自动调节，其控制参数受工作条件的影响较小，控制精度较准确。其中，伺服阀起着开停和节流的双重作用。

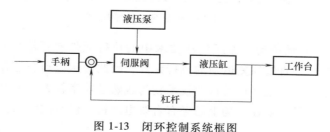

图 1-13　闭环控制系统框图

闭环控制与开环控制的特点如表 1-1 所示，使用时应根据适应场合和要求进行合理选取。

表 1-1　开环控制与闭环控制的特点

开环控制	闭环控制
结构简单	控制精度高
价格便宜	多种控制方程
控制精度低	可同时进行

第四节　液压传动的优缺点

一、液压传动的优点

1）体积小、重量轻、惯性小、结构紧凑。如图 1-14 所示，传统异步电动机的尺寸明显大于液压泵的体积，实际上相同功率的电动机和液压泵，液压泵不仅在体积上较小，在重量、转动惯量上均具有明显的优势，因此液压传动特别适用于对安装空间和重量要求都较为苛刻的行走机械。相同功率的电动机与液压泵的比较如下。

✓ 重量比 14：1。

✓ 体积比 26：1。

✓ 转动惯量比 72：1（转动惯量 = 质量×半径^2）。

机械传动与液压传动的对比如图 1-15 所示。

图 1-14　电机泵实物照片

2）易于实现直线运动。液压传动技术中的执行元件包括液压马达和液压缸，其中液压油缸是一种直线往复运动的执行元件，因此液压传动非常容易实现直线运动，且输出功率较大。电气传动目前技术较为成熟且功率较大，但电动机主要还是以旋转运动为主。虽然现在市场上已经有直线电动机，但直线电动机的输出功率仍然有限。

3）如图 1-15 所示，与机械传动相比，液压传动系统柔性大，具有高适应性，空间安排上自由度很大。密闭的流体是灵活的动力源，具有优秀的力转移性能。利用钢管和软管取代机械部件可以排除布局问题。

图 1-15　机械传动与液压传动的对比

4）功率参数无级可调、控制方便、传动平稳、特性优良且精度高。

① 可方便地进行正反向直线或回转运动和动力控制，且具有很宽的调速范围。

② 可简便地实现由回转运动到直线往复运动的转变（泵轴回转/液压缸往返）。

③ 负载刚性大（液压马达为电动机的 5 倍），精度高。

④ 可安全可靠并快速地实现频繁的带载起动和制动。

⑤ 在液压马达和泵静止不动时，可维持大负载（力、转矩）状态。

⑥ 可简便地通过限制系统压力来限制力和转矩。

⑦ 可以对多负载的功率进行分配控制。

5）易于实现过载保护，当负载压力超过系统设定压力时，油液经溢流阀流回油箱。

6）由于采用油液作为工作介质，能自行润滑，寿命长。

7）在液压传动系统中，功率损失所产生的热量可由流动的油液带走，可避免机械本体产生过度温升。

二、液压传动的缺点

1）效率不高。如图 1-16 所示，液压系统的能量至少经过机械能-液压能-机械能的两次转换，此外，由于系统难以全局匹配动力源（电动机、内燃机）-液压泵-负载所需的流量，导致液压控制阀上会产生大量的能量损耗，导致液压传动技术的整体传动效率低。以液压挖掘机为例，其液压系统的效率大约为 35%。

2）液压油传动介质不理想。

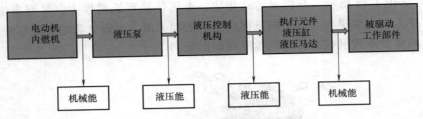

图 1-16　液压系统能量转换过程

① 液压油对油温、污染和负载变化敏感，不宜于在很低或很高温度下工作。

② 存在泄漏，系统易变脏。

③ 存在失火、爆炸的危险，除非采用防火流体。

④ 油污染易产生事故。

3）液压源不如电源易获得。液压传动需要配置单独的能源（例如液压泵站），而电能可以直接从电网或者电量储能单元（电池、电容等）直接获取。

4）液压系统的控制特性不高。

① 液压油容易泄漏且具有可压缩性，难以保证严格的传动比。

② 存在非线性及其他的复杂特性等，较难完善设计。

③ 液压回路阻尼特性较差，易存在不稳定问题。

5）与功能完全相似的电气系统相比，液压系统的费用可能较高。

6）液压系统的故障比较难查找，对操作人员的技术水平要求较高。

总的来说，液压传动系统具有机械传动和电气传动无可比拟的优势。液压系统与其他系统配合使用，才能发挥其最大的优势，大家常说的电子是神经、液压是肌肉，而机械就是支撑整个系统的骨架。在较大功率的传动场合，综合考虑技术功率数据和设备费用，相比于其他传动系统，液压传动能提供更好的解决方案，也是最为有效的方式。

三、功率传递的类型及特点

传动装置主要包括流体传动、电力传动和机械传动，流体传动又分为液压传动和气压传动。这四种功率传动装置的性能对比如表 1-2 所示。

表 1-2　四种功率传动装置的性能对比

传动类型	液压传动	气压传动	电力传动	机械传动
能量来源	电动机 内燃机 液压蓄能器	电动机 内燃机 空气压缩机	电力电网 电池 电容	电动机 内燃机 重力,弹性力（弹簧）
功率传递元件	金属管道和软管	金属管道和软管	电缆、 电磁场	机械零部件 杠杆、传动轴等

（续）

传动类型	液压传动	气压传动	电力传动	机械传动
传递介质	液体	气体	电气元件	刚性和弹性体
力密度	大,压力高	较小,压力较低	小	大
功率密度	高	较低	低,只有液压马达的1/10	较高,但选型和布置成所需尺寸的容易性通常不如液压
可无级控制性（加速,减速制动）	非常好（通过压力和流量）	好（通过压力和流量）	好至非常好（通过电器,开环和闭环控制）	好
输出运动类型	可通过液压缸和液压马达方便地实现直线和旋转运动	可通过气缸和气马达方便地实现直线和旋转运动	主要是旋转运动直线运动可依靠①电磁铁,但出力小,行程短;②直线电动机可直线运动,但输出功率较小	直线和旋转运动

　　液压传动与电气传动、机械传动的对比前面已经基本介绍。气压传动也有许多优点：以空气为工作介质，来源方便，且用后可直接排入大气而不污染环境；空气的黏性很小，其损失也很小，节能、高效，适于远距离输送；动作迅速、反应快、维护简单、不易堵塞；工作环境适应性好，安全可靠；成本低、过载能自动保护等。但气压传动也有很多缺点，比如：工作速度稳定性稍差；不容易实现高压，不易获得较大的推力或转矩；有较大的排气噪声；因空气无润滑性能，需在气路中设置给油润滑装置等。

第五节　液压传动系统的应用场合

　　液压传动有许多突出的优点，因此它的应用非常广泛，如一般工业用的塑料加工机械、压力机械、机床等；行走机械中的工程机械、建筑机械、农业机械、汽车等；钢铁工业用的冶金机械、提升装置、轧辊调整装置等；土木水利工程用的防洪闸门及堤坝装置、河床升降装置、桥梁操纵机构等；发电厂涡轮机调速装置、核发电厂等等；船舶用的甲板起重机械（绞车）、船头门、舱壁阀、船尾推进器等；特殊技术用的巨型天线控制装置、测量浮标、升降旋转舞台等；军事工业用的火炮操纵装置、船舶减摇装置、飞行器仿真、飞机起落架的收放装置和方向舵控制装置等。据统计，国外95%的工程机械、90%的数控加工中心、95%以上的自动化生产线都采用了液压传动。因此采用液压传动的广度成为衡量一个国家工业水平的重要标志之一。

一、液压技术的应用场合

（1）固定机械（图1-17） 金属切削机床、金属成型设备、机械手、包装设备、试验台、塑机、铸锻及冶金行业、石油钻井、矿山、水电站、风力发电、剧院舞台和娱乐设施等。

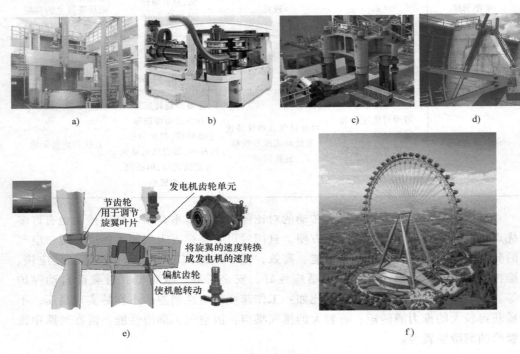

a) b) c) d)

节齿轮
用于调节
旋翼叶片

发电机齿轮单元

将旋翼的速度转换
成发电机的速度

偏航齿轮
使机舱转动

e) f)

图 1-17 固定机械

a) 大型铣磨加工重型机械 b) 液压弯管机 c) 大型自由锻压机
d) 水电站泄洪闸 e) 风力发电 f) 游乐设施

（2）移动机械（图1-18） 移动机械主要包括轿车、农机、废物收集机械、起重机、拆卸设备、铲车、公路建设机械、消防车、林业机械、扫路车、挖掘机、装载机以及多用途车等。以行走机械的典型代表挖掘机为例，在20世纪50年代初，所有的挖掘机都是缆绳驱动，但20世纪60年代后，缆绳驱动挖掘机就被液压挖掘机所取代。目前，95%以上的工程机械采用液压系统进行驱动。应用在液压挖掘机上的液压系统主要有三种类型：一是在国内比较多见的负流量系统；二是正流量系统；三是欧洲最为常用的负载敏感系统。

（3）航空与航天 国产大飞机C919、各种战斗机、运输机，乃至天宫一号、嫦娥系列和神舟系列等航空航天设备上都有各种液压系统的存在，如飞机中的液压系统有公共液压系统和助力液压系统。公共液压系统用于起落架、襟翼和减速板的

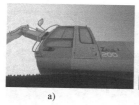   

a) b) c) d)

图 1-18 移动机械

a) 液压挖掘机 b) 装载机 c) 压路机 d) 工程车辆

收放、前轮转弯操纵、驱动风挡雨刷和燃油泵的液压马达等。助力液压系统仅用于驱动上述飞行操纵系统的助力器和阻尼舵机等。图 1-19 是国产大飞机 C919 的外形图以及飞机部分液压系统的布局图。

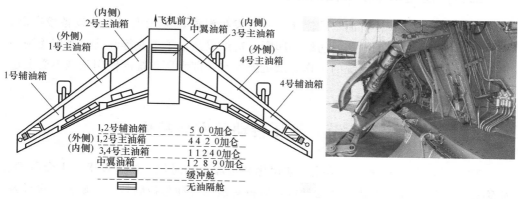

图 1-19 国产大飞机 C919 及其液压系统

[1USgal（加仑）= 3.78541dm³]

（4）水下作业和海洋开发 随着陆地石油储存资源的逐渐枯竭，人类逐渐将眼光放到海洋上，对海洋进行开发和利用所用到的各种设备如图 1-20 所示。海洋经济蓬勃发展，在国民经济中的地位不断提高，海洋工程装备也被纳入国家战略性新兴产业，而无论是海面的各种平台、船舶还是海底的各种管道、支腿等都离不开液压系统。

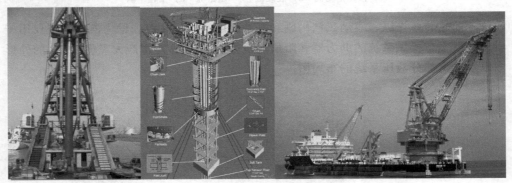

图 1-20　海洋装备

二、液压技术不能应用的场合

由于液压油是一种石油基的流体，一旦发生泄漏就会污染周围的设备或产品，因此液压技术在食品、制药、纺织、印刷、造纸以及电子工业等领域的使用受到一定的限制。如果将液压系统的工作介质更换为水，即水压系统的使用领域不受上述限制。

第六节　液压传动的发展趋势

21 世纪将是信息化、网络化、知识化和全球化的时代，信息技术、生命科学、生物技术和纳米技术等新科技的日益发展将对液压传动与控制技术的研究、设计及对包括液压阀在内的各类液压产品的结构与工艺、应用领域以及企业的经营管理模式等均产生深刻的影响并带来革命性变化。

国际著名的流体传动专家德国 W. BACKE 教授在《从流体技术 1955—2009 的研发历史说起》一文中这样说：

如果问专家，流体技术在将来还会有哪些发展，得到的答复会是：

✓ 与微电子技术结合。

✓ 更好地利用能量。

✓ 元件进一步标准化。

✓ 扩大使用变量容积调速。

✓ 能量回收。

✓ 利用新材料降低重量。

✓ 扩大使用蓄能器技术。

✓ 仿真程序用于整个系统。

✓ 应用区域总线技术。

总结上面几点可知，在 21 世纪，液压技术主要的发展趋势将集中在以下几个方面。

1. 降低能耗

液压传动具有功率密度大，元件布置灵活等优点，但液压驱动技术同样具有效率低的不足之处。工程机械中发动机输出的能量大约有 35% 消耗在液压系统中。未来的汽车也将会逐渐采用液压驱动，但在大范围应用之前，作为液压工作者，必须解决液压元件及系统的效率、噪声、振动、平顺性及成本等问题。因此，液压系统的节能研究引起了广大学者、专家和企业的重视。液压传动节能研究包括减少元件自身的能量损失及系统的优化匹配等。

2. 环保

由于液压系统存在泄漏，而传统的液压油难以降解，极易污染环境。因此，未来的液压传动系统将会逐渐减少石油基介质的使用，而寻找矿物油的替代品——生物可降解油，最早是从欧洲发展起来的。目前，一些国家已立法禁止在环境敏感地区，如森林、水源、矿山等地区使用非生物不可降解润滑油，同时零泄漏的液压接头也是重要的研究方向。

3. 高度集成一体化

（1）液压元件的结构　主要体现在液压元件的结构发展趋势将会以二通插装阀和螺纹插装阀为主。如图 1-21 所示，21 世纪板式连接将受到两头产品的挤压和冲击，较大规格一端被二通插装阀向下挤压，较小规格一端则被螺纹插装阀向上挤压。三者重叠部分特别是规格 25 通径以下多种形式将面临优胜劣汰，部分板式阀将被取代，而紧凑化二通插装阀的优势将进一步彰显。

（2）阀组的集成　未来液压元件的集成不仅体现在液压元件的结构上，其集成方式也将会发生变化。此外，新型材料在阀组上的应用、增材制造在阀组加工技术的应用等都会使得阀组的强度更高，而体积更小、重量更轻。

（3）紧凑型动力元件　动力系统主要包括动力源（发动机或者电动机）和液压泵。传统的安装方式为动力源和液压泵之间通过联轴器相连。近年来，紧凑型动力元件的研究成为一个重要的发展趋势。电动机和液压泵之间无需联轴器（图 1-22），而是在结构上高度集成，甚至将电动机、泵和阀块和油箱等集成在一起。

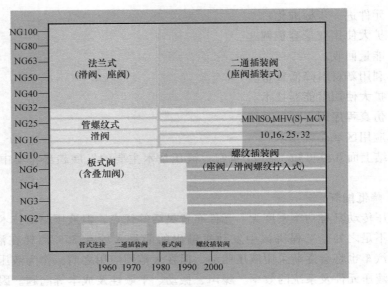

图 1-21　液压元件安装结构的演变

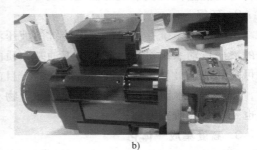

　　　　　　　　a)　　　　　　　　　　　　　　　　b)

图 1-22　紧凑型动力元件

a) Eaton 电机泵一体化单元　b) 力士乐无联轴器的电机泵

　　(4) 动力源-控制-执行结构一体化　如图 1-23 所示，美国 KOSO 公司生产的新型的 REXA 电液集成执行器是一种机、电、液一体化的执行器。其特点是真正的机电液一体化，无需外接油源和管路，实现高度集成化、模块化。机械部分仅由八个模块构成，可根据用户需要对执行器进行定制设计。

　　(5) 元件及系统高压化　提高工作压力将使液压元件重量减轻、体积减小，从而提高功率质量比和功率体积比。A4VHO 液压泵（图 1-24）的压力从 35MPa 提高到 63MPa。下一代高压液压系统的压力等级为 45MPa、63MPa。

　　4. 与电气、网络结合更加紧密，智能、复合功能、网络控制

　　将电子技术、网络技术、智能控制技术与液压技术相结合，实现液压系统网络化、柔性化、智能化，提高电子直接控制元件的应用。随着大数据、云计算的发

图 1-23 电液执行器

展，液压系统维护已从过去简单的故障拆修，发展到故障预测，即发现故障苗头时，预先进行维修，清除故障隐患，避免设备恶性事故的发生。另外，还应开发液压系统自补偿系统，包括自调整、自润滑、自校正，在故障发生之前，进行补偿。

力士乐展出的一台电控轴向斜盘柱塞泵（见图 1-25），采用了一个位置传感器把斜盘位置反馈给控制器。只要配上适当的压力传感器或其他类型的传感器和控制算法，就可以灵活地实现多种变量功能：恒压、恒流量、恒功率等。同样，图 1-26

图 1-24 A4VHO 液压泵

图 1-25 电控轴向斜盘柱塞泵

图 1-26 结合了 CAN 控制总线的多路阀

所示为结合了 CAN 控制总线的多路阀，它能够对液压系统进行多路控制、多级调节，简化系统线路，降低运行和维护费用。

第七节 学好液压传动技术的意义

液压传动系统与电气传动系统相类似。液压传动系统由能源装置（液压泵）、执行装置（液压缸）、控制调节装置（各种液压阀等）以及辅助装置等组成，而电气传动系统有电源、用电设备、控制装置（包括开关、继电器、接触器等）以及导线等组成。液压泵相当于电源，液压缸相当于用电设备，液压控制调节元件相当于开关、继电器和接触器等，油管则相当于导线。液压传动介质则相当于自由电子，液压油的压力和流量，则相当于电压和电流；液压马达的工作过程几乎和电动机一样。电动机通入电流，转子旋转向外输出转矩，而液压马达输入压力油液时，也是转子旋转向外输出转矩；液压元件在回路中既可以串联连接，也可以并联连接。

液压技术的发展历史并不长，但发展速度却很快。尤其是电子技术日益发展的今天，液压与气压传动技术已经广泛应用到我们的生活中。与我们生活比较接近的重型车辆的液压悬挂系统，汽车、拖拉机等机动车辆的刹车系统，汽车起重机的控制系统等，都使用了液压或气压传动技术。因此，学好本课程，对我们今后的学习和工作有着十分重要的意义。

另外本课程需要我们将理论与实践相结合，仅学一些理论性的知识不足以更好更快地掌握这门知识。通过实践不仅可以提高学习的兴趣，更能锻炼动手能力。只有自己动手才能更好地掌握液压技术。脚踏实地，放眼未来，通过整个行业的共同努力，我国的液压工业一定能走进一个新天地。

习　　题

1-1 液压传动和电气传动、机械传动相比的优势有哪些？

1-2 随着电气传动技术的飞速发展，你认为液压传动会被电气传动代替吗？

1-3 试举例说明使用液压系统的设备。

第二章

液压介质

在液压系统中，液压液（Hydraulic fluid）是传递动力与信号的工作介质，而且还对液压装置的机构、零件起着润滑（Lubrication）、冷却（Cooling）和防锈（Anti-rust）的作用。液压系统能否可靠、高效地工作，与液压液的性质和状态有很大关系；另外，液压传动系统的压力、温度和流速都在很大的范围内变化，对液压液的性能也有很大影响。因此，在详细介绍液压系统各部分之前，首先介绍液压液的特性及其影响因素。

第一节　液压液的种类与特性

一、液压液的种类

在工农业及日常生活中，90%以上的液压液是石油基油，如常用的机械油、汽轮机油、普通液压液、专用液压液等。液压液主要为石油型液压液，还包括一部分利用海水或淡水的水介质。液压系统中使用的液压液按照国家标准 GB/T 7631.2—2003 的分类（国际标准 ISO 6743-4：2015 液压液的分类）如表 2-1 所示。为了改善液压液的性能，以满足不同液压设备的要求，往往在石油基油中加入各种添加剂以改善液压液的性能。添加剂主要分为两类：一类是改善油液化学性能的，如抗氧化剂、防腐剂、防锈剂、抗燃剂、抗凝剂、润滑剂等；另一类是改善液压液的物理性能的，如增黏剂、抗磨剂等。

表 2-1　液压液的分类

产品名称	黏度级别		产品特性	应用场合
	一等品黏度等级	优等品黏度等级		
L-HL	15、22、32、46、68、100 共 6 个黏度级别	无优等品	抗氧化、防锈型	适应于一般机床的液压油箱，使用寿命比普通机械油大一倍
L-HM	15、22、32、46、68、100、150 共 7 个黏度级别	15、22、32、46、68 共 5 个黏度级别	抗氧化、防锈、抗磨型	适应于高负荷液压系统

（续）

产品名称	黏度级别		产品特性	应用场合
	一等品黏度等级	优等品黏度等级		
L-HG	32、68 共 2 个黏度级别	无优等品	液压导轨油,具有抗磨性能	适应于液压与导轨共用一个油路系统的精密机床
L-RV	10、15、22、32、46、68、100、150 共 8 个黏度级别	10、15、22、32、46、68、100 共 7 个黏度级别	低温抗磨	适应于高寒区域
L-HS	10、15、22、32、46 共 5 个黏度级别	10、15、22、32、46 共 5 个黏度级别	低温抗磨	适应于高寒区域

如型号为 L-HM46 的液压液指的是 46 号抗磨（Anti-wear）液压液，是一种在液压系统中应用广泛的液压液。

当然，在液压系统中使用的介质不限于上述所列举的产品，尤其是近年来，随着环境保护要求的提高以及食品、制药、纺织等行业的发展，对于环保型介质的需求，也有以纯水或海水淡化作为工作介质。

国际标准的现行标准为 ISO 6743-4—2015，其液压液分类如表 2-2 所示。

表 2-2　液压液的分类

具体应用	组成和特性	产品符号 ISO-L	典型应用	备注	国际标准
常规应用场合	无抑制剂的精制矿物油	HH	—	—	ISO 11158
	精制矿物油,具有改善防锈性抗氧化性能	HL	—	—	ISO 11158
	HL 油,改善了抗磨性	HM	有高负荷部件的通用液压系统	—	ISO 11158
	HM 油,改善了黏温性	HV	建筑和船舶设备	—	ISO 11158
用于要求环境可接受液压液的场合	甘油三酸酯	HETG	通用液压系统	—	ISO 15380
	聚乙二醇	HEPG		—	
	合成酯	HEES		—	
	聚 α 烯烃和相关烃类产品	HEPR		—	
用于液压导轨系统	HM 油,有抗黏-滑性	HG	液压和滑动轴承、导轨润滑系统合用的机床,在低速下使振动间断滑动(黏/滑)最小	这种液体具有多种功能,但并非在所有的液压系统使用时均有效	ISO 11158

（续）

具体应用	组成和特性	产品符号 ISO-L	典型应用	备注	国际标准
用于使用难燃液压液的场合	水包油型乳化液	HFAE	—	通常含水量大于95%（质量分数）	ISO 12922
	化学水溶液	HFAS	—	通常含水量大于95%（质量分数）	
	油包水型乳化液	HFB	—	通常含水量大于40%（质量分数）	
	含聚合物水溶液	HFC	—	通常含水量大于35%（质量分数）	
	磷酸酯无水合成液	HFDR	—	—	
	其他成分的无水合成液	HFDU	—	—	

二、液压液的特性

液压液是一种混合物，具有多种基本性质，但与液压传动性能密切相关的为密度（Density）、可压缩性（Compressibility）和黏性（Viscosity）这三项，下面详细叙述这三种基本性质及它们的影响因素。

（一）密度和重度

单位体积液体所具有的质量称为该液体的密度，即

$$\rho = \frac{m}{V} \tag{2-1}$$

单位液体体积所具有的重量称为该液体的重度，即

$$\gamma = \frac{G}{V} \tag{2-2}$$

式中　m——液体质量；

　　　G——液体的重量；

　　　V——液体体积；

　　　ρ——液体密度；

　　　γ——液体重度。

常用液压系统的液压液密度如表 2-3 所示。

表 2-3　常用液压系统的液压液密度（20℃）

液压液	密度/(kg/m³)	液压液	密度/(kg/m³)
抗磨液压液 L-HM32	0.87×10^3	水-乙二醇液压液 L-HFC	1.06×10^3
抗磨液压液 L-HM46	0.875×10^3	通用磷酸酯液压液 L-HFDR	1.15×10^3
油包水乳化液 L-HFB	0.932×10^3	飞机用磷酸酯液压液 L-HFDR	1.05×10^3
水包油乳化液 L-HFAE	0.9977×10^3	10#航空液压液	0.85×10^3

液压液的密度随着压力或温度的变化而发生变化，但变化量比较小。一般而言，液压液的密度随着液压液的牌号而不同；密度随温度的上升而减小，如图 2-1 所示；随压力的提高稍有增加。

（二）可压缩性

因压力升高而使液体的体积缩小的性质为可压缩性。如果压力为 p_0 时液体的体积为 V_0，压力增加 Δp 时，体积减小 ΔV，则液体在单位压力变化下的体积相对变化量称为液体的压缩率 k

$$k = -\frac{1}{\Delta p}\frac{\Delta V}{V_0} \qquad (2-3)$$

由于压力增加，体积减小，两者的变化方向相反，因此式（2-3）右侧加一负号以保证 k 为正值。

液体压缩率 k 的倒数，称为液体的体积弹性模量（Bulk modulus of elasticity），简称为体积模量 E，即

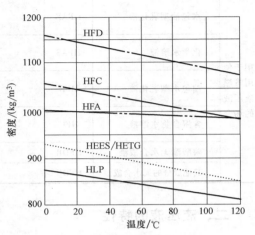

图 2-1　温度对密度的影响

$$E = \frac{1}{k} = -\frac{\Delta p}{\Delta V}V_0 \qquad (2-4)$$

矿物油型液压液的体积弹性模量为 $E = (1.4 \sim 2) \times 10^3 \, \text{MPa}$，但是一般的液压液里面都会含有一定量的空气，因此其体积弹性模量会减小，工程上一般取液压液的体积弹性模量为 700MPa；钢材的弹性模量约为 $21 \times 10^5 \, \text{MPa}$，是液压液的 $100 \sim 150$ 倍。表 2-4 为各种液压液的体积弹性模量。

表 2-4　各种液压液的体积弹性模量（20℃，标准大气压）

液压液	体积弹性模量 E/MPa	液压液	体积弹性模量 E/MPa
石油基液压液	$(1.4 \sim 2) \times 10^3$	水-乙二醇液压液	3.45×10^3
油包水乳化液	2.3×10^3	磷酸酯液压液	2.65×10^3
水包油乳化液	1.95×10^3	水	2.4×10^3

由于液压液具有可压缩性，因此在密封容器内的液体在外力作用下类似于弹簧，如图 2-2 所示：外力增大，体积减小；外力减小，体积增大。这种弹簧的刚度 k_h 在液体承压面积 A 不变时，可以通过压力变化 $\Delta p = \Delta F/A$、体积变化 $\Delta V = A\Delta l$（Δl 是液柱的长度变化）以及体积弹性模量 E 求出，即

$$k_h = -\frac{\Delta F}{\Delta l} = \frac{A^2 E}{V} \qquad (2-5)$$

一般而言，当液压传动系统在静态（稳态）下工作时，液压液的可压缩性一

般可以不予考虑；但在高压下或者研究液压传动系统的动态性能及进行远距离操纵时，则必须考虑可压缩性对液压系统的影响。图 2-3 是压力对液压液可压缩性的影响曲线。

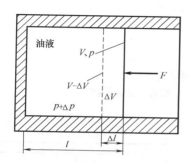

图 2-2　液压液的弹簧刚度计算简图

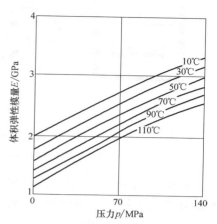

图 2-3　压力对液压液可压缩性的影响

影响液压液的体积弹性模量的因素主要有：

1）纯油的可压缩性随压缩过程、温度及压力的变化而变动，温度升高，E 值减小；在液压液的正常工作温度范围内，E 的变动量在 5% ~ 25% 之间；压力增加时，E 值增大，但该关系不呈现线性关系；当压力 $p \geqslant 3\text{MPa}$ 时，E 值基本上保持不变。

2）由于空气的可压缩性很大，因此液压液中存在游离的气泡时，E 值将大大减小，且起始压力的影响明显增大。由于液压液不可避免地存在一定的游离空气，因此通常石油基液压液的 E 值取为 $(0.7 ~ 1.4) \times 10^3 \text{MPa}$。当用于高压或要求动态响应快的场合时，应采取措施尽量减少液压液中游离空气的含量。一般而言，溶解在液压液中的气体基本对液压液的体积弹性模量的值无影响。

（三）黏性

1. 黏性的基本概念

牛顿在《自然哲学的数学原理》（1687）中指出：相邻两层流体做相对运动时存在内摩擦作用，称为黏性力。库仑在 1784 年用液体内悬吊圆盘摆动实验证实流体存在内摩擦，如图 2-4 所示。图 2-5 是液体黏性的示意图。距离为 h 的两块平行平板之间充满液体，下平板固定，而上平板以速度 u_0 向右运动。由于液体和固体壁面间的附着力及液体的黏性，会使流动液体内部各液层的速度大小不等；紧挨着下平板的液层速度为零，紧靠着上平板的液层速度为 u_0，而中间各层的液层速度在层间距离 h 较小时，从上到下近似呈线性规律递减分布。其中，速度快的液层带动速度慢的液层；而速度慢的液层对速度快的液层起阻滞作用。液体在外力作用下流动时，其流动受到牵制，且在流动截面上各点的流速不同。各层液体间有相互牵制作用，这种相互牵制的力称作液体内的摩擦力或黏性力。

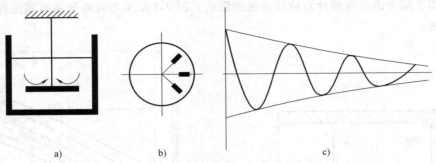

a)　　　　b)　　　　　　　　c)

图 2-4　库仑证实液压内摩擦力的原理示意图

a）实验装置示意图　b）圆盘摆动示意图　c）圆盘运动衰减曲线

根据实验测定，流动液体相邻液层间的内摩擦力 F_f 与液层的接触面积 A、液层间的速度梯度 $\mathrm{d}u/\mathrm{d}z$ 成正比，即

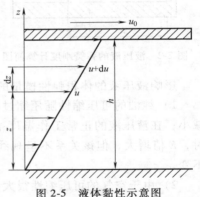

$$F_f = \mu A \frac{\mathrm{d}u}{\mathrm{d}z} \qquad (2\text{-}6)$$

式中，μ 为液体黏度，也称为绝对黏度或动力黏度。

如果液体各层之间的切应力用 τ 表示，即单位面积上的内摩擦力，则式（2-6）可表示为

$$\tau = \mu \frac{\mathrm{d}u}{\mathrm{d}z} \qquad (2\text{-}7)$$

图 2-5　液体黏性示意图

式（2-7）即为牛顿内摩擦定律。

由式（2-7）可知，在静止液体中，由于速度梯度 $\mathrm{d}u/\mathrm{d}z = 0$，因此其内摩擦力为零，故静止的液体不体现黏性，液体只有在流动时才显示其黏性。黏性是流体抵抗变形的能力，是流体的固有属性，是运动流体产生机械能损失的根源。

2. 黏性的度量

黏性的大小用黏度来进行度量。常用的黏度有三种：绝对黏度（动力黏度）、运动黏度和相对黏度。

（1）绝对黏度（动力黏度）μ　由牛顿内摩擦定律可知，绝对黏度 μ 是表征流动液体内摩擦力大小的。其量值等于液体在单位速度梯度下流动时，单位面积上的内摩擦力，即

$$\mu = \tau / \frac{\mathrm{d}u}{\mathrm{d}z} \qquad (2\text{-}8)$$

在我国法定计量单位制和 SI 制中，绝对黏度 μ 的单位是 Pa·s（帕·秒）或用 N·s/m² 表示。

如果液体的绝对黏度只与液体种类有关而与速度梯度无关，那么这种液体称之为牛顿流体，否则为非牛顿流体，如图 2-6 所示。一般而言，石油基液压液均为牛顿流体。

（2）运动黏度 ν　液体的绝对黏度与密度之比称之为该液体的运动黏度 ν，即

$$\nu = \frac{\mu}{\rho} \qquad (2\text{-}9)$$

在我国的法定单位制和 SI 制中，运动黏度 ν 的单位是 m^2/s（米²/秒）。因为只有长度和时间两个量纲，与运动学单位类似，因此称之为运动黏度。以前沿用的单位为 St（斯），它们之间的关系为

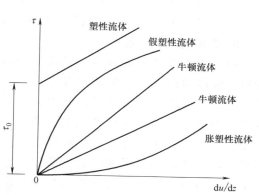

图 2-6　牛顿流体和非牛顿流体的流变曲线

$$1\,m^2/s = 10^4\,St = 10^6\,cSt（厘斯）$$

在我国，液压液的牌号是用它在温度为 40℃ 时的运动黏度（厘斯）平均值来表示的。例如 32 号液压液，就是指这种油在 40℃ 时的运动黏度平均值为 $32\,mm^2/s$（32cSt）。

在国际上，国际标准 ISO 按运动黏度值对油液的黏度等级（VG）进行划分，如表 2-5 所示。

表 2-5　常用液压液运动黏度等级

黏度等级	40℃时黏度平均值	40℃时黏度范围	黏度等级	40℃时黏度平均值	40℃时黏度范围
VG10	10	9～11	VG46	46	41.4～50.6
VG15	15	13.5～16.5	VG68	68	61.2～74.8
VG22	22	19.8～24.2	VG100	100	90.0～110
VG32	32	28.8～35.2	VG150	150	135～165

注：最常用的黏度等级为 VG15～VG68。

（3）相对黏度　相对黏度是根据特定测量条件制定的，故相对黏度又称为条件黏度，测量条件不同，采用相对黏度的单位也不同。中国、德国、苏联等采用恩氏黏度 $°E$，美国、英国等采用通用赛氏秒 SUS 和商用雷氏秒 R_1S，法国等用巴氏度 $°B$，等等。

下面以恩氏黏度为例进行介绍。将 $200\,cm^3$ 被测液体装入黏度计的容器内，容器周围充满水，电热器通过水使液体均匀升温到温度 t，液体由容器底部 $\phi2.8mm$ 的小孔完全流出所需要的时间 t_1 和同体积蒸馏水在 20℃ 时流过同一小孔所需时间 t_2（通常平均值 $t_2 = 51\,s$）的比值，称为被测液体在这一温度 t 时的恩氏黏度（$°E$）。

$$°E_t = t_1/t_2 \tag{2-10}$$

恩氏黏度与运动黏度的换算关系为

当 $1.35 \leqslant °E_t \leqslant 3.2$ 时： $\nu = (8°E - 8.64/°E) \times 10^{-6} \mathrm{m^2/s}$

当 $°E > 3.2$ 时： $\nu = (7.6°E - 4/°E) \times 10^{-6} \mathrm{m^2/s}$

3. 黏度的影响因素

（1）温度对黏度的影响　温度变化时，液体的内聚力也会随之发生变化，因此，液压液的黏度对温度的变化是十分敏感的。当温度升高时，其分子之间的内聚力减小，黏度就随之降低。不同种类的液压液的黏度随温度变化的规律也不同。我国常用黏温图表示油液黏度随温度变化的关系，如图2-7所示。对于一般常用的液压液，当运动黏度不超过 $76\mathrm{mm^2/s}$ 时，温度在 $30 \sim 150℃$ 范围内时，可用下述近似公式计算其温度为 $t℃$ 的运动黏度：

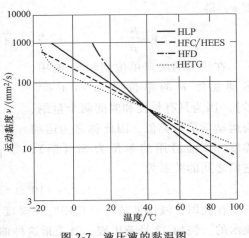

图 2-7　液压液的黏温图

$$\nu_t = \nu_{50}\left(\frac{50}{t}\right)^n \tag{2-11}$$

式中　ν_t——温度为 $t℃$ 时油的运动黏度；

ν_{50}——温度为 $50℃$ 时油的运动黏度；

n——黏温指数。黏温指数越高，黏度越大，说明该种液体的黏度随温度变化越小，其黏温特性越好。黏温指数 n 随油的黏度而变化，其值可参考表2-6。

表 2-6　黏温指数 n

$\nu_{50}/(\mathrm{mm^2/s})$	2.5	6.5	9.5	12	21	30	38	45	52	60
黏温指数 n	1.39	1.59	1.72	1.79	1.99	2.13	2.24	2.32	2.42	2.49

（2）压力对黏度的影响　在一般情况下，压力对黏度的影响比较小，在工程中当压力低于5MPa时，黏度值的变化很小，可以不考虑。当液体所受的压力加大时，分子之间的距离缩小，内聚力增大，其黏度也随之增大。因此，在压力很高以及压力变化很大的情况下，黏度值的变化就不能忽略，压力对黏度的影响曲线如图2-8所示。在工程实际应用中，当液体压力在低于50MPa的情况下，可用下式计算其黏度：

$$\nu_p = \nu_a e^{cp} \approx \nu_a(1+cp) \tag{2-12}$$

式中 ν_p——压力在 p（Pa）时的运动黏度；

ν_a——绝对压力为 1 个大气压时的运动黏度；

p——压力（Pa）；

c——取决于油的黏度及油温的系数，一般取 $c=(0.002\sim0.004)\times10^{-5}$（1/Pa）。

（3）气泡对黏度的影响　液体中混入直径为 $0.25\sim0.5$mm 悬浮状态气泡时，对液体的黏度有一定影响。

$$\nu_b=\nu_0(1+0.015b) \qquad (2\text{-}13)$$

式中 b——混入空气的体积分数；

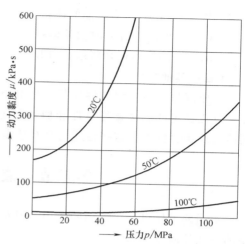

图 2-8　压力对黏度的影响曲线

ν_b——混入 b 空气时液体的运动黏度（m^2/s）；

ν_0——不含空气时液体的运动黏度（m^2/s）。

【例 2-1】　一底面积为 45×50cm^2，高 1cm 的木块，质量为 5kg，沿涂有润滑油的斜角为 30°的斜面向下做等速运动，木块运动速度 $u=1$m/s，油层厚度 $\delta=1$mm，求油的动力黏度。

【解】　木块重量（mg）沿斜坡的分力与黏性剪切力 F 平衡时，木块等速下滑。由于油层厚度很小，速度分布可看成线性分布。

则木块的受力平衡方程式为

$$mg\sin\theta=F$$

$$=\mu A\frac{\mathrm{d}u}{\mathrm{d}z}$$

$$=\mu A\frac{u}{\delta}$$

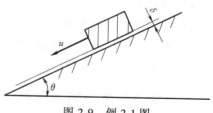

图 2-9　例 2-1 图

将已知条件带入上式，移项得

$$\mu=\frac{mg\sin\theta}{A\dfrac{u}{\delta}}=\frac{5\times9.8\times\sin30°}{0.4\times0.45\times\dfrac{1}{0.001}}\text{Pa}\cdot\text{s}=0.136\text{Pa}\cdot\text{s}$$

所以要保证木块在斜面上匀速下滑，油的动力黏度为 0.136 Pa·s。

（四）膨胀性

油的体积随温度升高而增加的特性称之为膨胀性，其膨胀量可表示为

$$V_t=V_0[1+\alpha_t(t+t_0)] \qquad (2\text{-}14)$$

式中　V_t——温度为 $t℃$ 时油的体积；

　　　V_0——温度为 $t_0℃$ 时油的体积；

　　　$α_t$——油的体积膨胀系数（$1/℃$）。

（五）其他性质

液压液除上述介绍的性质外，还具有其他一些性质，如稳定性（包括热稳定性、氧化稳定性、水解稳定性和剪切稳定性等）、抗泡沫性、抗乳化性、防锈性、润滑性及相容性等，这些性质均会对液压液的选择和使用产生重要影响。

第二节　液压液的选用

不同的工作机械、不同的使用情况对液压液的要求也不同。下面将液压液应具备的一般品质罗列如下。

一、液压液选用的基本要求

1）良好的化学稳定性。

2）良好的润滑性能，以减小元件之间的磨损。

3）质地纯净，不含或含有极少量的杂质、水分和水溶性酸碱等。

4）适当的黏度和良好的黏温特性。

5）凝固点和流动温度较低，以保证油液能在较低温度下使用。

6）较高的自燃点和闪点。

7）有较快地排除油中游离空气和较好地与油中水分分离的能力。

8）没有腐蚀性，防锈性能好，有良好的相容性。

二、液压液选用的注意事项

1）应使液压液长期处在低于它开始氧化的温度下工作。

2）防止油液被污染。

3）对油液进行定期抽样检验，并建立定期更换制度。

4）油箱的储液量应充分，以利于散热。

5）保持系统密封。

在使用高水基液压液的液压系统中，还必须注意下述几点。

1）由于黏度低、泄漏大，系统的最高压力不应超过 14MPa。

2）要防止气蚀现象，可用高置油箱以增大泵进油口处压力，泵的转速不应超过 1200r/min。

3）系统浸渍不到油液的部位，金属的气相锈蚀较为严重，因此应使系统尽量地充满油液。

4）由于油液的 pH 值高，容易发生由金属电位差引起的腐蚀，因此液压元辅件应避免使用镁合金、锌、镉之类的金属。

5）定期检查油液的 pH 值、浓度、霉菌生长情况，并对其进行控制。

6）滤网的通流能力须 4 倍于泵的流量，而不是常规的 2 倍。

选用液压液时，可根据液压元件生产厂的样本和说明书所推荐的品种号数来选用液压液，或者根据液压系统的工作压力、工作温度、液压元件种类及经济性等因素全面考虑，一般是先确定适用的黏度范围，再选择合适的液压液品种。同时还要考虑液压系统工作条件的特殊要求，如在寒冷地区工作的系统则要求油的黏度指数高、低温流动性好、凝固点低；伺服系统则要求油质纯、压缩性小；高压系统则要求油液抗磨性好。在选用液压液时，黏度是一个重要的参数。黏度的高低将影响运动部件的润滑、缝隙的泄漏以及流动时的压力损失、系统的发热温升等。所以，在环境温度较高，工作压力高或运动速度较低时，为减少泄漏，应选用黏度较高的液压液，否则相反。

但是总的来说，应尽量选用较好的液压液，虽然初始成本要高些，但由于优质油液使用寿命长，对元件损害小，所以从整个使用周期看，其经济性要比选用劣质油液好些。

第三节　液压液的污染及控制

据统计，液压系统的故障有 70%以上是由严重污染（Pollution）的液压液引起的，其中伺服系统的这一比例更是高达 80%。

一、液压液的主要污染源

液压液是否清洁，不仅影响液压系统的工作性能和液压元件的使用寿命，而且直接关系到液压系统是否能正常工作。液压系统多数故障与液压液受到污染有关，因此控制液压液的污染源是十分重要的。

1. 液压液被污染的原因

液压液被污染的主要原因有以下几方面。

1）液压系统的管道及液压元件内的型砂、切屑、磨料、焊渣、锈片、灰尘等污垢在系统使用前冲洗时未被洗干净，在液压系统工作时，这些污垢就进入到液压液里。

2）外界的灰尘、砂粒等，在液压系统工作过程中通过往复伸缩的活塞杆带入外界的灰尘、砂粒等、流回油箱的漏油等进入液压液里。另外在检修时，稍不注意也会使灰尘、棉绒等进入液压液里。

3）液压系统本身也不断地产生污垢，直接进入液压液里，如金属和密封材料的磨损颗粒、过滤材料脱落的颗粒或纤维及油液因油温升高氧化变质而生成的胶状物等。

2. 油液污染的危害

液压液污染严重时，直接影响液压系统的工作性能，不仅使液压系统经常发生故障，而且液压元件寿命也会缩短。造成这些危害的主要原因是污垢中的颗粒。对于液压元件来说，由于这些固体颗粒进入到元件里，会使元件的滑动部分磨损加剧，并可能堵塞液压元件里的节流孔、阻尼孔，或使阀芯卡死，从而造成液压系统的故障。水分和空气的混入使液压液的润滑能力降低并使它加速氧化变质，产生气蚀，使液压元件加速腐蚀，导致液压系统出现振动、爬行等。

二、控制液压液污染的措施

造成液压液污染的原因多而复杂，液压液自身又在不断地产生脏物，因此要彻底解决液压液的污染问题是很困难的。为了延长液压元件的寿命，保证液压系统可靠地工作，将液压液的污染度控制在某一限度以内是较为切实可行的办法。对液压液的污染控制工作主要是从两个方面着手：一是防止污染物侵入液压系统；二是把已经侵入的污染物从系统中清除出去。污染控制要贯穿于整个液压装置的设计、制造、安装、使用、维护和修理等各个阶段。

为防止油液污染，在实际工作中应采取如下措施。

（1）使用前保持液压液清洁　液压液在运输和保管过程中都会受到外界污染，新买来的液压液看上去很清洁，其实很"脏"，必须将其静放数天后经过滤才可加入液压系统中使用。

（2）保持液压系统在装配后、运转前清洁　液压元件在加工和装配过程中必须清洗干净，液压系统在装配后、运转前应彻底进行清洗，最好用系统工作中使用的油液清洗，清洗时油箱除通气孔（加防尘罩）外必须全部密封，密封件不可有飞边、毛刺。

（3）保持液压液在工作中清洁　液压液在工作过程中会受到环境污染，因此应尽量防止工作中空气和水分的侵入，为完全消除水、气和污染物的侵入，采用密封油箱，并加装油箱通气过滤器，防止尘土、磨料和冷却液侵入，经常检查并定期更换密封件和蓄能器中的胶囊。

（4）采用合适的过滤器　这是控制液压液污染的重要手段。应根据设备的要求，在液压系统中选用不同的过滤方式、不同精度和不同结构的过滤器，并定期检查和清洗过滤器和油箱。

（5）定期更换液压液　更换新油前，油箱必须先清洗一次，系统较脏时，可用煤油清洗，排尽后注入新油。

（6）控制液压液的工作温度　液压液的工作温度过高对液压装置不利，也会加速液压液本身变质，产生各种氧化物，缩短它的使用期限，一般液压系统的工作温度最好控制在65℃以下，机床液压系统则应控制在55℃以下。

三、污染物等级

1）美国 NAS1638：2011 标准规定了 5～15μm、15～25μm、25～50μm、50～100μm 以及 100μm 以上 5 个等级的污染度，一般情况下，应该按照与运动部件间隙相当的颗粒的污染度等级作为该油品的等级判定。例如，测出的 5～10μm 颗粒的污染度可能是 4 级，15～25μm 颗粒的污染度可能是 6 级，25～50μm 颗粒的污染度可能是 5 级，而 50～100μm 颗粒的污染度可能是 8 级。如果按照保守算法，会判定为 8 级，认为油液很脏。事实上，按照新的磨损理论表明只有尺寸与部件运动间隙相当的颗粒才会引起严重的磨损，也就是说 5～15μm 的颗粒危害最大，而 50～100μm 由于无法进入运动间隙，对磨损的影响并不大。故油品的污染物等级应判定为 4 级。

2）国际 ISO 4406：2017 液压传动　油液固体颗粒污染等级代号法：规定了大于 4μm、6μm 和 14μm 的固体颗粒数。例：22/18/13 代表的含义是在 1mL 的取样液体中，（20000，40000］的颗粒物尺寸大于 4μm，（1300，2500］的颗粒物尺寸大于 6μm，（40，80］的颗粒物尺寸大于 14μm，具体可参阅该标准。

3）我国通用的是 GB/T 14039—2002 液压传动　油液固体颗粒污染等级代号，与上述 ISO 4406—2017 通用。一般来说，目前我国普通工艺生产的液压液一般只能达到 NAS 8～10。

第四节　常见问题及解决措施

一、液压系统的清洗及换油

有些液压设备维修后，用金属清洗剂或肥皂水清洗系统，再加液压液进行试机，发现出现泡沫大，油压不稳的现象。这时，用户通常认为该品牌的液压液质量差，把油排净后换另一品牌的油工作正常，因此就断定前一油差后一油好。

其实这是冤案，由于系统中残存的金属清洗剂、肥皂水中的表面活性组分污染了前油而使其抗泡性变差，使设备工作异常，前油排干净的同时也把系统冲刷干净，后油也就正常了，类似的情况经常发生。

二、液压液进水的危害

1）水能够与液压液起反应，形成酸、胶质和油泥，水也能析出油中的添加剂，影响油品的过滤性能。

2）水的最主要影响是降低润滑性，溶于液压液中的微量水能加速高应力部件的磨损，仅从含水（100～400）×10⁻⁶ 的矿物油滚动轴承疲劳寿命研究表明，轴承寿命降低了 30%～70%。

3）水会腐蚀和锈蚀金属。

三、内燃机油、工业齿轮油与矿物液压液

内燃机油是根据发动机油的工况生产，内燃机油要求有较高的清净分散性等，液压液主要用于各类液压系统中，由于液压液中缺乏清净分散性不能用做内燃机油。而内燃机油在抗乳化、水解安定性等方面达不到液压液的要求，因此内燃机油也不能代用液压液。

清净分散剂的作用不仅是清净性，还有良好的分散性。它能抑制减少沉积物的生成，使发动机内部清洁，同时还能将油泥和颗粒分散于油中。另外还能中和油中的酸性物质。清净分散剂的作用概括起来就是洗涤、分散、增溶与中和四点。

工业齿轮油中添加剂的主要成分为活性硫、磷等化合物，它一般黏度大，极压性好，但对铜腐蚀敏感，水解安定性达不到液压液的要求，除了防锈、抗氧型的同黏度级 L-CKB 可代替 L-HL 油外，一般不能随意用来代替矿物液压液。

水解安定性表征油品在水和金属（主要是铜）作用下的稳定性，当油品酸值较高，或含有遇水易分解成酸性物质的添加剂时，常会使此项指标不合格。

四、不同厂家同种类、同黏度级的液压液混用

一般不能。尽管两种油的种类和黏度完全相同，但两者的化学组成不明，混到一起后，添加剂之间是否起对抗效应不得而知，因此，面对这种情况，处理方法有如下两种。

1）先做互溶储存稳定性试验，并测定其互溶后的主要性能，再作抉择。

2）放净设备中的旧油，用新油冲洗干净系统，再注入新油运行。

小　结

本章主要介绍了液压液的基本特性、选用、污染及控制等。其中液压液的黏性是学习的重点和难点，要学会根据实际工作情况选择不同的液压液。

习　题

2-1　我国油液牌号以＿＿℃时油液的平均＿＿黏度的＿＿＿值表示。

2-2　油液黏度因温度升高而＿＿＿＿，因压力增大而＿＿＿＿＿。

2-3　动力黏度 μ 的物理意义是＿＿＿＿＿＿＿＿＿＿＿＿＿＿＿；其表达式为＿＿＿＿＿＿＿＿＿＿＿＿＿。

2-4　运动黏度的定义是＿＿＿＿＿＿＿＿＿＿＿＿＿＿＿＿。

2-5　溶解在油液中的空气含量增加时，油液的体积弹性模量＿＿＿；混入油液中的空气含量增加时，油液的体积弹性模量＿＿＿＿。

A. 增大　　　　B. 减小　　　　C. 基本不变

2-6　选择液压液时，主要考虑油液的_____。

A. 密度　　　　B. 成分　　　　C. 黏度

2-7　液压液黏度的选择与系统工作压力、环境温度及工作部件的运动速度有何关系？

2-8　如图 2-10 所示液压缸，其缸筒内径 $D = 120\text{mm}$，活塞直径 $d = 119.6\text{mm}$，活塞长度 $L = 140\text{mm}$，若油的动力黏度 $\mu = 0.065\text{Pa·s}$，活塞回程要求的稳定速度为 $v = 0.5\text{m/s}$，试求不计油液压力时拉回活塞所需的力 F？

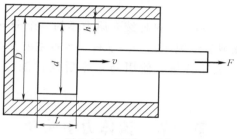

图 2-10　例题 2-8 图

第三章

流体力学基础知识

流体力学（Fluid mechanics）是连续介质力学的一个分支，主要研究流体在各种力的作用下处于平衡或运动规律的一门学科。本章主要介绍与流体传动相关的流体力学基本内容，为系统地分析、使用乃至今后设计液压系统打下坚实的理论基础。

第一节　流体力学简介

本节主要介绍流体力学的一些相关概念、研究内容及其在液压系统中的应用。

一、流体的基本特性

流体（Fluid）指具有流动性且自身不能保持一定形状的物体，如气体和液体等，流动性是流体区别于固体的根本标志。一般来说，气体的流动性大于液体；流体在平衡状态下不能承受剪切力，静止流体不能承受拉力；没有固定的形状，液体的形状取决于盛它的容器，气体完全充满容器；液体不易被压缩，而气体则极易被压缩。

二、研究内容

按照研究对象的不同，流体力学又分为理论流体力学和工程流体力学。前者主要研究流体在外力作用下，静止与运动的规律及流体与边界的相互作用；后者主要研究流体静止和运动的力学规律及其在工程技术上应用的一门学科。本章即为工程流体力学在液压系统中的应用。

三、应用

流体力学在工农业生产、军事、航空航海乃至日常生活中都有着众多的应用。如液压阀的设计、轮船的航行、汽车的流线型设计等都与流体力学息息相关；各种体育活动，如羽毛球、乒乓球、射击等都有流体力学的身影，用到流体力学的体育运动项目如图 3-1 所示。

图 3-1　用到流体力学的体育运动项目

第二节　流体静力学

流体静力学（Hydrostatics）是研究静止液体处于平衡状态时的力学规律和这些规律的实际应用。所谓静止液体，是指液体内部质点间没有相对运动；如果盛放液体的容器本身处于运动之中，则液体处于相对静止状态。

在流体静力学中，能量转换和传递基于"静液压"原理，流体相对"静止"，通过流体的压力传递动力。

一、液体静压力及其特性

1. 静压力及其单位

液体处于平衡状态时，液体单位面积上所受到的法向力称为静压力（Static pressure）。这一定义在物理学中称之为压强，液压传动系统中习惯称其为压力，用 p 表示。

当液体静止时，液体质点之间没有相对运动，不存在摩擦，且液体分子之间的凝聚力很小，故静止液体只承受法向力，而不能受拉。

当液体面积 ΔA 上作用有法向力 ΔF 时，液体内某点处的压力为

$$p = \lim_{\Delta A \to 0} \frac{\Delta F}{\Delta A} \tag{3-1}$$

静止液体的压力具有如下特性。

1）液体静压力的方向总是沿着作用面的法线方向。因为液体只能保持一定的体积，不能保持固定的方向，不能承受拉力和剪切力，所以只能承受法向压力。

2）静止液体中任何一点所受到各个方向的压力都相等。如果液体中某一点所受到各个方向的压力不相等，那么液体在不平衡力的作用下就要流动，这样就破坏

了液体静止的条件。

3）静止液体总是处于受压状态，并且其内部的任何质点都受平衡压力的作用。

2. 压力的基本单位

我国法定的压力单位为牛/米^2（N/m^2），称为帕斯卡，简称帕（Pa）。在液压技术中，目前还采用的压力单位有巴（bar）和工程大气压、千克力每平方厘米（kgf/cm^2，亦称为公斤力）等，在欧美等国家习惯使用磅/平方英寸（pounds per square inch，psi）。各单位之间的换算满足下面等式：

$$1 公斤力 \quad = 1kgf/cm^2 \quad = 9.81N/cm^2$$
$$1bar \quad = 10N/cm^2 \quad = 10^5Pa$$
$$1Pa \quad = 1N/m^2 \quad = 10^{-5}bar$$
$$1MPa \quad = 10^6Pa \quad = 10bar$$
$$1psi \quad = 6.895kPa$$

在液压系统中通常将压力划分为，低压系统 $p \leqslant 2.5MPa$，中压系统 $2.5MPa < p \leqslant 8.0MPa$，中高压系统 $8MPa < p \leqslant 16MPa$，高压系统 $16MPa < p \leqslant 32MPa$，超高压系统 $p > 32MPa$。但随着社会的发展以及液压系统应用的领域不同，对于液压系统压力等级的划分也会有所不同。

二、液体静压力的基本方程

1. 静压力基本方程

图 3-2a 所示为在重力作用下处于静止状态的液体的受力情况，液体密度为 ρ，液面受到的外加压力为 p_0，求距离液面深度为 h 处的某一点的压力。可假想地从液面向下选取一段垂直的液柱作为研究对象，如图 3-2b 所示。设液柱的底面积为 ΔA，高为 h，由于液柱处于平衡状态，故

$$p\Delta A = p_0 \Delta A + \rho g h \Delta A \tag{3-2}$$

式中，$\rho g h \Delta A$ 为假想小液柱的重力。

上式化简后得

$$p = p_0 + \rho g h \tag{3-3}$$

式（3-3）即为静压力基本方程。从方程看出，处于静止状态的液体的压力分布具有如下特征。

1）静止液体中任意点的静压力由两部分组成：一部分是液体表面上的压力 p_0，另一部分是该点以上液体自重所形成的压力 $\rho g h$。当液面只受大气压力 p_a 作用时，则该点压力为 $p = p_a + \rho g h$。

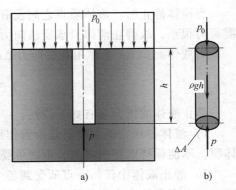

a)　　　　　b)

图 3-2　重力作用下的静止液体

2）静止液体内的压力随深度呈线性规律增加。

3）连通器内，同一液体中深度相同的各点压力都相等。在重力作用下静止液体中的等压面是一个水平面。

2. 物理意义

从物理学可知，把质量为 m 的物体从基准面提升 z 高度后，该物体就具有位能 mgz，则单位重力物体所具有的位能为 z（$mgz/mg = z$）。z 的物理意义为单位重力液体对某一基准面的位置势能。$p/\rho g$ 表示单位重力液体的压力势能。

如图 3-3 所示，在开孔处液体静压强 p 的作用下，液体进入测压管，上升的高度 $h = p/\rho g$ 称为单位重力液体的压力势能。则开口处压力 p 可以表示为

$$p = p_0 + \rho g z \qquad (3-4)$$
$$= \rho g h$$

由式（3-4）可看出，位能和压力势能之和保持不变，即能量守恒。

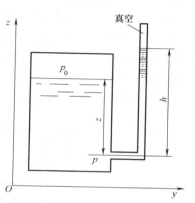

图 3-3　静液体能量守恒说明示意图

3. 几何意义

单位重力液体所具有的能量也可以用液柱高度来表示，称为水头（Head），是水利工程中常用的单位。

z 具有长度单位，z 是液体质点离基准面的高度，所以 z 的几何意义为单位重力液体的位置高度或位置水头。

$p/\rho g$ 也是长度单位，它的几何意义表示为单位重力液体的压力水头。

位置水头和压力水头之和称为静水头（Static head）。所以静压力基本方程也表示在重力作用下静止液体中各点的静水头都相等。在实际工程中，常需计算具有自由液面的静止液体中任意一点的静压力。

4. 表示方法

根据度量的标准不同，压力有两种表示方法：以绝对零压力（完全真空）作为基准所表示的压力称之为绝对压力（Absolute pressure）；以当地大气压力为基准所表示的压力称之为相对压力（Relative pressure），相对压力也称表压力（Gauge pressure）。相对压力与绝对压力的相互关系如图 3-4 所示。当相对压力为负数时，工程上称为真空度（Vacuum），真空度的大小以此负数的绝对值表示。显然：

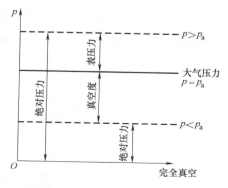

图 3-4　相对压力与绝对压力的相互关系

$$绝对压力＝大气压力＋相对压力（表压力）$$
$$相对压力（表压力）＝绝对压力－大气压力$$
$$真空度＝大气压力－绝对压力$$

5. 压力传递

由静压力基本方程式 $p = p_0 + \rho g h$ 可知，液体中任何一点的压力都包含液面压力 p_0，或者说液体表面压力 p_0 等值的传递到液体内所有的地方。这称为帕斯卡定律（Pascal law）或静压传递原理，如图 3-5 所示。

图 3-5 中，垂直和水平放置的液压缸截面积分别为 A_1、A_2；活塞上所受的负载为 F_1、F_2。两缸互相连通，构成一个密闭容器，则按帕斯卡定律，缸内压力处处相等，$p_1 = p_2$，于是 $F_2 = F_1 A_2 / A_1$。如果垂直液压缸的活塞上没有负载，则在略去活塞重力及其他阻力时，不论怎样推动水平液压缸活塞，均不能在液体中形成压力，即压力是由外界负载决定。

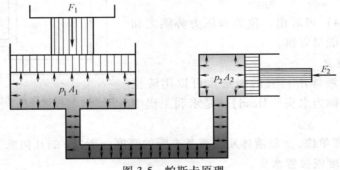

图 3-5　帕斯卡原理

通常，在液压系统的压力管路和压力容器中，由外力所产生的压力 p_0 要比液体自重所产生的压力 $\rho g h$ 大许多倍。即对于液压传动来说，一般不考虑液体位置高度对于压力的影响，可以认为静止液体内各处的压力都是相等的。

【例 3-1】　图 3-6 所示为两个底部连通的液压缸，已知大缸直径 $D = 100\text{mm}$，小缸直径 $d = 20\text{mm}$，大活塞上放置的重物所产生的重力 $F_2 = 50\text{kN}$。试求小活塞上应施加多大的力才能将大活塞的重物顶起？如果要使重物升高 10mm，小活塞下降

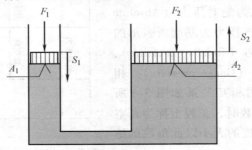

图 3-6　例 3-1 图

的位移为多少?

【解】 依据静压传递（帕斯卡）原理，由外力产生的压力在两缸中相等，即

$$\frac{F_1}{A_1} = \frac{F_2}{A_2}$$

则 $F_1 = \dfrac{F_2}{A_2} A_1$

$$= \frac{50000}{\dfrac{\pi}{4} \times 100^2} \times \frac{\pi}{4} \times 20^2 \mathrm{N}$$

$$= 2\mathrm{kN}$$

由于两容器连通，因此，由于重物升高所需要的液体体积与小缸中流出的液体体积相等，即

$$S_1 = \frac{A_2 S_2}{A_1}$$

$$= \frac{\dfrac{\pi}{4} \times 100^2}{\dfrac{\pi}{4} \times 20^2} \times 10\mathrm{mm}$$

$$= 250\mathrm{mm}$$

此例说明：

1）液压装置具有力的放大作用。

2）负载越大，液压缸中压力越大，推力也越大，液压系统的工作压力取决于负载。

3）根据能量守恒，要以较小的力推动较重的重物，必然要增大运行的距离。

【例 3-2】 如图 3-7 所示测量装置，其活塞直径 $d = 35\mathrm{mm}$，油的相对密度 $d_{油} = 0.92$，水银的相对密度 $d_{Hg} = 13.6$，活塞与缸壁无泄漏和摩擦。当活塞重为 15N 时，$h = 700\mathrm{mm}$，试计算 U 形管测压计的液面高差 Δh 值。

【解】 重物使活塞单位面积上承受的压力为

$$p = \frac{15\mathrm{N}}{\dfrac{\pi}{4} d^2}$$

$$= \frac{15}{\dfrac{\pi}{4} \times 0.035^2} \mathrm{Pa}$$

$$= 15590\mathrm{Pa}$$

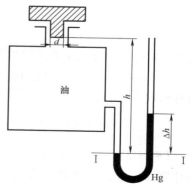

图 3-7　例 3-2 图

列等压面 I - I 的平衡方程

$$p + \rho_油 gh = \rho_{Hg} g \Delta h$$

解得 Δh 为

$$\Delta h = \frac{p}{\rho_{Hg} g} + \frac{\rho_油}{\rho_{Hg}} h$$

$$= \frac{15590}{13600 \times 9.806} \text{mm} + \frac{0.92}{13.6} \times 0.70 \text{mm}$$

$$= 16.4 \text{mm}$$

注意：本例中，左侧活塞和右侧测压管同时受到大气压的作用，在列写平衡方程时要注意两侧平衡，要么都考虑大气压，要么都不考虑。

三、压力对固体壁面的作用力

静止液体与固体壁面相接触时，固体壁面将受到液体静压力的作用。固体壁面在某一方向上所受静压力的综合就是液体在该方向上作用于固体壁面的力。

1. 作用在平面上的总作用力

当承受压力作用的面是平面时，作用在该面上的压力方向是互相平行的。故总作用力 F 等于油液压力 p 与承压面积 A 的乘积，即 $F = pA$。

如图 3-8 所示的液压缸活塞上的受力分析即为液体对平面的作用力。

油液压力作用在活塞上的总作用力为 $F = pA = p\pi D^2 / 4$。

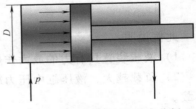

图 3-8　液压缸活塞的受力分析

2. 作用在曲面上的总作用力

当承受压力作用的表面是曲面时，作用在曲面上的所有压力的方向均垂直于曲面（图 3-9），图中将曲面分成若干微小面积 $\mathrm{d}A$，将作用力 $\mathrm{d}F$ 分解为 x、y 两个方向上的分力，即

$$F_x = p\mathrm{d}A\sin\theta = pA_x$$
$$F_y = p\mathrm{d}A\cos\theta = pA_y \tag{3-5}$$

式中　A_x——曲面在 x 方向的投影面积；

　　　A_y——曲面在 y 方向的投影面积。

则总作用力表示为

$$F = \sqrt{(F_x^2 + F_y^2)} \tag{3-6}$$

【例 3-3】　如图 3-10 所示，试计算固体壁面所受到的液体静压力的大小和方向。

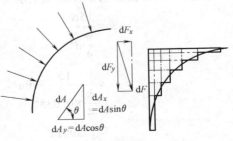

图 3-9　液体作用在曲面上的力

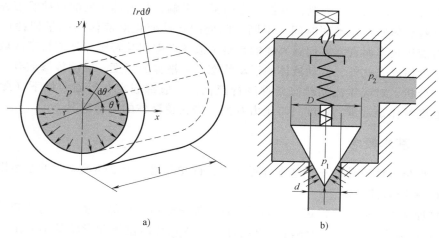

图 3-10　例 3-3 图

【解】

a）由于液体均匀地作用在圆管表面，因此对圆管的总体作用力为零。但是为了讨论固体壁面所承受的液体静压力，取圆管的上半部作为研究对象，根据液体作用在曲面上的总压力计算方法，得 $F_y = 2rlp$

b）锥阀芯下表面所受的液体静压力为

$$F_1 = \frac{\pi d^2}{4} p_1$$

锥阀芯上表面所受的液体静压力为

$$F_2 = \frac{\pi d^2}{4} p_2$$

故锥阀芯所受到的液体静压力之和为

$$F = F_1 - F_2$$

$$= \frac{\pi d^2}{4}(p_1 - p_2)$$

由上面分析可知，要求液体对固体壁面的作用力，关键是要获知液体静压力所作用的有效面积。

第三节　液体动力学

液体动力学（Hydrodynamics）主要研究液体的流动状态、运动规律、能量转换和液体对固体壁面的作用力，具体而言，主要介绍液体流动时的连续性方程（Flow continuity equation）、能量方程（Energy conservation equation）和动量方程（Momentum conservation equation）三个基本方程。液体流动时，由于重力（Gravity）、惯性力（Inertia force）和黏性摩擦力等因素的影响，其内部各处的运动状态各不相同。这些液体质点在不同时间、不同空间处的运动变化对液体的能量损耗产生影响。对液压技术而言，人们感兴趣的是整个液体在空间某特定点处或特定区域内的平均运动情况。此外，流动液体的运动状态还与液体的温度、黏度等参数有关。为了便于分析，对液体流动状态条件进行简化，一般都假定在等温条件下（此时可以把黏度看作是常量，密度只与压力有关）来讨论液体的流动情况。

一、基本概念

在推导液体流动的三个基本方程之前，首先介绍几个液体流动时的基本概念。

1. 系统与控制体

物理学中的质量守恒定律、动量定理、能量守恒定律等，都是针对固定的系统（System）而言的。由于液体具有流动性，液体系统的位置和形状都不固定，所以数学上比较难以描述，控制体（Control body）就是为了解决这一问题而提出的。流体力学中的流动方程建立，就是把各种适用于固定系统的物理定律改写成适用于控制体的数学表达式。

所谓系统，就是确定物质的集合。系统以外的物质称为环境。系统与环境的分界面称为边界（Boundary）。系统具有如下的特点：①系统始终包含着相同的流体质点；②系统的形状和位置可以随时间变化；③边界上可有力的作用和能量的交换，但不能有质量的交换。

所谓控制体，是指根据需要所选择的具有确定位置和体积形状的流场空间。控制体的表面称为控制面。控制体具有以下的特点：①控制体内的流体质点是不固定的；②控制体的位置和形状不会随时间变化；③控制面上不仅可以有力的作用和能量交换，而且还可以有质量交换。

2. 稳定流动和非稳定流动

液体流动时，若液体中任何一点的压力、流速和密度都不随时间变化，这种流动称为稳定流动（或恒定流动，Steady flow）。反之，压力、流速随时间而变化的流动称为非稳定流动（Unsteady flow）。

如图 3-11 所示，从水箱中放水，若水箱上方有一补充水源使水位 H 保持不变，则出水口流出的液体中各点的压力和速度均不随时间变化，故为稳定流动；反之为非稳定流动。

3. 理想液体与实际液体

研究液体流动时必须考虑到黏性的影响，但由于这个问题相当复杂，所以在开始分析时，可以假设液体没有黏性，寻找出液体流动的基

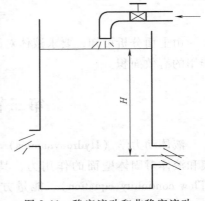

图 3-11　稳定流动和非稳定流动

本规律后，再考虑黏性作用的影响，并通过实验验证的方法对所得出的结论进行补充或修正。同理，对液体的压缩性也可以采用这种方法进行处理。一般把既无黏性又不可压缩的假想液体称为理想液体（Ideal liquid），既有黏性又可压缩的液体称为实际液体（Actual liquid）。

4. 一维流动、多维流动

当液体整个做线性流动时，称为一维流动（One-dimensional flow）；当液体做平面或空间流动时，称为二维或三维流动（Two or three-dimensional flow）。一维流动最简单，但是从严格意义上来讲，一维流动要求液流截面上各点处的速度矢量完全相同，这在现实中极为少见。一般把封闭容器内的流动按照一维流动来处理，再用实验数据修正结果。液压传动中对工作介质的流动情况进行分析讨论就是按照这样的方式进行的。

5. 流线、流管和流束

流线（Streamline）是流场中一条一条的曲线，它表示同一瞬时流场中各质点的运动状态。流线上每一质点的速度矢量与这条曲线相切，因此，流线代表了在某一瞬时的许多流体质点的流动方向，如图 3-12a 所示。在非恒定流动时，由于液流通过空间点的速度随时间变化，因此流线形状也随时间变化；在恒定流动时，流线的形状不随时间变化。由于流场中每一质点在每个瞬时只能有一个速度，所以流线之间不能相交，流线也不能突然转折，只能是光滑的曲线。

在流场中给出一条不属于流线的任意封闭曲线，沿该封闭曲线上的每一点作流线，由这些流线组成的表面称为流管（Flow tube），如图 3-12b 所示。流管内的流线群称为流束（Flow beam），如图 3-12 所示。根据流线不会相交的性质，流管内外的流线均不会穿越流管，故流管与真实管道相似。将流管截面无限缩小接近于零，便获得微小流管或微小流束。微小流束截面上各点处的流速可以认为是相等的。

流线彼此平行的流动称为平行流动（Parallel flow）；流线间夹角很小，或流线的曲率半径很大的流动称为缓变流动（Graded flow）。平行流动和缓变流动都可以近似认为是一维流动。

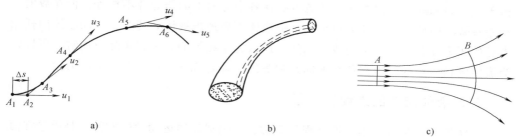

a)　　　　　　　　　　　b)　　　　　　　　　　　c)

图 3-12　流线、流管和流束

a）流线　b）流管　c）流束

6. 通流截面、流量和平均流量

流束中与所有流线正交的截面，即垂直于液体流动方向的截面称为通流截面（Flow cross section），也叫过流断面，如图 3-12c 中的截面 A 和 B。

单位时间 t 内流过某通流截面的液体体积 V 称为体积流量（q_V），简称流量 q，单位为 m^3/s 或 L/min。由流量定义可得

$$q = \frac{V}{t} \tag{3-7}$$

根据图 3-6，$q = \dfrac{dV}{dt} = \dfrac{A_1 dS_1}{dt} = A_1 v_1 = A_2 v_2$

流量也可以用单位时间内通过某通流截面的液体质量来表示：$q_m = \dfrac{m}{t} = \rho q$

如图 3-13 所示，速度为 U、压力为 p_0 的液体，从直径为 d 的管道左侧沿 x 方向流入，在长度 L 处的压力为 p_L。由于液体具有黏性，通流截面上中心处流速最大；越靠近管壁流速越小；管壁处的流速为零，因此，平均流速为流量与通流面积之比，即 $v = \dfrac{q}{A}$。以后所指流速均为平均流速。

7. 功、功率

如图 3-6 所示，搬运重物所做的功为

$$W = F_2 S_2 = p A_2 S_2 = pV \tag{3-8}$$

在此过程中所输出的液压功率为

$$P = \frac{dW}{dt} = p \frac{dV}{dt} = pq \tag{3-9}$$

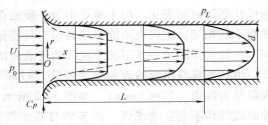

图 3-13　流量和平均流速

即液压功率为液体的压力与流量的乘积。

8. 压力

静止液体内任意点处的压力在各个方向上都是相等的；但是在流动的液体中，由于惯性力和黏性力的影响，任意点处在各个方向上的压力并不相等，但在数值上相差甚微。因此，当惯性力很小，且把液体当做理想液体处理时，流动液体内任意点处的压力在各个方向上的数值仍然可以认为是相等的。工程实际应用时，可以认为流体内任一点的压力在各个方向是相等的，即是说任一点只有一个压力值。

二、液体流动的连续性方程

连续性方程是流量连续性方程的简称，是描述流体运动学的方程，是质量守恒定律（Law of conservation of mass）在流体力学中的一种具体表现形式。

设在流动的液体中取一控制体体积 V，见图 3-14，它内部液体的质量为 m，单

位时间内流入、流出的流量质量为 q_{m1} 和 q_{m2}。根据质量守恒定律，$q_{m1} - q_{m2}$ 应该等于该时间内控制体 V 中液体质量的变化率 $\mathrm{d}m/\mathrm{d}t$。由于 $q_{m1} = \rho_1 q_1$，$q_{m2} = \rho_2 q_2$，$m = \rho V$，则

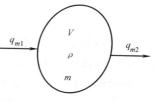

图 3-14 通过控制体的液流

$$\rho_1 q_1 - \rho_2 q_2 = \frac{\mathrm{d}(\rho V)}{\mathrm{d}t} = V \frac{\mathrm{d}\rho}{\mathrm{d}t} + \rho \frac{\mathrm{d}V}{\mathrm{d}t} \qquad (3-10)$$

式（3-10）中，右侧第一项是压力变化引起的密度变化，表征液体受压缩而增加的质量；右侧第二项是控制体体积 V 的变化而增加的质量。

1. 稳定流动

根据质量守恒定律，管内液体的质量不会增多也不会减少，所以在单位时间内流过每一截面的液体质量必然相等。如图 3-15 所示，管道的两个通流面积分别为 A_1、A_2，液体流速分别为 v_1、v_2，液体的密度为 ρ，则

$$\rho v_1 A_1 = \rho v_2 A_2 = 常量 \qquad (3-11)$$

即

$$v_1 A_1 = v_2 A_2 = q = 常量 \quad 或 \frac{v_1}{v_2} = \frac{A_2}{A_1} \qquad (3-12)$$

式（3-12）就是液流的流量连续性方程，它说明：①在同一管路中无论通流面积怎么变化，只要没有泄漏，液体通过任意截面的流量是相等的；②在同一管路中通流面积大的地方液体流速小，通流面积小的地方则液体流速大；③当通流面积一定时，通过的液体流量越大，其流速也越大。

如图 3-16 所示，根据流量连续性方程，流进的流量应等于流出的流量，故有：$q = q_1 + q_2$。这一公式与电工学中的节点电流法有着相似的表达式和物理含义。

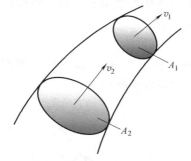

图 3-15 管道中的液流

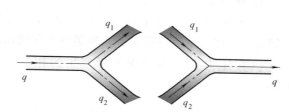

图 3-16 分支油路的流量关系

2. 非稳定流动

当管道中的液体为非稳定流动时，即流进的流量与流出的流量不相等。

（1）液体体积可以改变 如图 3-17 所示，流进与流出的流量之差即是管道中液体体积的变化量，即

$$A_1 v_1 - A_2 v_2 = \frac{\mathrm{d}V}{\mathrm{d}t} = A\frac{\mathrm{d}l}{\mathrm{d}t} \qquad (3-13)$$

（2）液体体积不可以改变 如果管道中液体的体积不能改变，则根据液体的可压缩性，必然引起管道中压力的变化，输入压力和液体体积分别为 p 和 $V+\Delta V$，而输出为 $p+\Delta p$ 和 V，则增加的压力为

$$\Delta p = E\frac{\Delta V}{V}$$

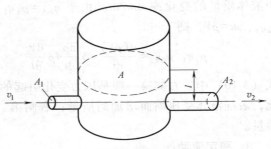

图 3-17　管道内作非稳定流动

当液体体积变化 $\Delta V/V = 1\%$ 时，由于液体的体积弹性模量 E 在 $(1.4 \sim 2.0) \times 10^3 \mathrm{MPa}$，则压力变化 Δp 在 $14 \sim 20\mathrm{MPa}$，变化量极大。

3. 流量连续性方程在液压传动中的应用

由第一章液压系统的基本组成和基本工作过程可知，从液压泵输出的流量途经方向控制阀、流量控制阀进入液压缸，不考虑这个过程中的溢流量和泄漏，则通过各个元件的流量应该是相同的，这就为计算带来便利。我们很容易从液压泵的性能参数获知液压缸的运动速度，或者根据液压缸的运动要求来对液压泵的参数进行选择。

三、伯努利方程

能量方程又称为伯努利方程（Bernoulli Equation），是能量守恒定律在流体力学中的一种具体表现形式。为了研究方便，先讨论理想液体的伯努利方程，然后再对它进行修正，最后通过实验给出实际液体的伯努利方程。

1. 理想液体的运动微分方程

在液流的微小流束上取出一段通流截面积为 $\mathrm{d}A$、长度为 $\mathrm{d}s$ 的微元体，如图 3-18 所示。在一维流动情况下，理想液体在微元体上作用有两种外力：

（1）压力在两端截面上所产生的作用力

$$p\mathrm{d}A - \left(p + \frac{\partial p}{\partial s}\mathrm{d}s\right)\mathrm{d}A = -\frac{\partial p}{\partial s}\mathrm{d}s\mathrm{d}A \qquad (3-14)$$

式中，$\frac{\partial p}{\partial s}$ 为沿流线方向的压力梯度。

（2）作用在微元体上的重力

$$\rho g\mathrm{d}s\mathrm{d}A \qquad (3-15)$$

在恒定流动下这一微元体的惯性力为

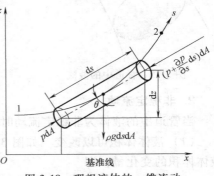

图 3-18　理想液体的一维流动

$$ma=\rho \mathrm{d}s\mathrm{d}A\,\frac{\mathrm{d}u}{\mathrm{d}t}=\rho \mathrm{d}s\mathrm{d}A\left(\frac{\partial u}{\partial s}\frac{\mathrm{d}s}{\mathrm{d}t}+\frac{\partial u}{\partial t}\frac{\mathrm{d}t}{\mathrm{d}t}\right)=\rho \mathrm{d}s\mathrm{d}A\left(u\,\frac{\partial u}{\partial s}+\frac{\partial u}{\partial t}\right) \tag{3-16}$$

式中，$u=\dfrac{\mathrm{d}s}{\mathrm{d}t}$ 为微元体沿流线的运动速度，是位移和时间的函数。

根据牛顿第二运动定律 $\sum F=ma$，有

$$-\frac{\partial p}{\partial s}\mathrm{d}s\mathrm{d}A-\rho g\mathrm{d}s\mathrm{d}A\cos\theta=\rho \mathrm{d}s\mathrm{d}A\left(u\,\frac{\partial u}{\partial s}+\frac{\partial u}{\partial t}\right) \tag{3-17}$$

由于 $\cos\theta=\dfrac{\partial z}{\partial s}$，又流体做恒定流动，因此 $\dfrac{\partial u}{\partial t}=0$

代入式（3-17），整理后可得

$$-\frac{1}{\rho}\,\frac{\partial p}{\partial s}-g\,\frac{\partial z}{\partial s}=u\,\frac{\partial u}{\partial s} \tag{3-18}$$

这就是理想液体沿流线做恒定流动时的运动微分方程，即欧拉方程。它表示了单位质量液体的力平衡方程。

2. 理想液体的能量方程

式（3-18）是力平衡方程，要求能量方程，在其两端乘以位移即可，即将运动微分方程（3-18）沿流线 s 从截面 1 到截面 2 积分（图 3-18），便可得到微元体流动时的能量关系式，即

$$\int_{1}^{2}\left(-\frac{1}{\rho}\,\frac{\partial p}{\partial s}-g\,\frac{\partial z}{\partial s}\right)\mathrm{d}s=\int_{1}^{2}\frac{\partial}{\partial s}\left(\frac{u^{2}}{2}\right)\mathrm{d}s \tag{3-19}$$

式（3-19）移项后整理得

$$\frac{p_{1}}{\rho g}+z_{1}+\frac{u_{1}^{2}}{2g}=\frac{p_{2}}{\rho g}+z_{2}+\frac{u_{2}^{2}}{2g} \tag{3-20}$$

由于截面 1、2 是任意取的，所以式（3-20）也可写成：

$$\frac{p}{\rho g}+z+\frac{u^{2}}{2g}=常数 \tag{3-21}$$

式（3-20）和式（3-21）就是理想液体微小流束做恒定流动时的伯努利方程或能量方程。

式中 $\dfrac{p_{1}}{\rho g}$、$\dfrac{p_{2}}{\rho g}$——单位重力液体的压力能，也叫比压能；

$\dfrac{u_{1}^{2}}{2g}$、$\dfrac{u_{2}^{2}}{2g}$——单位重力液体的动能，也叫比动能；

z_{1}、z_{2}——单位重力液体的位能，也叫比位能。

因此，理想液体的能量方程的物理意义是：理想液体做恒定流动时具有压力能、位能和动能三种能量形式，在任一截面上这三种能量形式之间可以相互转换，但三者之和为一定值，即能量守恒，如图 3-19 所示。对于在空间如图 3-19 所示放

置的管路，要判断其三种能量，首先可以确定的是两个截面上的位能，明显 $z_2 > z_1$；其次根据流量连续性方程，可以判断两个截面上的速度 $u_2 < u_1$，即 2 截面上的动能小于 1 截面的。按照能量守恒，便可以推算两个截面上的压力能大小。

比较伯努利方程（3-21）和静压方程（3-3）可以发现，伯努利方程多了一个动能项，即流动液体所具有的动能，可见静压力基本方程是伯努利方程（在速度为零时）的特例。

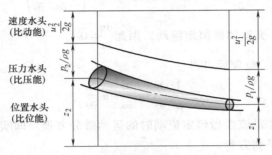

图 3-19　伯努利方程能量意义示意图

3. 实际液体的能量方程

实际液体在流动时，由于液体存在黏性，会产生内摩擦力，消耗能量；同时，管道局部形状和尺寸的骤然变化，会使液体产生扰动，也消耗能量。因此实际液体流动过程中，会产生能量损失。为了得出实际液体的伯努利方程，图 3-20 给出了一段流管中的液流，在流管中，两端的通流截面积分别为 A_1 和 A_2。在此液流中取出一微小流束，两端的通流截面积各为 dA_1 和 dA_2。其相应的压力、流速和高度分别为 p_1、u_1、z_1 和 p_2、u_2、z_2。这一微小流束的伯努利方程：

$$\frac{p_1}{\rho g} + z_1 + \frac{u_1^2}{2g} = \frac{p_2}{\rho g} + z_2 + \frac{u_2^2}{2g} + h'_w \tag{3-22}$$

式中　h'_w 为液体在流管中流动时产生的能量损耗。

将式（3-22）两端乘以相应的微小流量 dq，然后各自对液流的通流截面积 A_1 和 A_2 进行积分，得

$$\int_{A_1}\left(\frac{p_1}{\rho g} + z_1\right)u_1 dA_1 + \int_{A_1}\frac{u_1^2}{2g}u_1 dA_1 = \int_{A_2}\left(\frac{p_2}{\rho g} + z_2\right)u_2 dA_2 + \int_{A_2}\frac{u_2^2}{2g}u_2 dA_2 + \int_q h'_w dq \tag{3-23}$$

式（3-23）左端及右端的前两项积分分别表示单位时间内流过 A_1 和 A_2 的流量所具有的总能量，而右端最后一项则表示流管内的液体从 A_1 流到 A_2 所损耗的能量。

为使公式便于使用，首先将图 3-20 中截面 A_1 和 A_2 处的流动限于平行流动

（或缓变流动），这样，通流截面 A_1 和 A_2 可视为平面，在通流截面上除重力外无其他质量力，因而通流截面上各点处的压力具有与液体静压力相同的分布规律。其次，用平均流速 v 代替液流截面 A_1 和 A_2 上各点处不等的流速 u，且令单位时间内截面 A 处液流的实际动能和按平均流速计算出的动能之比为动能修正系数 α，即

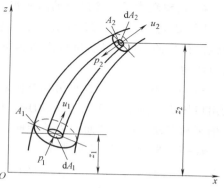

$$\alpha = \frac{\int_A \rho \dfrac{u^2}{2} u \mathrm{d}A}{\dfrac{1}{2}\rho A v v^2} = \frac{\int_A u^3 \mathrm{d}A}{v^3 A} \qquad （3\text{-}24）$$

图 3-20　流管内液流能量方程推导简图

此外，对液体在流管中流动时产生的能量损耗，也用平均能量损耗的概念来处理，即令

$$h_{\mathrm{w}} = \frac{\int_q h'_{\mathrm{w}} \mathrm{d}q}{q} \qquad （3\text{-}25）$$

整理后可得

$$\frac{p_1}{\rho g} + z_1 + \frac{\alpha_1 v_1^2}{2g} = \frac{p_2}{\rho g} + z_2 + \frac{\alpha_2 v_2^2}{2g} + h_{\mathrm{w}} \qquad （3\text{-}26）$$

式中，α_1、α_2 为截面 A_1、A_2 上的动能修正系数。

式（3-26）就是仅受重力作用的实际液体在流管中做平行（或缓变）流动时的伯努利方程。它的物理意义是单位重力液体的能量守恒。其中 h_{w} 为单位重力液体从截面 A_1 流到截面 A_2 过程中的能量损耗。应用式（3-26）时，必须注意 p 和 z 应为通流截面的同一点上的两个参数，为方便起见，通常把这两个参数都取在通流截面的轴心处。

伯努利方程揭示了液体流动过程中的能量变化规律。它指出，对于流动的液体来说，如果没有能量的输入和输出，液体内的总能量是不变的。它是流体力学中一个重要的基本方程，它不仅是进行液压传动系统分析的基础，而且还可以对多种液压问题进行分析和计算，例如下面要介绍的文丘里流量计的工作原理、液压泵的入口压力的计算和确定液压泵的安装位置等。

在液压系统的计算中，通常将实际液体的伯努利方程写成另外一种形式，即

$$p_1 + \rho g z_1 + \frac{1}{2}\rho \alpha_1 v_1^2 = p_2 + \rho g z_2 + \frac{1}{2}\rho \alpha_2 v_2^2 + \Delta p \qquad （3\text{-}27）$$

式中　z_1、z_2——液体在流动时的不同高度；

　　　　Δp——液体流动的压力损失。

4. 伯努利方程在液压传动的应用

【例 3-4】 如图 3-21 所示，液压泵驱动液压缸推动负载运动。设液压缸中心距泵出口处的高度为 h，负载阻力为 F_L，液压缸无杆腔面积 A_1。试计算液压泵的出口压力。

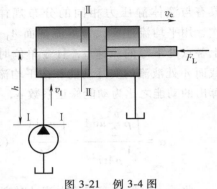

【解】 本例可以根据伯努利方程来确定泵的出口压力。选取图 3-21 所示的 I-I、II-II 截面列伯努利方程，并以截面 I-I 为基准面，且选取 $\alpha_1 = \alpha_2 = 1$。根据式 （3-26） 则有

$$p_1/\gamma + v_1^2/2g = p_2/\gamma + v_2^2/2g + h + h_w$$

因此泵的出口压力为

$$p_1 = p_2 + (\rho v_2^2/2 - \rho v_1^2/2) + \gamma h + \Delta p$$

图 3-21 例 3-4 图

在液压传动中，油管中油液的流速一般不超过 6 m/s，而液压缸中油液的流速更是低得多。因此计算出速度水头产生的压力和 γh 的值比液压缸的工作压力低得多，故在管道中，这两项可忽略不计。这时上式可简化为

$$p_1 = p_2 + \Delta p = \frac{F_L}{A_1} + \Delta p$$

上式中，压力 p_2 即是驱动负载 F_L 所需要的压力 p_L。因此可以看做：液压泵的出口压力为驱动负载所需要的压力加上液压泵出口到液压缸入口这段管路上的压力损失 Δp。

【例 3-5】 如图 3-22 所示，一容器盛满水，有一根如图所示的等截面的管子插入其中。已知 h_1 和 h_2，问：

1） 当下端 D 被塞住时，请问 A、B、C 三处的压强 （压力） 各是多少？

2） 当 D 端开启时，A、B、C 三处的压强 （压力） 又是多少？这时水流出 D 端的流速是多少？

【解】 以 D 点所在水平面作为基准面，则 A、B 点的位置为 $h_2 - h_1$，C 点位置为 h_2。

1） 当 D 被塞住时，液体不能流动，处于静止状态，因此应该使用静力学方程进行求解。

A 和 B 点在同一水平面，都在液面上，因此有

$$p_A = p_B = p_a$$

$$p_C = p_a - \rho g h_1$$

$$p_D = p_C + \rho g h_2 = p_a + \rho g (h_2 - h_1)$$

2） 当 D 端开启时，液体从油箱沿管路流出，处于流动状态，因此应用伯努利方程进行求解。

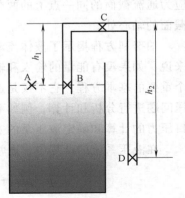

图 3-22 例 3-5 图

对 A 点：A 点是油箱与空气自由接触的液面，而且假设油箱足够大，其表面的液体流速近似为零，故有 $p_A = p_a$，$v = 0$。

对 D 点：D 点是液体自由流出点，该点压力与大气相同，即 $p_D = p_a$

忽略管路损失，对 A 点和 D 点建立伯努利方程：

$$\frac{p_A}{\rho g} + (h_2 - h_1) + 0 = \frac{p_D}{\rho g} + 0 + \frac{v^2}{2g}$$

可推出 D 点的速度 $v_D = \sqrt{2g(h_2 - h_1)}$。

由于 B、C、D 属于同一管路，粗细相同，故根据流量连续性方程有 $q_B = q_C = q_D$，从而推得 $v_B = v_C = v_D$

对 B、D 两点建立伯努利方程：

$$\frac{p_B}{\rho g} - h_1 + \frac{v_B^2}{2g} = \frac{p_D}{\rho g} - h_2 + \frac{v_D^2}{2g}$$

推得 $p_B = p_D - \rho g(h_2 - h_1) = p_a - \rho g(h_2 - h_1)$。

对 C、D 两点建立伯努利方程：

推得 $p_C = p_D - \rho g h_2 = p_a - \rho g h_2$。

从例题 3-5 可以看出，可将应用伯努利方程解决实际问题的一般方法归纳如下：

1）选取适当的基准水平面，确定高度 h。

2）选取两个计算截面，一个设在参数已知的截面上，另一个设在所求参数的截面上。

3）按照液体流动方向列出伯努利方程。

4）若未知数的数量多于方程数，则必须列出其他辅助方程（一般为连续性方程），联立求解。

5）不熟悉的情况下，列写完整的形式。

图 3-23 是文丘里流量计（Venturi meter）的原理图，试利用伯努利方程分析其测试所流过流量的原理。

假设：截面 A 处的面积为 S_1，流速为 v_1，压力为 p_1；截面 B 处的面积为 S_2，流速为 v_2，压力为 p_2，U 形测压管中的液体是水银。由于 A、B 截面的中心线处于同一水平面，则列写截面 A、B 的伯努利方程如下。

$$\frac{p_1}{\rho g} + \frac{v_1^2}{2g} = \frac{p_2}{\rho g} + \frac{v_2^2}{2g}$$

另外，在 U 形测压管中的液体处于静止状态，列写其静力学基本方程如下。

$$p_1 - p_2 = \rho_{Hg} g h$$

根据流量连续性方程，有 $S_1 v_1 = S_2 v_2$

联立以上三式，可以得到截面 A、B 处的速度如下：

$$v_1 = S_2 \sqrt{\frac{2gh}{(S_1^2 - S_2^2)} \frac{\rho_{Hg}}{\rho_{oil}}}, v_2 = S_1 \sqrt{\frac{2gh}{(S_1^2 - S_2^2)} \frac{\rho_{Hg}}{\rho_{oil}}}$$

进而可以获得通过管路的流量为

$$q = v_1 S_1 = S_1 S_2 \sqrt{\frac{2gh}{(S_1^2 - S_2^2)} \frac{\rho_{Hg}}{\rho_{oil}}} \, 。$$

上面即是文丘里流量计测量管路流量的原理。

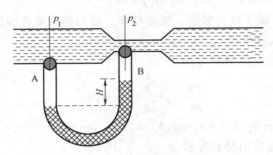

图 3-23　文丘里流量计的原理图

四、液体稳定流动时的动量方程

1. 动量方程

动量方程是动量定理在流体力学中的具体应用。用动量方程可以方便地计算液体运动时作用于壁面上的力。在液压传动中，主要利用动量方程来计算液压阀芯所受的液动力，以便判断阀芯的受力情况。

动量定理指出，作用在物体上的合外力的大小等于物体在力作用方向上的动量变化率：

$$\sum F = \frac{\mathrm{d}I}{\mathrm{d}t} = \frac{\mathrm{d}(mv)}{\mathrm{d}t} \tag{3-28}$$

将动量定律应用于流体时，必须在任意时刻 t 时从流管中取出一个由通流截面 A_1 和 A_2 围起来的液体控制体积，如图 3-24 所示。这里，截面 A_1 和 A_2 是控制表面。在此控制体积内取一微小流束，其在 A_1、A_2 上的通流截面为 $\mathrm{d}A_1$、$\mathrm{d}A_2$，流速为 u_1、u_2。假定控制体积经过 $\mathrm{d}t$ 后流到新的位置，则在 $\mathrm{d}t$ 时间内控制体积中液体质量的动量变化为

$$\mathrm{d}(\sum I) = I_{\mathrm{III}_{t+\mathrm{d}t}} + I_{\mathrm{II}_{t+\mathrm{d}t}} - (I_{\mathrm{III}_t} + I_{\mathrm{I}_t}) = I_{\mathrm{III}_{t+\mathrm{d}t}} - I_{\mathrm{III}_t} + I_{\mathrm{II}_{t+\mathrm{d}t}} - I_{\mathrm{I}_t} \tag{3-29}$$

体积 V_{II} 中液体在 $t+\mathrm{d}t$ 时的动量为

$$I_{\mathrm{II}_{t+\mathrm{d}t}} = \int_{V_{\mathrm{II}}} \rho u_2 \mathrm{d}V_{\mathrm{II}} = \int_{A_2} \rho u_2 \mathrm{d}A_2 u_2 \mathrm{d}t \tag{3-30}$$

控制体积 V_1 中液体在 t 时的动量为

$$I_{I_t} = \int_{V_I} \rho u_1 dV_I = \int_{A_1} \rho u_1 dA_1 u_1 dt \tag{3-31}$$

控制体积 V_{III} 中液体在 t 和 $t+dt$ 时的动量之差为

$$I_{III_{t+dt}} - I_{III_t} = \int_{V_{III}} \rho u dV_{III} \tag{3-32}$$

当 $dt \to 0$ 时，体积 $V_{III} \approx V$，应用动量定律，得

$$\sum F = \frac{d}{dt}\left[\int_V \rho u dV\right] + \int_{A_2} \rho u_2 u_2 dA_2 - \int_{A_1} \rho u_1 u_1 dA_1 \tag{3-33}$$

若用流管内液体的平均流速 v 代替截面上的实际流速 u，其误差用动量修正系数 β 予以修正，且不考虑液体的可压缩性，即 $A_1 v_1 = A_2 v_2 = q$，而 $q = \int_A u dA$，则上式经整理后可得

$$\sum F = \frac{d}{dt}\left[\int_V \rho u dV\right] + \rho q(\beta_2 v_2 - \beta_1 v_1) \tag{3-34}$$

式（3-34）即为流体力学中的动量定律表达式。等式左边为作用于控制体积内液体上外力的矢量和；而等式右边第一项是使控制体内的液体加速（或减速）所需的力，称为瞬态液动力，等式右边第二项是由于液体在不同控制表面上具有不同速度所引起的力，称为稳态液动力；其中 β_1 是入口侧的动量修正系数，β_2 是出口侧的修正系数（具体取值参考本章第四节）。

对于作恒定流动的液体，右边第一项等于零，于是有：

$$\sum F = \rho q(\beta_2 v_2 - \beta_1 v_1) \tag{3-35}$$

式（3-35）表明作用在恒定流动的液体控制体积上的外力总和等于单位时间内流出与流入控制表面的液体动量之差。值得注意的是，该式是矢量方程，即使流速大小没有变化但是方向发生变化，仍会对控制体内的液体产生力的作用。因此在进行具体求解的时候，应该按照所指定的方向进行投影，列出指定方向上的动量方程。

动量方程在液压系统里应用最多的就是求液动力（Flow force）对阀芯的作用力。通过对液压阀芯的受力分析，进行液压控制阀的性能分析或结构设计。作用在阀芯上的轴向液动力有稳态轴向液动力和瞬态轴向液动力两种。

（1）稳态轴向液动力　稳态液动力是阀芯移动完毕开口固定以后，液流流过阀口时，因动量变化而作用在阀芯上的力。在这种情况下，阀腔内液体的流动是定常流动。

（2）瞬态液动力　当滑阀阀芯移动使

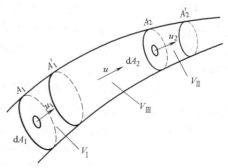

图 3-24　流管内液体流动的动量推导简图

阀口开度变化时，将引起流量 q 变化，控制体中液体产生加速度，而使其动量发生变化，于是液体质点受到一附加瞬态力的作用。其反作用力就是作用在阀芯上的瞬态液动力。

2. 动量方程在液压传动中的应用

【例 3-6】 如图 3-25 所示有一水平放置的液压弯管，试计算液体对弯管的作用力。

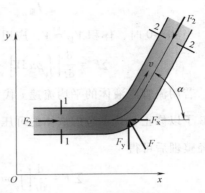

图 3-25 液体对弯管的作用力

【解】 在如图所示弯管上取断面 1-1 和 2-2 间的液体为控制体积。在控制表面上液体所受的合外力包含以下部分：① 两表面上的压力，即 $F_1 = p_1 A$，$F_2 = p_2 A$，② 管路对液体的作用力 F，其在 x、y 方向的分力分别表示为 F_x 和 F_y，液体其参考方向如图所示。

则根据动量方程，分别列写 x，y 方向上的动量平衡方程：

x 轴 $\quad \sum F_x = F_1 - F_2\cos\alpha - F_x = \rho q(v_2\cos\alpha - v_1)$

y 轴 $\quad \sum F_y = -F_2\sin\alpha + F_y = \rho q v_2 \sin\alpha$

由于液压弯管内径相同，因此 $v_2 = v_1 = v$

从而得到

$$F_x = F_1 - F_2\cos\alpha + \rho q v(1 - \cos\alpha)$$

$$F_y = \rho q v \sin\alpha + F_2 \sin\alpha$$

所以弯管对液体的作用力 $F = \sqrt{F_x^2 + F_y^2}$

液体对弯管的作用力与此大小相等，方向相反。如果此时需要对液压弯管进行固定，便可知道固定管夹所受力的大小和方向了。

【例 3-7】 如图 3-26 所示的液压滑阀，试求液流作用在滑阀阀芯上的稳态液动力。

【解】 首先解释一个概念，何为内流和外流。在滑阀阀体上有两个液压油口，但是只有图示左侧的油口受阀芯移动的影响会开启和关闭，右侧下方的油口不受影响。当液体从左侧上方的油口流入到滑阀内部时，称之为内流；反之，从滑阀内部经油口流出，称之为外流。

（1）内流 以滑阀阀芯两凸肩之间的液体作为控制体，列出控制体积在阀芯轴线方向上的动量方程，该控制体的受力示意图如图 3-26a 所示。

求得阀芯作用于液体的力为

$$F' = \rho q v_2 \cos 90° - \rho q v_1 \cos\theta = -\rho q v_1 \cos\theta$$

油液作用在阀芯上的力称作稳态液动力，其大小为

$$F = -F' = \rho q v_1 \cos\theta$$

F 的方向与 $v_1\cos\theta$ 一致。阀芯上的稳态液动力使滑阀阀口趋于关闭。

（2）外流 同理，对图 3-26b 列出轴向动量方程，阀芯作用于液体的力为：

$$F' = \rho q v_2\cos\theta - \rho q v_1\cos 90° = \rho q v_2\cos\theta$$

作用于阀芯的稳态液动力为

$$F = -F' = -\rho q v_2\cos\theta$$

F 与 $v_2\cos\theta$ 方向相反，即 F 也是力图使阀口关闭。

综上，一般情况下，液流通过阀口作用于滑阀的稳态液动力，在方向上总是力图使阀口关闭，其大小为

$$F = \rho q v\cos\theta$$

式中 v——滑阀阀口处液流的流速；

θ——速度 v 与阀芯轴线的夹角，称为射流角。

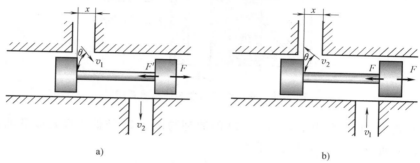

a)　　　　　　　　　　　　　　b)

图 3-26　液体对滑阀阀芯的作用力

a）内流　b）外流

3. 减小阀芯液动力的措施（扩展内容，具体可参考文献 24）

（1）改变流道减少液动力 如图 3-27 所示，参考图 3-26 可知，当油液流入、流出滑阀时是以一定的射流角度进出的，因此此时直角处易产生旋涡，从而给阀芯增加附加的液动力；而采用改进油道后，使其形状与液体的流入和流出轨迹吻合，则可以有效地减小附加液动力的影响。

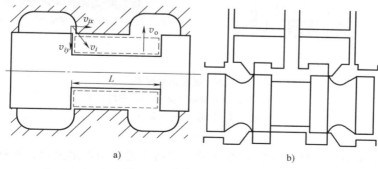

a)　　　　　　　　　　　　　　b)

图 3-27　滑阀流道示意图

a）无改进油道　b）改进油道形式

（2）非全周开口法减少液动力 液压控制阀的阀口一般有全周开口和非全周开口两种形式。对于全周开口形式，由于结构对称（图3-27），因此液动力的方向不变；而当采用非全周开口时，如图3-28所示，液体只有改变流动方向才能流入滑阀内，因此液动力在轴向相互抵消，从而缓解了液动力对阀芯稳定性的影响。

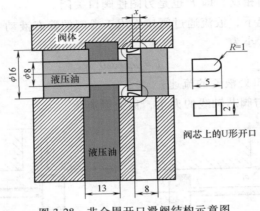

图 3-28 非全周开口滑阀结构示意图

（3）滑阀-缝隙滑阀结构 图3-29的原理与图3-28类似，都是改变油液的流动方向，从而减小稳态液动力的影响。

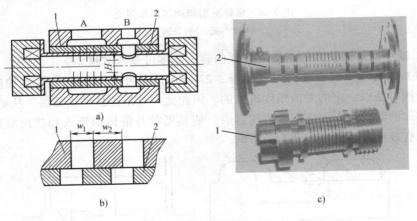

图 3-29 缝隙滑阀结构

a）缝隙滑阀 b）缝隙结构图 c）实物图片

1—阀芯 2—阀套

（4）锥阀加阻尼套 如图3-30所示，该结构通过添加阻尼套，同样将全周开口变成非全周开口，从而减小液动力的影响，其原理与图3-28相同。

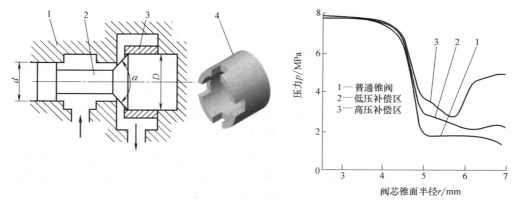

图 3-30 锥阀加阻尼套

1—阀体 2—阀芯 3—阻尼套 4—阻尼套实物图

第四节 管路流态及压力损失

实际液体具有黏性，流动时会产生阻力。为了克服阻力，流动的液体需要损耗一部分能量，这种能量损失可归纳为伯努利方程在液压系统计算公式的 h_w 项，如果将其转化成压力量纲，则通常称为压力损失 Δp。在液压系统中，压力损失过大，将使功率消耗增加，油液发热，泄漏增加，效率降低，液压系统性能变差。因此，在设计液压系统时，正确估算压力损失的大小，找到减少压力损失的途径，尽量减少压力损失具有重大意义。这种压力损失与液体的流动状态有关，也与液体流经的管道形状有关。本节主要介绍液体流经圆管、接头和阻尼孔时的流动状态，进而分析液体流动时所产生的能量损失，即压力损失。根据不同的形成原因，压力损失可分为沿程压力损失和局部压力损失两类。

一、液体的流态

19 世纪末，英国物理学家雷诺（Osborne Reynolds）通过实验观察了水在圆管内的流动情况，发现液体有两种流动状态：层流（Laminar flow）和紊流或湍流（Turbulent flow），这个实验称为雷诺实验。实验结果表明：在层流时，液体质点互不干扰，液体的流动呈线性或层状，且平行于管道轴线，如图 3-31a 所示；而在湍流时，液体质点的运动杂乱无章，除了平行于管道轴线的运动外，还存在强烈的横向运动，如图 3-31b 所示。

层流和湍流是两种不同的流态。层流时，液体的流速低，液体质点受黏性约束，不能随意运动，黏性力起主导作用，液体的能量主要消耗在液体之间的摩擦损失上，直接转化成热量，一部分被液体带走，一部分传递给管壁；湍流时，液体的流速较高，黏性的制约作用减弱，惯性力起主导作用，液体的能量主要消耗在动能

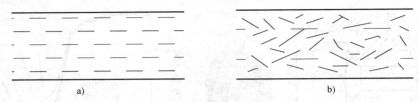

图 3-31　管道中液体流动状态示意图

a）层流　b）紊流

损失上。这部分损失使液体产生搅动、旋涡和气穴，撞击管壁，引起振动和噪声。

通过雷诺实验还可以证明，液体在圆形管道中的流动状态不仅与管内的平均流速 v 有关，而且还和管道的直径 d、液体的运动黏度 ν 有关。实际上，液体流动状态是由上述三个参数所确定的雷诺数（Reynolds number） Re 来判定的，雷诺数是一个无量纲的数，即

$$Re = \frac{vd}{\nu} \qquad (3-36)$$

雷诺数是液体在管道中流动状态的判别数。液体流动时的雷诺数 Re 相同，它的流动状态也就相同；一般来说，液流由层流转变为湍流时的雷诺数和由湍流转变为层流时的雷诺数不同，后者的数值要小，所以一般都用湍流转变为层流时的雷诺数作为判断液流状态的依据，称为临界雷诺数（Critical Reynolds number），记作 Re_{cr}。常见的液体管道的临界雷诺数由实验求得，示于表 3-1 中。

表 3-1　常见液体管道的临界雷诺数

管道形状	Re_{cr}	管道形状	Re_{cr}
光滑的金属管	2000～2320	带环槽的同心环状缝隙	700
橡胶软管	1600～2000	带环槽的偏心环状缝隙	400
光滑的同心环状缝隙	1100	圆柱形滑阀阀口	260
光滑的偏心环状缝隙	1000	锥阀阀口	20～100

对于非圆形截面管道，雷诺数 Re 为

$$Re = \frac{vd_H}{\nu} \text{或} \quad Re = \frac{4vR_H}{\nu} \qquad (3-37)$$

水力半径 R_H 和水力直径 d_H 可分别表示为

$$R_H = \frac{A}{\chi} \qquad (3-38)$$

$$d_H = 4R_H \qquad (3-39)$$

式中　A——过流断面积；

χ——湿周，即有效截面的管壁周长。

表 3-2 所示为面积相等但形状不同的通流截面水力半径的比较，它们的水力半径是不同的：圆形的最大，长方形缝隙的最小。水力半径大，意味着液流和管壁接

触少，阻力小，通流能力大，即使通流面积小时也不易阻塞。思考：液压管道为什么一般是圆的？

表 3-2 各种通流截面水力半径的比较

截面形状	图　　示	水力半径 R_H
正方形		$\dfrac{b}{4}$
长方形		$\dfrac{b}{4.62}$
长方形缝隙		$\dfrac{b}{20.2}$
正三角形		$\dfrac{b}{4.56}$
同心圆环		$\dfrac{b}{7.84}$
圆形		$\dfrac{b}{3.55}$

　　在实际液体的伯努利方程和动量方程中，其动能修正系数 α 和动量修正系数 β 值与液体的流动状态有关，当液体湍流时取 $\alpha=1$，$\beta=1$；层流时取 $\alpha=2$，$\beta=4/3$。

　　雷诺数具有明确的物理意义，即它是液流的惯性作用对黏性作用的比。当雷诺数较大时，说明惯性力起主导作用，这时液体更倾向处于湍流状态；当雷诺数较小时，说明黏性力起主导作用，这时液体更倾向处于层流状态。层流时液体质点做有规则的流动，是液压传动中最常见的现象。在设计和使用液压传动系统时，都希望管道中的液流保持层流状态。

1. 圆管层流

图 3-32 所示液流在圆管中做层流运动。在液流中取一段与管轴重合的微小圆柱体作为研究对象，设它的半径为 r，长度为 l，作用在两端面的压力分别为 p_1 和 p_2，作用在侧面的内摩擦力为 F_f。液流在做匀速运动时处于受力平衡状态，故有

$$(p_1 - p_2)\pi r^2 = F_f \tag{3-40}$$

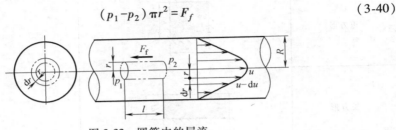

图 3-32　圆管中的层流

式（3-40）中液体内摩擦力 $F_f = -2\pi r l \mu \, du/dr$（其中的负号表示流速 u 随半径 r 的增大而减小），若令 $\Delta p = p_1 - p_2$，并将 F_f 代入式（3-40），整理可得

$$du = -\frac{\Delta p}{2\mu l} r dr \tag{3-41}$$

对式（3-41）进行积分，并代入相应的边界条件，即当 $r = R$ 时，$u = 0$，得

$$u = \frac{\Delta p}{4\mu l}(R^2 - r^2) \tag{3-42}$$

可见管内液体质点的流速在半径方向上按抛物线规律分布。最大流速发生在轴线上，此处 $r = 0$，$u_{max} = \Delta p R^2 / 4\mu l$；最小流速发生在管壁上，此处 $r = R$，$u_{min} = 0$。

在半径 r 处取一厚度为 dr 的微小圆环面积（见图 3-32），对于微小环形通流截面积 $dA = 2\pi r dr$，所通过的流量为

$$dq = u dA = 2\pi u r dr = 2\pi \frac{\Delta p}{4\mu l}(R^2 - r^2) r dr \tag{3-43}$$

对上式积分，得

$$q = \int_0^R 2\pi \frac{\Delta p}{4\mu l}(R^2 - r^2) r dr = \frac{\pi R^4}{8\mu l} \Delta p = \frac{\pi d^4}{128\mu l} \Delta p \tag{3-44}$$

或

$$\frac{\Delta p}{l} = \frac{8\mu q}{\pi R^4} = \frac{128\mu q}{\pi d^4} \tag{3-45}$$

这就是泊肃叶公式。由式（3-45）可知，流量与管径的四次方成正比；压差（压力损失）则与管径的四次方成反比，所以管径对流量和压力损失的影响极大。

式（3-45）表明，如果黏度为 μ 的液体在直径为 d，长度为 l 的直管中以流量 q 流过，则其管端必然有 Δp 的压力降；反之，如果该管两端有压差 Δp，则流过这种液体的流量必然是 q。这是液压传动中的重要公式，用于估算管道流量或压力

损失。

根据平均流速的定义，管道内的平均流速为

$$v = \frac{q}{A} = \frac{\dfrac{\pi d^4}{128\mu l}\Delta p}{\dfrac{\pi}{4}d^2} = \frac{d^2}{32\mu l}\Delta p \tag{3-46}$$

比较平均流速 v 与最大流速 u_{max} 可知，平均流速是最大流速的一半。

将流速表达式和泊肃叶公式带入动能和动量修正系数表达式，可得出层流时的修正系数：$\alpha = 2$，$\beta = 4/3$。

2. 圆管湍流

液体做湍流流动时，其空间内任一点处的流体质点速度的大小和方向都是随时间而变化的，在本质上属于非恒定流动。为了便于讨论，工程上在处理湍流流动时，引入一个时均流速 $\bar{u}$ 的概念，将湍流当做恒定流动来进行计算。

在某一时间间隔 T 时间内，以某一平均流速 $\bar{u}$ 流经一微小截面 dA 的液体量等于同一时间内以真实流速 u 流经同一截面的液体量，即

$$\bar{u}\,T dA = \int_0^T u dA dt \tag{3-47}$$

则湍流时的时均流速为

$$\bar{u} = \frac{1}{T}\int_0^T u dt \tag{3-48}$$

对于充分发展的湍流而言，其通流截面上的流速分布图（即沿半径方向的分布）如图 3-33 所示。由图可知，湍流中的流速分布比较均匀。其最大流速 $\bar{u}_{max} \approx (1 \sim 1.3)v$，动能修正系数 $\alpha \approx 1.05$，动量修正系数 $\beta \approx 1.04$，因而湍流时这两个系数均可近似取 1。由半径公式，在图 3-33 所示雷诺数范围内，下面关系式成立

$$\bar{u} = \bar{u}_{max}\left(\frac{y}{k}\right)^{1/7}$$

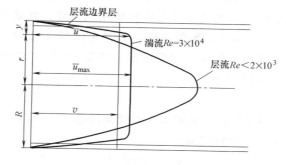

图 3-33　湍流时圆管中的流速分布

二、压力损失

1. 沿程压力损失

液体在等径直管中流动时，因摩擦和质点的互相扰动而产生的压力损失被称为沿程压力损失。

由泊肃叶公式可以推得液流流经圆管时的沿程压力损失：

$$\Delta p_\lambda = \frac{128\mu l}{\pi d^4}q \tag{3-49}$$

将 $\mu = \nu\rho$、$Re = \dfrac{vd}{\nu}$、$q = \dfrac{\pi d^2}{4}v$ 带入上式，整理后得

$$\Delta p_\lambda = \lambda(l/d)(\rho v^2/2) \tag{3-50}$$

式中 ρ——液体密度；

λ——沿程阻力系数，理论值 $\lambda = \dfrac{64}{Re}$。考虑到实际流动时还存在温度变化等问题，因此液体在金属管道中流动时宜取 $\lambda = \dfrac{75}{Re}$，在橡胶软管中流动时取 $\lambda = \dfrac{80}{Re}$。

从表面看，沿程压力损失 Δp_λ 与管道长度 l 及流速 v 的平方成正比，而与管子的内径成反比。至于油液的黏度、管壁表面粗糙度和流动状态等都包含在 λ 内。在这里应注意，层流的沿程压力损失 Δp_λ 其实应该与流速 v 的一次方成正比，因为在 λ 的分母中包含有 v 的因子。

液体在直管中做湍流流动时，其沿程压力损失的计算公式与层流时相同，即仍为

$$\Delta p_\lambda = \lambda(l/d)(\rho v^2/2) \tag{3-51}$$

不过式中的沿程阻力系数 λ 有所不同。由于湍流时管壁附近有一层流边界层，它在流速较低时厚度较大，把管壁的表面粗糙度掩盖住，使之不能影响液体的流动，即像让液体流过一根光滑的圆管一样。此时 λ 仅与 Re 有关，和表面粗糙度无关，即 $\lambda = f(Re)$。其阻力系数 λ 由试验求得，当 $2.3 \times 10^3 < Re < 10^5$ 时，可用勃拉修斯公式求得：$\lambda = 0.3164Re^{-0.25}$。

2. 局部压力损失

局部压力损失是液流流经管道截面突然变化的弯管、管接头以及控制阀阀口等局部障碍时的压力损失。计算式为

$$\Delta p_\zeta = \xi(\rho v^2/2) \tag{3-52}$$

式中 ξ——局部阻力系数，由试验求得；

v——液流流速。

在液压系统中，液体流经各种阀类的压力损失主要为局部损失。当实际通过的流量 q 不等于额定流量 q_r 时，可根据局部损失与 v^2 成正比的关系按下式计算：

$$\Delta p_\zeta = \Delta p_r (q/q_r)^2 \tag{3-53}$$

式中　Δp_r——额定流量 q_r 下的压力损失。

3. 管路系统总压力损失

液压系统中管路通常由若干段管道串联而成，其中每一段又串联一些诸如弯头、控制阀、管接头等形成局部阻力的装置，因此管路系统总的压力损失等于所有直管中的沿程压力损失 Δp_λ 及所有局部压力损失 $\sum \Delta p_\xi$ 之和。即

$$\Delta p_t = \sum \Delta p_\lambda + \sum \Delta p_\xi = \sum \lambda \frac{l}{d} \frac{\rho v^2}{2} + \sum \xi \frac{\rho v^2}{2} \tag{3-54}$$

从式（3-54）看出，减小流速、缩短管道长度、减少管道截面突变、提高管道内壁的加工质量等，都可使压力损失减小。在液压系统中，一般连接管路不是很长，主要的损失发生在阀口，因此压力损失以局部压力损失为主。

第五节　孔口和缝隙液流

在液压元件中，普遍存在液体流经小孔和缝隙的现象。液流通道上其通流截面有突然收缩处的流动称为节流，节流是液压技术中控制流量和压力的一种基本方法。能使流动成为节流的装置，称为节流装置。例如，液压阀的孔口是常用的节流装置，通常通过控制液体流经液压阀孔来控制压力或调节流量；而液体在液压元件的配合间隙中的流动，造成泄漏而影响效率。因此，研究液体流经各种孔口和间隙的规律，了解影响它们的因素，对于理解液压元件的工作原理、结构特点和性能起着很重要的作用。

本节主要介绍液流流经小孔及缝隙的流量公式。前者是节流调速和液压伺服系统工作原理的基础；后者则是计算和分析液压元件和系统泄漏的主要依据。

一、孔口液流特性

1. 流经薄壁小孔的流量

当小孔的通流长度 l 与孔径 d 之比 $l/d \le 0.5$ 时称为薄壁小孔，如图 3-34 所示。当管道直径 D 与小孔的直径的比值 $D/d > 7$ 时，收缩作用不受大孔侧壁的影响，称为完全收缩。各种结构形式的液压阀口就是薄壁小孔的实际应用。

现对孔前通流断面 I-I 和收缩断面 II-II 之间的液体列出伯努利方程：

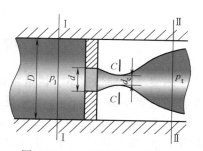

图 3-34　通过薄壁小孔的液流

$$p_1 + \rho g h_1 + \frac{1}{2}\rho \alpha_1 v_1^2 = p_2 + \rho g h_2 + \frac{1}{2}\rho \alpha_2 v_2^2 + \Delta p_w \qquad (3\text{-}55)$$

式中，$h_1 = h_2$；因 $v_1 \ll v_2$，则 v_1 可以忽略不计，认为是零；因为收缩断面的流动是湍流，则 $\alpha_2 = 1$；而 Δp_w 仅为局部损失，即 $\Delta p_w = \xi \dfrac{\rho v_2^2}{2}$，代入上式后可得

$$v_2 = \frac{1}{\sqrt{1+\xi}}\sqrt{\frac{2}{\rho}(p_1 - p_2)} = C_v \sqrt{\frac{2}{\rho}\Delta p} \qquad (3\text{-}56)$$

由此可得通过薄壁孔口的流量公式为

$$q = A_2 v_2 = C_v C_c A_T \sqrt{\frac{2}{\rho}\Delta p} = C_d A_0 \sqrt{\frac{2}{\rho}\Delta p} \qquad (3\text{-}57)$$

式中　C_d——流量系数；

　　　A_0——小孔的截面积。

完全收缩情况下，当 $Re \leqslant 10^5$ 时，各参数关系如图 3-35 示，且可按下式计算：

$$C_d = 0.964 Re^{-0.05} \qquad (Re = 800 \sim 5000) \qquad (3\text{-}58)$$

当 $Re > 10^5$ 时，C_d 可以认为是不变的，取值为：$C_d = 0.6 \sim 0.61$。

图 3-35 的雷诺数按下式计算：

$$Re = \frac{d_0}{v}\sqrt{\frac{2}{\rho}\Delta p} \qquad (3\text{-}59)$$

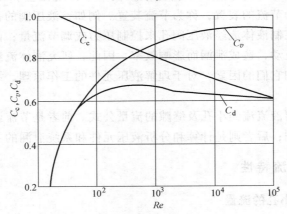

图 3-35　薄壁小孔的 C_d、C_v、C_c 与 Re 的关系

不完全收缩情况下，流量系数 C_d 可增大至 $0.7 \sim 0.8$。当小孔不是刃口，而是带棱边或者小倒角时，C_d 的值更大。

必须指出，当液流通过控制阀口时，要确定其收缩断面的位置，测定收缩断面的压力 p_c 是十分困难的，也无此必要。一般总是用阀的进、出油口两端的压力差 $\Delta p = p_1 - p_2$ 来代替 $\Delta p_c = p_1 - p_c$。故上式可改写为

$$q = C_q A_0 \left(\frac{2}{\rho} (p_1 - p_2) \right)^{1/2} \tag{3-60}$$

由伯努利方程可知，C_q 要比 C_d 略大一些，一般在计算时取 $C_q = 0.62 \sim 0.63$，称为流量系数。

由薄壁小孔的流量公式看出，流过薄壁小孔的流量 q 与小孔前后的压差 Δp 的平方根以及小孔的面积 A_0 成正比，而与液体的黏度无关。因此薄壁小孔具有沿程压力损失小、流量对温度不敏感等特性，常用作调节流量的元件。因此液压传动中常采用与薄壁小孔性质相近的阀口作为可调孔口，例如减压阀、溢流阀、节流阀等的阀口。

2. 流经细长小孔的流量

所谓细长小孔，一般是指长径比 $l/d > 4$ 的小孔。在液压技术中常作为阻尼孔。如图 3-36 所示，油液流经细长小孔时的流动状态一般为层流，因此可用液流流经圆管的流量公式计算，即

$$q = \frac{\pi d^4}{128 \mu l} \Delta p$$

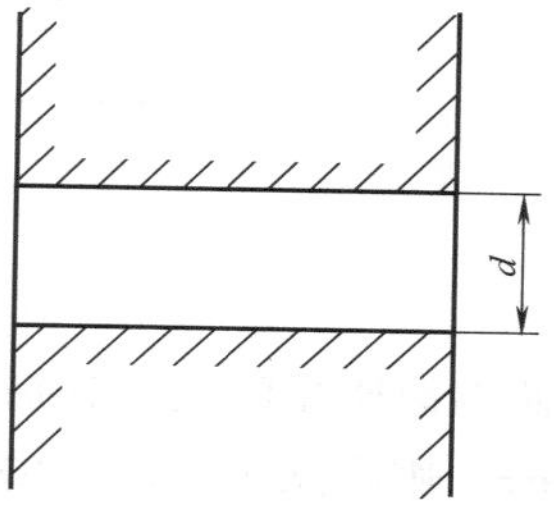

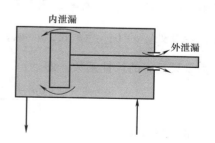

图 3-36　细长孔

从上式可看出，油液流经细长小孔的流量和小孔前后压差成正比，而和动力黏度 μ 成反比，因此流量受油温影响较大，这是和薄壁小孔的不同之处。

二、液流流经缝隙的流量

液压元件各零件间如有相对运动，就必须有一定的配合间隙。液压油就会从压力较高的配合间隙流到大气中或压力较低的地方，这就是泄漏。泄漏分为内泄漏和外泄漏，如图 3-37 所示。泄漏量与压力差的乘积便是功率损失，因此泄漏的存在将使系统效率降低。同时功率损失也将转化为热量，使系统温度升高，进而影响系统的性能。

图 3-37　泄漏示意图

1. 流经平行平板缝隙的流量

图 3-38 所示为两平行平板缝隙间的液体流动情况。通常来讲，缝隙流动有三种情况：一种是由缝隙两端压力差造成的流动，称为压差流动；另一种是形成缝隙的两壁面做相对运动所造成的流动，称为剪切流动；还有两种流动的组合——压差剪切流动。

设缝隙高度为 h，宽度为 b，长度为 l，一般有 $b \gg h$ 和 $l \gg h$，设两端的压力分别为 p_1 和 p_2，其压差为 $\Delta p = p_1 - p_2$。从缝隙中取出一微小的平行六面体 $b\mathrm{d}x\mathrm{d}y$，其左

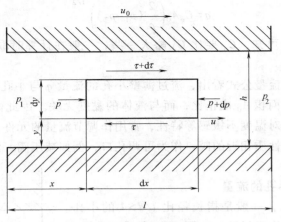

图 3-38　平行平板缝隙间的液流

右两端面所受的压力分别为 p 和 $p+\mathrm{d}p$，上下两侧面所受的摩擦切应力分别为 τ 和 $\tau+\mathrm{d}\tau$，则在水平方向上的力平衡方程为

$$pb\mathrm{d}y+(\tau+\mathrm{d}\tau)b\mathrm{d}x=(p+\mathrm{d}p)b\mathrm{d}y+\tau b\mathrm{d}x \tag{3-61}$$

经过整理后得

$$\frac{\mathrm{d}^2u}{\mathrm{d}y^2}=\frac{1}{\mu}\frac{\mathrm{d}p}{\mathrm{d}x} \tag{3-62}$$

对 y 积分两次得

$$u=\frac{1}{2\mu}\frac{\mathrm{d}p}{\mathrm{d}x}y^2+C_1y+C_2 \tag{3-63}$$

式中，C_1、C_2 为积分常数。当平行平板间的相对运动速度为 u_0 时，利用边界条件：$y=0$ 处，$u=0$；$y=h$ 处，$u=u_0$，得 $C_1=-\dfrac{h}{2\eta}\dfrac{\mathrm{d}p}{\mathrm{d}x}$，$C_2=0$；此外，液流作层流时压力 p 只是 x 的线性函数，即

$$\frac{\mathrm{d}p}{\mathrm{d}x}=\frac{p_2-p_1}{l}=-\frac{p_1-p_2}{l}=-\frac{\Delta p}{l}$$

整理后可得

$$u=\frac{\Delta p}{2\mu l}(h-y)y+\frac{u_0}{h}y \tag{3-64}$$

由此得液体在平行平板缝隙中的流量为

$$q=\int_0^h bu\mathrm{d}y=\int_0^h\left[\frac{\Delta p}{2\mu l}(h-y)y+\frac{u_0}{h}y\right]b\mathrm{d}y=\frac{bh^3}{12\mu l}\Delta p+\frac{u_0}{2}bh \tag{3-65}$$

当平行平板间没有相对运动时（$u_0=0$），即仅为压差流动时，其值 $q=\dfrac{bh^3\Delta p}{12\mu l}$。

当平行平板两端没有压差时（$\Delta p = 0$），即仅为剪切流动时，其值为：$q = \dfrac{u_0}{2}bh$。

如果将上面这些流量理解为液压元件缝隙中的泄漏流量，则可以看到，在压差作用下通过缝隙的流量与缝隙值的三次方成正比，这说明液压元件内缝隙的大小对其泄漏量的影响是很大的。此外，如果将泄漏所造成的功率损失写成：

$$P_1 = \Delta p q = \Delta p \left(\frac{bh^3}{12\mu l}\Delta p + \frac{u_0}{2}bh \right) \tag{3-66}$$

由此，便可得出如下结论：缝隙 h 愈小，泄漏功率损失也愈小。但是，并不是 h 愈小愈好。h 的减小会使液压元件中的摩擦功率损失增大，缝隙 h 有一个使这两种功率损失之和达到最小的最佳值。液压元件中的各部件经常存在各种相对运动，有相对运动，就有间隙的存在。如第四章将讲到的叶片泵，其叶片在叶片槽中往复运动。以单作用叶片泵为例，其叶片根部通工作腔，因此其叶片上下端面所受到的液压力基本相等，则此时叶片与叶片槽之间的泄漏以剪切流动为主。读者可根据液压元件的具体工作原理来分析双作用叶片泵叶片与叶片槽之间的泄漏形式、液压缸中活塞及活塞杆处的泄漏形式等。

2. 流经圆柱环形间隙的流量

（1）流经同心圆柱环形间隙的流量 图 3-39 所示为同心圆柱环形间隙的液流示意图。圆柱直径 d，缝隙大小为 δ，缝隙长度为 l。当缝隙 δ 较小时，可将缝隙沿圆周方向展开，把它近似地看作是平行平板间的缝隙流动，这样只需将 $b = \pi d$ 代入式中即可，即可得出流经同心圆柱环形间隙的流量为

$$q = \left(\frac{\pi d \delta^3}{12\mu l} \right)\Delta p + \frac{\pi d \delta}{2}u_0 \tag{3-67}$$

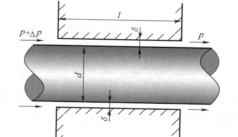

图 3-39 同心圆柱环形间隙

式（3-67）即为通过同心圆环间隙的流量公式。它说明了流量与 Δp、δ^3 或 δ 和相对运动速度 u_0 成正比，因此间隙对泄漏的影响很大。

圆柱环形间隙是液压元件的常见形式，如第五章中活塞与液压缸缸筒之间、第六章第二节介绍的滑阀阀芯的换向阀，其阀芯与阀套之间即为圆柱环形间隙。大家在学习的时候应加以注意。

（2）流经偏心圆环形间隙的流量 在实际工作中，圆柱与孔的配合往往有一定偏心量为 e，如图 3-40 所示，通过偏心圆柱形间隙的泄漏量为

$$q = (1 + 1.5\varepsilon^2)\frac{\pi d \delta^3}{12\mu l}\Delta p \tag{3-68}$$

从式（3-68）可知，通过同心圆环形间隙的流量公式是 $\varepsilon = 0$ 时偏心圆环形间

隙流量公式的特例。当完全偏心，即 $\varepsilon = 1$ 时：

$$q = \frac{2.5\pi d\delta^3}{12\mu l}\Delta p \tag{3-69}$$

完全偏心时的泄漏量是同心时的 2.5 倍，泄漏量极大。

为避免出现偏心环形缝隙流，相应的措施有：

1）提高加工精度和装配精度，从根本上降低偏心圆环的出现。

2）在装配误差不可避免的情况下，通过开均压槽的方式来降低泄漏，如图3-41所示的液压阀芯上的均压槽。均压槽的深度和宽度至少为间隙的 10 倍，通常取宽度 0.3~0.5mm，深度 0.8~1mm，槽距为 1~5mm，槽的位置尽可能靠近高压侧。思考：若卸荷槽的位置靠近低压侧对降低泄漏会有什么影响？

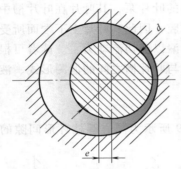

图 3-40　偏心圆环缝隙

图 3-41　液压阀芯上的均压槽

3. 流经平行圆盘间隙的流量

图 3-42 为相距间隙 δ 很小的两平行圆盘，液流由中心向四周沿径向呈放射形流出。液压系统中的柱塞泵和马达中的滑靴与斜盘之间，喷嘴挡板阀的喷嘴与挡板之间以及某些静压支承均属这种结构。图 3-43 所示即为斜盘式轴向柱塞泵的滑靴

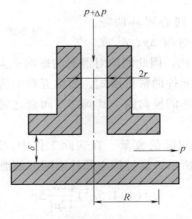

图 3-42　圆盘平面缝隙间的环形液流

结构，其采用的就是高压油从滑靴喷射到斜盘上的方式形成润滑油膜。其流量可按下式计算：

$$q = \pi\delta^3 \Delta p / 6\mu \ln(R/r) \tag{3-70}$$

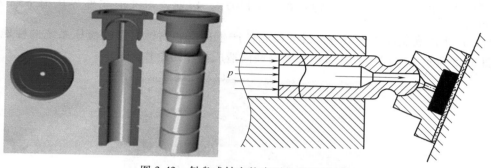

图 3-43　斜盘式轴向柱塞泵的滑靴结构

第六节　气穴现象

在液压系统中，当流动液体某处的压力低于空气分离压时，原先溶解在液体中的空气就会游离出来，使液体中产生大量气泡，这种现象称为气穴现象（Cavitation）。如果液体中的压力进一步降低到饱和蒸气压时，液体将迅速汽化，产生大量蒸汽泡，使气穴现象更加严重。气穴现象会使液压装置产生噪声和振动，使金属表面产生腐蚀。气穴多发生在阀口和液压泵的进口处。由于阀口的通道狭窄，液流的速度增大，压力则下降，容易产生气穴；当泵的安装高度过高、吸油管直径太小、吸油管阻力太大或泵的转速过高，都会造成进口处真空度过大，而产生气穴。因此需要了解气穴产生的原因，以及解决的措施。

一、节流口处的气穴现象

当液流流经图 3-44 所示的节流口喉部时，根据连续性方程，喉部的流速增加，而根据伯努利方程可知，由于流速增加，喉部处的压力降低。当该处的压力低于液体在该温度下的空气分离压时，溶解在液体中的空气将迅速分离出来形成气泡，产生气穴。

当在节流口喉部产生的气泡随液流流到下游时，液流压力为液压系统的工作压力，假设为30MPa，油温40℃，气泡初始压力

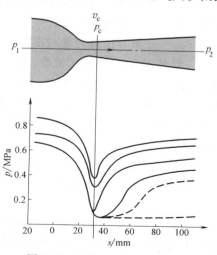

图 3-44　节流口处的气穴现象

为 0.1MPa，在绝热状态下，由绝热方程 $\dfrac{T_{abs}}{T_{0,abs}} = \left(\dfrac{p_{abs}}{p_{0,abs}}\right)^{\frac{k-1}{k}}$ 可推知气泡的温度 $T_{abs} =$

$\left(\dfrac{p_{abs}}{p_{0,abs}}\right)^{\frac{k-1}{k}} T_{0,abs} = \left(\dfrac{30}{0.1}\right)^{\frac{1.4-1}{1.4}} (273+40) \text{K} = 1597\text{K}$。因此，当气泡在外界压力下溃灭时，产生的高温高压会对管道或液压元件产生冲击和腐蚀，影响液压系统的性能。图 3-45 所示为节流阀口处由于气穴腐蚀而造成损坏的图片。

图 3-45　节流口处的气穴腐蚀图片

二、液压泵吸油口的真空度

计算泵吸油腔的真空度或泵允许的最大吸油高度。如图 3-46 所示，设泵的吸油口比油箱液面高 h，取油箱液面 I - I 和泵进口处截面 II - II 列伯努利方程，并取截面 I - I 为基准水平面。泵吸油口真空度为：

$$p_1/\gamma + z_1 + v_1^2/2g = p_2/\gamma + z_2 + v_2^2/2g + h_w \quad (3-71)$$

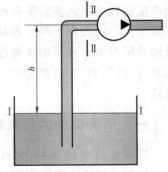

式中　p_1——油箱液面压力；

　　　p_2——泵吸油口的绝对压力。

一般油箱液面与大气相通，故 p_1 为大气压力，即 $p_1 = p_a$；v_2 为泵吸油口的流速，一般可取吸油管流速；v_1 为油箱液面流速，由于 $v_1 \ll v_2$，故 v_1 可忽略不计；p_2 为泵吸油口的绝对压力，h_w 为能量损失。据此，上式可简化成：

图 3-46　液压泵吸油口的真空度

$$p_a/\gamma = p_2/\gamma + h + v_2^2/2g + h_w \quad (3-72)$$

则泵的吸油口的真空度为

$$p_a - p_2 = \gamma h + \rho v_2^2/2g + \gamma h_w \quad (3-73)$$

由式（3-73）可知泵吸油口的真空度由三部分组成：①把油液提升到高度 h 所需的压力 γh；②产生一定流速所需的压力 $\rho v_2^2/2g$；③吸油管内压力损失 γh_w。

所谓吸油，实质上是在油箱液面的大气压力作用下把油压入液压泵内的过程，故液压泵吸油口需要有一定的真空度，但液压泵吸油口的真空度不能太大。当液压泵吸油口绝对压力低于大气压一定数值时，就会出现气穴现象。为避免产生气蚀，必须限制真空度，其方法除了加大油管直径降低沿程压力损失等措施外，一般要限制泵的吸油高度 h，允许的最大吸油高度计算式为

$$h \leqslant (p_a - p_2)/\gamma - v_2^2/2g - \Delta p/\gamma \tag{3-74}$$

液压泵和液压马达开始工作之前，都要排空气，使腔体内充满油液。长时间不用时，要重复上述过程。

三、减小气穴现象的措施

在液压系统中，压力低于空气分离压之处，就会产生气穴现象。为了防止气穴现象的发生，最重要的一点就是避免液压系统中的压力过分降低，具体措施有：

1）减小阀孔口前后的压差，一般希望其压力比 $p_1/p_2 < 3.5$。

2）正确设计和使用液压泵站。

3）液压系统各元件的连接处要密封可靠，严防空气侵入。

4）液压元件材料采用耐腐蚀能力强的金属材料，提高零件的机械强度，减小零件表面粗糙度。

5）合理选择液压油的黏度和管道直径。

6）过滤器的过滤精度要适当，经常清洗，防止堵塞。

第七节　液压冲击

在液压系统中，由于某种原因，液体压力在一瞬间会突然升高，产生很高的压力峰值，这种现象称为液压冲击（Hydraulic impact）。液压冲击产生的压力峰值往往比正常工作压力高好几倍，且常伴有噪声和振动，从而损坏液压元件、密封装置、管件等。

一、液压冲击的类型

液压冲击的类型主要分为如下三类。

1）液流通道迅速关闭或液流迅速换向使液流速度的大小或方向突然变化时，由于液流的惯性力引起的液压冲击。如图 3-47 所示的钱塘江大潮，即是由于运动的江水遇到岸堤时所引起的液压冲击，如果此时处于一个密闭空间，则压力会急剧升高。

2）运动着的工作部件突然制动或换向时，因工作部件的惯性引起的液压冲击。如第四章介绍的液压马达和第五章介绍的液压缸，因供油停止而马达或活塞因为惯性继续运动而引起的压力冲击。

3）某些液压元件动作失灵或不灵敏也会导致系统压力升高引起液压冲击。

下面进行具体分析。

图 3-47 钱塘江大潮

1. 流道迅速关闭时的液压冲击

如图 3-48 所示，液体自一具有固定液面的压力容器经阀门以速度 v_0 流出。阀门突然关闭，此时紧靠阀门口 B 处的一层液体停止流动，压力升高 Δp。其后液体也依次停止流动，动能形成压力波，并以速度 c 向 A 传播。此后 B 处压力降低 Δp，形成压力降波，并向 A 传播。而后当 A 处先恢复初始压力，压力波又传向 B。如此循环使液流振荡，振荡终因摩擦损失而停止，称为水锤现象（Water hammer）。

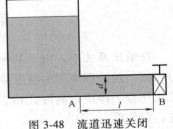

图 3-48 流道迅速关闭
时的液压冲击

假设阀门关闭时的最大压力升高值为 Δp。设管路断面积为 A_1，管长为 l，压力波从 B 传到 A 的时间为 t，液体密度为 ρ，管中的起始流速为 v_0，只要在式（3-75）中以 $(v_0 - v_1)$ 代替 v。则有：

$$\Delta p = \rho v_0 l/t = \rho c v_0 \qquad (3\text{-}75)$$

式中，$c = l/t$ 为压力波的传播速度。

如阀门不是完全关闭，而是使流速从 v_0 降到 v_1，则有：

$$\Delta p = \rho c (v_0 - v_1) = \rho c \Delta v \qquad (3\text{-}76)$$

当阀门关闭时间 $t < T = 2l/c$ 时称为完全冲击，式（3-75）和式（3-76）适用于完全冲击。当 $t > T = 2l/c$ 时称为不完全冲击，此时压力峰值比完全冲击时低，计算公式为

$$\Delta p = \rho c v_0 \frac{T}{t} \tag{3-77}$$

液压冲击的实质主要是管路中流体因突然停止流动而导致其动能向液压能的瞬间转换。

2. 运动部件制动时的液压冲击

如图 3-49 所示，活塞以速度 v_0 向左运动，活塞和负载总质量为 M。当换向阀突然关闭进、出油口通道，油液被封闭在两腔之中，由于运动部件的惯性，活塞将继续运动一段距离后才停止，使液压缸左腔油液受到压缩，从而引起液体压力急剧增加。此时运动部件的动能被回油腔中油液所形成的液体弹簧所吸收。

如果不考虑损失，可认为运动部件的动能与回油腔中油液所形成的液体弹簧吸收的能量相等，经推演可得到压力峰值的近似表达式为

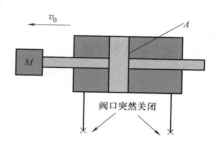

图 3-49　运动部件制动时的液压冲击

$$\Delta p = (\sum M \Delta v)/A\Delta t \tag{3-78}$$

式中　Δv——运动部件的速度变化值；

　　　M——运动部件总质量。

由式（3-78）可见，运动部件质量越大，初始速度越大，制动时产生的冲击压力也越大。

二、液压系统中液压冲击的危害

液压系统中的很多元部件如管道、仪表等会因受到过高的液压冲击力而遭到破坏。一般来说，液压冲击产生的峰值压力，可高达正常工作压力的 3~4 倍。重则致使管路破裂、液压元件和测量仪表损坏，轻则也可使仪器精密度下降。

液压系统的可靠性和稳定性也会受到液压冲击的影响。如压力继电器会因液压冲击而发出错误信号，干扰液压系统的正常工作。

液压系统在受到液压冲击时，还能引起液压系统升温，产生振动和噪声以及连接件松动漏油，使压力阀的调整压力（设定值）发生改变。

减小液压冲击的措施：

1）适当加大管径，限制管道流速。

2）正确设计阀口或设置制动装置，使运动件的制动速度均匀变化。

3）延长阀门的关闭和运动件制动换向时间。

4）缩短管路，减小压力波的传播时间。

5）在容易发生液压冲击的部位采用软管或设置蓄能器，吸收液压冲击。

6）设置安全阀，限制压力升高。

小　结

本章主要介绍了流体力学的相关知识，主要是流体的静力学、动力学以及液体在流动过程中的压力损失、液体流经缝隙和孔口时的流量，并简单介绍了液压系统中产生气穴和液压冲击的原因和预防措施。包含的主要流体力学公式如下：

1. 静力学基本方程

$$p = p_0 + \rho g h$$

2. 动力学基本方程

流量连续性方程：$\quad v_1 A_1 = v_2 A_2 = q = 常量$

伯努利方程：$\quad \dfrac{p}{\rho g} + z + \dfrac{u^2}{2g} = 常数$

动量方程：$\quad \sum F = \rho q (\beta_2 v_2 - \beta_1 v_1)$

3. 雷诺数

$$Re = \frac{vd}{\nu}$$

4. 圆管层流流量公式

$$q = \frac{\pi d^4}{128 \mu l} \Delta p$$

5. 圆管层流时的沿程压力损失

$$\Delta p = \lambda (l/d)(\rho v^2/2)$$

6. 局部压力损失

$$\Delta p_\xi = \Delta p_r (q/q_r)^2$$

7. 薄壁小孔流量公式

$$q = C_q A_0 \left(\frac{2}{\rho} (p_1 - p_2) \right)^{1/2}$$

8. 细长孔流量公式

$$q = \frac{\pi d^4}{128 \mu l} \Delta p$$

9. 平板缝隙流的流量公式

$$q = \frac{b h^3}{12 \mu l} \Delta p + \frac{u_0}{2} b h$$

基本应用：

1) 利用流体静力学方程，计算液压管路、阀块或液压缸等所承受的静压力，从而对其进行选型或设计。

2) 利用动量方程计算阀芯处于开启状态时所受到的稳态液动力，从而为液压阀的设计提供依据。

3) 利用伯努利方程计算液压泵吸油口的真空度，从而为液压泵站的设计和元件选择提供依据。

4) 根据气穴现象产生的机理，合理设计液压阀阀口，避免气穴现象对液压元件的损坏。

习　　题

3-1　关于静压力的判断

1. 静止液体在某特定情况下可以承受剪切力。（　　　）

2. 静止液体内某一点的压力由三部分组成：液面上的压力、液体重力所形成的压力以及惯性力所形成的力。（　　　）

3. 连通器中，液位相同的各点的压力也相等。（　　　）

4. 压力取决于流量和运动速度。（　　　）

5. 静止液体所具有的总势能不变，即位置势能和压力势能之和是常数。（　　　）

3-2　关于压力的表示（设大气压为 0.1MPa）

1. 某地绝对压力为 0.25MPa 的某压力，其相对压力是（　　　）。

2. 实验过程中用抽气泵对某容器抽取空气，测得其真空度为 0.03MPa，则其绝对压力为（　　　）。

3. 某相对压力为 1.3MPa，其绝对压力为（　　　）。

4. 某压力与大气压的差的绝对值为 0.04MPa，则该压力为（　　　）。

5. 1bar =（　　　）MPa =（　　　）大气压 ≈（　　　）公斤力

3-3　关于动力学（参考图 3-50）

1. 为什么静止时液位同高的测压管，在液体流动后会出现高低变化？

2. 流量增大时，测压管的液位高度如何变化，为什么？

3. 截面 1、2、3 的压力大小如何排序，依据是什么？

4. 截面 3、4 的直径相同，压力为什么不同？哪个更高？

5. 液体为什么会从低压截面 1 流到高压截面 2 处？

6. 如果将出水口的阀门关死，各测压管的高度如何变化？

3-4　关于压力损失

1. 液压系统中的压力损失分为两类：（　　　）和（　　　）。

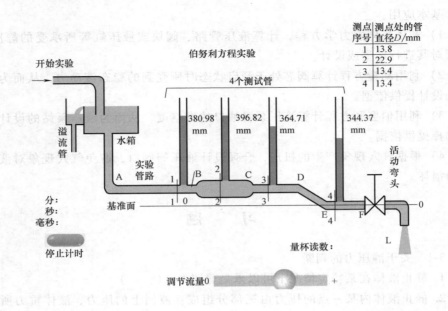

图 3-50　伯努利实验

2. 液压系统中的能量损失主要表现为（　　　　）。

A. 流量损失　　　　　　　　　　B. 压力损失

3. 液体的流动状态分为（　　　）和（　　　），一般用（　　　　）来判断。

4. 同样直径和长度的钢管和胶管，同时通入流速相同的同种液体，假设其临界雷诺数相同，则两种管子内的液体的流动状态（　　　），两种管子两端的压差（　　　）。

A. 相同　　　　　　　　　　　　B. 不同

5. 当换向阀刚开启时，液体一般处于（　　　）流动状态，此时（　　　）力占主导作用，液体的能量主要消耗在（　　　）。而当换向阀换向完成后呢？

6. 液压泵出口经过一根长直管再连接一换向阀后流入液压缸，此时液压泵出口压力与液压缸入口压力之差即为压力损失，其中长直管产生的损失是（　　　）损失，换向阀产生的损失是（　　　）损失。

7. 实验过程中，测得管中液体从湍流转到层流的液体速度为 10m/s，则可以判断，当测得该管子液体速度是 8 m/s 时，液体的流动状态是（　　　）。

8. 为了降低液体流经管子时的沿程压力损失，以下哪些方法是可行的（　　　）。

A. 管子延长　　　　　　　　　　B. 增大管径

C. 降低通过的流量　　　　　　　D. 增大流速

E. 将钢管换成胶管

9. 由于沿程压力损失与速度的平方成正比，因此减小速度对于降低沿程压力损失相比其他方法都更有效。（　　　）

10. 由于紊流能够获得更均衡的速度，因此紊流的沿程压力损失比层流要小。（　　　）

11. 液体流经一弯管接头，当通过流量是 100L/min 时的局部压力损失是 2MPa，则当通过流量是 50L/min 时，压力损失是（　　　）。

A. 2MPa　　　　　　B. 1MPa　　　　　　C. 0.5MPa　　　　　　D. 0.25MPa

3-5　其他

1. 薄壁小孔（　　　），细长孔（　　　）

A. 受温度影响　　　　　　　　　　B. 油温升高了，通过的流量变大

C. 一般用来做控制阀口　　　　　　D. 油温升高了，通过的流量基本不变

2. 如图 3-37 所示的两处泄漏，缝隙间的液体流动形式有哪些？以哪个为主？

3. 尺寸相同时，下列哪种情况下的泄漏量最多（　　　）

A. 精密加工和安装的同心缝隙流　　B. 加工有误差的圆台同心缝隙流

C. 阀芯与阀套之间存在干摩擦的偏心缝隙流

4. 关于气穴现象，正确的是（　　　）

A. 一般发生在阀口的上游　　　　　B. 液压泵的出口处

C. 高原地区　　　　　　　　　　　D. 流量增大时

5. 以下哪种情况易出现液压冲击（　　　）

A. 九曲黄河第一弯　　　　　　　　B. 三峡泄洪瞬间

C. 换向阀关闭瞬间　　　　　　　　D. 液压缸运动到底时

3-6　如图 3-51 所示容器 A 中的液体密度 $\rho_A = 900 \text{kg/m}^3$，B 中液体的密度为 $\rho_B = 1200 \text{k/m}^3$，$z_A = 200\text{mm}$，$z_B = 180\text{mm}$，$h = 60\text{mm}$，U 形管中的测压介质为汞，$\rho_{Hg} = 13600 \text{kg/m}^3$，试求 A、B 之间的压力差。

3-7　如图 3-52 所示，一具有一定真空度的容器用一根管子倒置于一液面与大

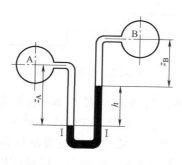

图 3-51　习题 3-6 图

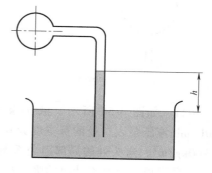

图 3-52　习题 3-7 图

气相通的水槽中，液体在管中上升的高度 $h=1\text{m}$，设液体的密度为 $\rho=1000\text{kg/m}^3$，试求容器内的真空度。

3-8 液压缸直径 $D=150\text{mm}$，柱塞直径 $d=100\text{mm}$，液压缸中充满油液。若柱塞上作用着 $F=50000\text{N}$ 的力，不计油液的质量，试求如图 3-53 所示两种情况下液压缸中压力分别等于多少？

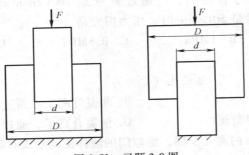

图 3-53 习题 3-8 图

3-9 如图 3-54 所示，液压泵以 $q=25\text{L/min}$ 的流量向液压缸供油，液压缸的内径 $D=50\text{mm}$，活塞杆直径 $d=30\text{mm}$，油管直径 $d_1=d_2=15\text{mm}$，试求活塞的运动速度及油液在进回油管中的流速。

3-10 试用连续性方程和伯努利方程分析图 3-55 所示的变截面水平管道各截面上的通过的流量、流速和压力。设管道通流面积 $A_1>A_2>A_3$。

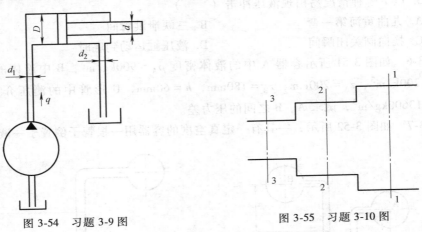

图 3-54 习题 3-9 图   图 3-55 习题 3-10 图

3-11 如图 3-56 所示，液压泵从油箱吸油，吸油管直径为 6cm，流量 $q=150\text{L/min}$ 液压泵入口处的真空度为 0.02MPa，油的运动黏度为 $30\times10^{-6}\text{m}^2/\text{s}$，密度为 900kg/m^3，弯头处的局部阻力系数为 0.2，管道入口处的局部阻力系数为 0.5。求：①沿程损失忽略不计时的吸油高度是多少？②若考虑沿程损失，吸油高度又是多少？

3-12　液压泵从油箱中抽吸润滑油，如图 3-57 所示，流量 $q = 1.2 \times 10^{-3}\,\mathrm{m^3/s}$，油的运动黏度为 $292 \times 10^{-6}\,\mathrm{m^2/s}$，密度 $\rho = 900\,\mathrm{kg/m^3}$，试求：

1）泵在油箱液面以上的最大允许安装高度，假设油的饱和蒸气压为 $2.3 \times 10^4\,\mathrm{Pa}$，吸油管直径 $d = 40\mathrm{mm}$，长 $l = 10\mathrm{m}$，仅考虑管子中的沿程压力损失。

2）当泵的输出流量增大一倍时，此时最大允许高度将如何变化？

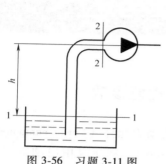

图 3-56　习题 3-11 图

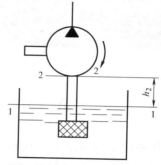

图 3-57　习题 3-12 图

第四章

液压泵和液压马达

第一节 基本原理和性能参数

液压系统是以液压泵（Hydraulic pump）作为动力元件（Power component）向系统提供一定的流量（Flow rate）和压力（Pressure）。液压泵由电动机（Motor）或内燃机（Internal combustion engine，ICE）带动，将液压液从油箱吸入（或从回油管直接吸入）并以一定的压力输送出去，使执行元件（Actuator）推动负载（Load）做功。因此，液压泵是液压系统的能源装置［或称为动力装置（Power supply）］，能将原动机（电动机或内燃机）的机械能转化成油液的压力能以供液压系统使用的能量转换装置。

液压马达（Hydraulic motor）也是一种能量转换装置，它将输入的油液的压力能转换为机械能输出，驱动负载完成相应工作，是一种执行元件。

液压泵和液压马达都是利用容积变化进行工作的，两者在工作原理上是互逆的，因此放在一起进行介绍。

一、液压泵的工作原理

图 4-1 所示是一种容积式泵的工作原理，由于这种泵是依靠泵的密封工作腔（Sealed volume）的容积变化来实现吸油和压油的，因而称为容积式泵（Displacement pump）。凸轮 1 在原动机的带动下旋转，推动柱塞 2 在柱塞腔中往复运动，从而引起密封工作腔 4 的容积发生周期性变化。当柱塞 2 在凸轮 1 的推动下向左运动时，密封工作腔 4 容积减小，压力增大，推动压油阀 6 的钢球压缩弹簧，将压油阀 6 打开，对外输出压力油；当柱塞 2 在弹簧 3 的推动下向右运动时，密封工作腔 4 的容积变大，压力减小，压油阀 6 的弹簧将钢球压紧在阀座上，关闭流通通道，此时油箱中的液压油推动吸油阀 5 钢球压缩弹簧并打开吸油阀 5 流入工作腔 4 中。如此往复运动，实现吸油和压油过程。

在工作过程中，凸轮旋转一周，工作容积的变化量为

$$\Delta V = \frac{\pi}{4} d^2 \times 2e \qquad\qquad (4\text{-}1)$$

式中　d——柱塞直径；

　　　e——凸轮偏心距。

容积式泵输出的流量为

$$q = \frac{\Delta V}{t} = \frac{\pi}{4} d^2 \times 2e \times n \qquad\qquad (4\text{-}2)$$

式中　t——凸轮旋转一周的时间；

　　　n——凸轮的转速。

从上式可以看出，容积式泵的流量大小取决于密封工作腔容积变化的大小和次数。若不计泄漏，流量与压力无关。

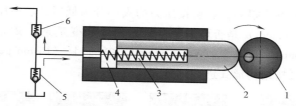

图 4-1　容积式泵的工作原理

1—凸轮　2—柱塞　3—弹簧　4—密封工作腔　5—吸油阀　6—压油阀

二、液压泵正常工作的三个必备条件

从上述工作过程，能发现容积式液压泵正常工作的三个必备条件：

1）必须具有一个由运动件（柱塞 2）和非运动件（柱塞缸）所构成的密闭容积（密封工作腔 4）。

2）密闭容积的大小随运动件的运动做周期性的变化，容积由小变大（柱塞向右运动）——吸油，由大变小（柱塞向左运动）——压油。

3）密闭容积增大到极限时，先要与吸油腔隔开（吸油阀 5 关闭），然后才转为排油；密闭容积减小到极限时，先要与排油腔隔开（压油阀 6 关闭），然后才转为吸油。即吸油腔与压油腔要隔开。

以上三个条件缺一不可。

思考：液压泵为什么叫容积泵，和水泵（速度泵）有何区别，为什么液压泵基本不采用速度泵？

常用的水泵或称为速度泵、离心泵，是依靠叶轮的高速旋转带动叶片间的液体也做高速旋转运动，从而产生较大的离心力。在离心力作用下，液体从叶轮中心被抛向叶轮边缘并获得能量，以较高速度离开叶轮进入蜗形泵壳。在蜗壳中液体由于流道的逐渐扩大而减速，动能转化为液体的压力能，以较高压力进入管道被输送到需要的工作场所。

对比上述容积式泵和离心泵的工作原理可知，容积式泵是依靠容积的周期性变化引起液体压力能的变化从而对外输出压力油，依靠的是液体静力学原理，能产生极高的压力；而离心泵则是依靠液体的动能向压力能的转换实现的，依靠的是流体动力学原理，由于转速限制，转换为压力能的动能也有限，因此压力低得多。由于液压传动系统主要是利用静液压（帕斯卡原理）进行能量传递来工作的，因此，有时也称之为静液传动。如果利用离心泵由动能转换为压力能来进行传输和工作，则会增加中间的能量转换环节，降低了能量利用率。因此液压泵基本不采用离心泵，而是采用容积式泵为系统提供压力能。

三、液压泵的分类

液压泵的分类方式很多，它可按压力的大小分为低压泵、中压泵和高压泵；也可按排量（Displacement）是否可调节分为定量泵和变量泵；又可按泵的结构分为齿轮泵（Gear pump）、叶片泵（Vane pump）和柱塞泵（Piston pump）等。

通常对液压泵按结构形式进行细分，详见图 4-2。

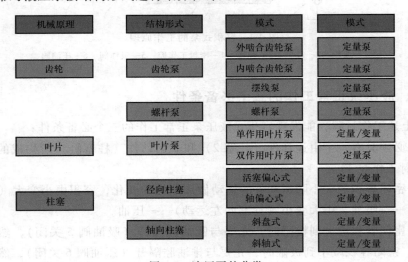

图 4-2　液压泵的分类

一般来说，齿轮泵、双作用叶片泵和螺杆泵等属于定量泵，而单作用叶片泵和柱塞泵则可以做成变量泵；齿轮泵和叶片泵多用于中、低压系统，柱塞泵多用于高压系统。液压马达的分类与液压泵的分类类似。

四、液压泵的符号

各种结构形式的液压泵的图形符号如图 4-3 所示，由于驱动液压泵的发动机和电动机基本为单向旋转，因而单向旋转型的液压泵在实际应用中较为普遍。双向液压泵由可双向旋转的电动机驱动，为执行器提供油液更加方便。如果双向液压泵同时又是变量泵，还可以省略控制阀，直接给执行元件（马达或液压缸）供油，控制执行器的运行速度，如图 4-4 所示。

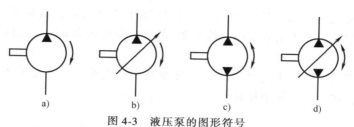

图 4-3　液压泵的图形符号

a）单向定量液压泵　b）单向变量液压泵　c）双向定量液压泵　d）双向变量液压泵

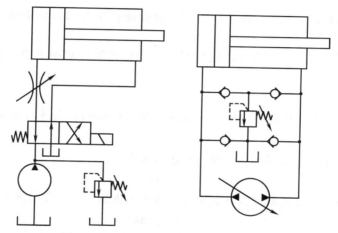

图 4-4　定量泵与双向变量泵的使用示例

五、主要性能和参数

液压泵和液压马达在工作过程中，有一些关键参数会影响系统的性能，具体如下。

1. 压力

（1）工作压力（Working pressure）　液压泵实际工作时的输出压力称为工作压力。工作压力取决于外负载的大小和排油管路上的压力损失，而与液压泵自身的压力等级无关。比如一个压力等级 31.5 MPa 的液压泵出口接油箱，其出口压力由油箱压力决定。

（2）额定压力（Rated pressure）　液压泵在正常工作条件下，按试验标准规定连续运转的最高压力称为液压泵的额定压力。思考：连续运转的时间应该多大？

（3）最高允许压力　在超过额定压力的条件下，根据试验标准规定，允许液压泵短暂运行的最高压力值，称为液压泵的最高允许压力。超过此压力值，泵的泄漏会迅速增加。在实际工作中应予以避免。思考：短暂运行的时间应该多大？

2. 排量

排量是液压泵主轴每转一周所排出液体体积的理论值，通常采用 mL/r 来表示。比如某型号的液压泵 A2F28，数值 28 表示其排量为 28mL/r。但排量的国际标准单位是 m^3/rad。

如果泵排量固定则为定量泵；排量可变则为变量泵。一般定量泵因密封性较好，泄漏小，在高压时效率较高。

3. 转速

（1）额定转速 n　在额定压力下，根据试验结果推荐能长时间连续运行并保持较高运行效率的转速。

（2）最高转速 n_{max}　在额定压力下，为保证使用寿命和性能所允许的短暂运行的最高转速。

（3）最低转速 n_{min}　为保证液压泵可靠工作或运行效率不致过低所允许的最低转速。

4. 流量

流量指的是泵单位时间内排出的液体体积（L/min），分为理论流量 q_{th} 和实际流量 q_{ac}。

理论流量指的是液压泵的排量与转速的乘积：

$$q_{th} = Vn \tag{4-3}$$

液压泵由于存在泄漏，因此其实际流量小于理论流量。实际流量为

$$q_{ac} = q_{th} - \Delta q \tag{4-4}$$

式中　V——泵的排量（L/r）；

　　　n——泵的转速（r/min）；

　　　Δq——泵的泄漏损失，即液压泵运转时从高压区泄漏到低压区的流量。

流量不均匀系数（或称流量脉动率）指的是在液压泵的转速一定时，因流量脉动造成的流量不均匀程度。

$$\sigma_q = \frac{(q_{ac})_{max} - (q_{ac})_{min}}{q_{th}} \tag{4-5}$$

流量脉动率是衡量容积式泵流量性能的一个重要指标。

5. 容积效率和机械效率

泵的容积效率（Volumetric efficiency）指的是液压泵的实际流量与理论流量的比值：

$$\eta_V = \frac{q_{ac}}{q_{th}} \tag{4-6}$$

泵的机械效率（Mechanical efficiency）指的是驱动液压泵的理论转矩与实际转

矩的比值：

$$\eta_{\mathrm{m}} = \frac{T_{\mathrm{th}}}{T_{\mathrm{ac}}} \tag{4-7}$$

式中　T_{th}——泵的理论输入转矩；

　　　T_{ac}——泵的实际输入转矩。

6. 泵的总效率、功率

泵的总效率指的是输出功率与输入功率的比值：

$$\eta = \eta_{\mathrm{m}} \eta_V = \frac{P_{\mathrm{ac}}}{P_{\mathrm{M}}} \tag{4-8}$$

式中　P_{ac}——泵实际输出功率；

　　　P_{M}——电动机输出功率。

泵的功率指的是泵的实际流量与压力的乘积：

$$P_{\mathrm{ac}} = p q_{\mathrm{ac}} \tag{4-9}$$

式中　p——泵输出的工作压力（MPa）；

　　　q_{ac}——泵的实际流量（L/min）。

液压泵的容积效率、机械效率、总效率、理论流量、实际流量和实际输入功率与工作压力的关系曲线如图4-5所示。它们是液压泵在特定的介质、转速和油温等条件下通过实验得出的。

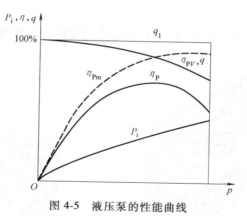

图4-5　液压泵的性能曲线

六、例题

【例 4-1】　某液压系统，泵的排量 $V = 10\mathrm{mL/r}$，电动机转速 $n = 1200\mathrm{r/min}$，泵的输出压力 $p = 5\mathrm{MPa}$，泵容积效率 $\eta_V = 0.92$，总效率 $\eta = 0.84$，求：①泵的理论流量；②泵的实际流量；③泵的输出功率；④驱动电动机功率。

【解】　泵的理论流量：$q_{\mathrm{th}} = Vn = 10 \times 1200\mathrm{L/min} = 12\mathrm{L/min}$

泵的实际流量：$q_{\mathrm{ac}} = q_{\mathrm{th}} \eta_V = 12 \times 0.92\mathrm{L/min} = 11.04\mathrm{L/min}$

泵的输出功率：$P_{ac} = pq_{ac} = 5 \times 10^6 \times \dfrac{11.04 \times 10^{-3}}{60} \mathrm{W} = 0.92 \mathrm{kW}$

驱动电动机功率，即液压泵的输入功率：$P_M = \dfrac{P_{ac}}{\eta} = \dfrac{0.92}{0.84} \mathrm{kW} = 1.095 \mathrm{kW}$

第二节 齿 轮 泵

齿轮泵是一种常用的液压泵，它具有结构简单、体积小、重量轻、制造方便、成本低、自吸能力好、对油液污染不敏感和工作可靠等优点，也具有流量和压力脉动大、噪声大、排量不可调节（定量泵）等缺点，广泛应用于各种低压系统中。但随着齿轮泵结构上的不断改进和完善，也被用于采矿、冶金、建筑等机械的中高压系统中。

齿轮泵按照齿形曲线的不同可分为渐开线齿形和非渐开线齿形两种；按照齿轮啮合形式不同可分为内啮合和外啮合两种。

一、外啮合齿轮泵

（一）结构特点和工作原理

图 4-6 是外啮合齿轮泵（External gear pump）的结构示意图。泵体内装有一对外啮合齿轮，齿轮两侧靠端盖密封。泵体、端盖和齿轮各个齿间槽组成了许多的密封工作腔。

假设齿轮按照图 4-7 所示方向旋转时，下侧轮齿进入吸油区，逐渐脱离啮合，

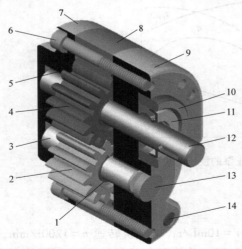

图 4-6 外啮合齿轮泵的结构示意图

1—弹性挡圈 2—从动齿轮 3—从动轴 4—主动齿轮
5—轴套 6—螺钉 7—左泵盖 8—泵体 9—右泵盖
10—密封套 11—密封圈 12—主动轴 13—堵塞 14—定位销

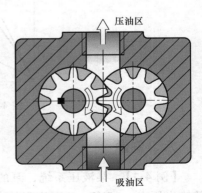

图 4-7 外啮合齿轮泵的工作原理示意图

齿间槽容积增大，吸油区中的油液流入补充，充满齿间槽；随着齿轮的进一步旋转，油液被带到上侧的压油区。在压油区，上侧轮齿逐渐进入啮合，齿间槽容积减小，油液被挤出，排出室内液体压力升高，于是液体从泵的排出口被排出泵外。齿轮在泵体内旋转时，轮齿不断退出和进入啮合，同时不断完成吸油和压油过程，从而形成连续的输油过程。

思考：

1）试分析外啮合齿轮泵是否满足容积式泵的三个条件，若满足，则这三个条件是如何保证的？

2）外啮合齿轮泵的两个齿轮的齿数和模数必须相同吗？

（二）排量和流量

外啮合齿轮泵的排量计算可以通过啮合原理进行。一般可近似地认为排量等于泵的两个齿轮的齿间槽容积之和，若假设齿谷容积等于轮齿体积，则当齿轮齿数为 z，模数为 m，节圆直径为 d，有效齿高为 h，齿宽为 b 时，根据齿轮参数计算公式 $d = mz$，$h = 2m$，齿轮泵的排量近似为

$$V = \pi dhb = 2\pi zm^2 b \tag{4-10}$$

实际上，齿谷容积比轮齿体积稍大一些，并且齿数越少误差越大，因此，在实际计算中用 3.33~3.50 来代替上式中的 π 值，齿数少时取大值，即

$$V = (6.66 \sim 7) zm^2 b \tag{4-11}$$

从式（4-11）看出，外啮合齿轮泵的每转排量与齿数基本成正比，同时与模数的平方基本成正比，所以相同的径向尺寸和齿宽尺寸，如果采用大模数少齿数的设计，其排量相对小模数多齿数的设计来得大，同理对于一定排量的齿轮泵，设计者往往通过大模数少齿数来减小泵的体积。外啮合齿轮泵的齿数一般在 8~15 之间，压力越高，齿数相对越少，原因除了要求体积最小化之外，还有：①小的齿顶圆有利于减小径向不平衡力，高压泵对此比较敏感；②高压泵对噪声和脉动的敏感性低，可以承受齿数少带来的噪声和脉动问题。

从式（4-11）看出，不论是齿数、模数还是齿宽都是常数，不可改变，即齿轮泵属于排量不可改变的定量泵。

外啮合齿轮泵的实际流量为

$$q = (6.66 \sim 7) zm^2 bn\eta_V \tag{4-12}$$

式（4-12）是齿轮泵的平均流量。实际上，在齿轮啮合过程中，排量是转角的周期函数，因此瞬时流量是脉动的。脉动的大小用脉动率表示，如式（4-5）所示。

减小流量脉动的措施主要有以下方式。

（1）两对齿轮副 如图 4-8 所示，两对齿轮副交叉叠放，错开半个齿，即齿形与齿槽对应，这样在齿轮旋转过程中，其输出流量的波峰和波谷也是交叉出现的，其流量脉动率也随之减小。

（2）人字齿 图 4-9 是人字齿啮合示意图。在泵中采用的是无间隙的斜齿啮合驱动装置，齿轮采用的是非渐开线齿廓，这就在原理上避免了挤压油腔的形成。两

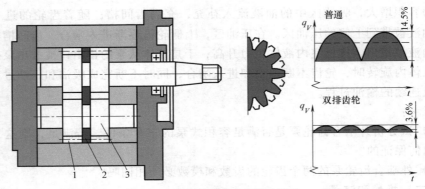

图 4-8 两对齿轮副减小流量脉动

1—齿轮 1 2—隔板 3—齿轮 2

个齿轮的齿廓不仅在齿侧上接触，而且也在齿顶和齿根部位互相接触，因此就不会在相邻的齿侧间产生齿啮合的突变，自始至终都是只有一个在一条连续的"8"字形封闭的啮合线上运动的啮合点。由斜齿啮合而产生的作用在齿轮上的轴向力则由端面轴承元件来承接，而静液压平衡槽则用来无磨损地承接额外的力。因此其流量输出曲线如图 4-9 中曲线所示，脉动率大幅度减小。

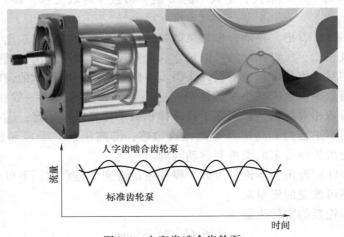

图 4-9 人字齿啮合齿轮泵

（三）泄漏途径及解决措施

外啮合齿轮泵的泄漏通道主要有：

1）齿顶与齿轮壳内壁的间隙泄漏（径向间隙泄漏）约占总泄漏的 10%~15%。

2）齿面啮合处的泄漏。

3）齿轮端面与两侧端盖之间的轴向密封泄漏约占总泄漏的 80%~85%。

当压力增加时，前两种泄漏基本不会改变，但高压会使齿轮轴产生较大的挠曲，影响密封性能，使最后一种泄漏增加。因此，这是外啮合齿轮泵泄漏的最主要原因，故齿轮泵一般不适合用作高压泵。

齿轮端面与轴承座圈或盖板之间的间隙属于两平行平板间隙，根据第三章流体力学的内容可知，泄漏量和轴向间隙的三次方成正比，轴向间隙每增加 0.1mm，泵容积效率降低 20%。因此，小流量低压泵轴向间隙为 0.025mm～0.04mm，大流量泵为 0.04mm～0.06mm。为使齿轮泵能在中高压系统中应用，可利用剩余压力设计法对轴向间隙进行油膜设计，实现轴向间隙自动补偿，如图 4-10 所示。图 4-11 为具有同心或偏心"8"字形补偿面的浮动轴套的齿轮泵。

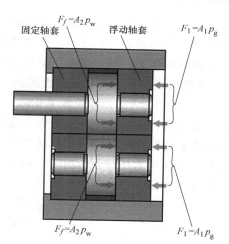

图 4-10　带浮动轴套的齿轮泵

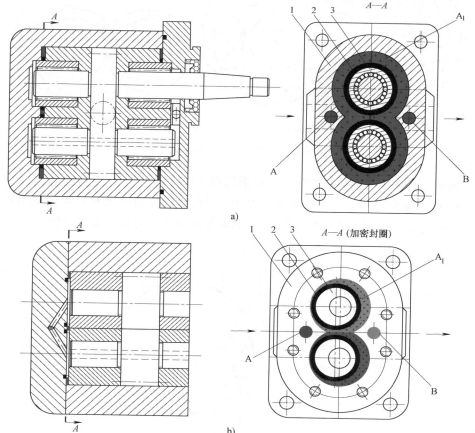

a)

b)

图 4-11　具有"8"字形补偿面的浮动轴套的齿轮泵（同心和偏心）
a) 具有同心"8"字形补偿面的浮动轴套的齿轮泵　b) 具有偏心"8"字形补偿面的浮动轴套的齿轮泵
1—泵体　2—密封圈　3—滚针轴承外环　A—泄漏油孔　B—高压引油孔　A_1—补偿面

　　端面间隙补偿采用静压平衡措施：在齿轮和盖板之间增加一个补偿零件，如浮动轴套、浮动侧板。在浮动零件的背面引入压力油，让作用在背面的液压力稍微大于正面的液压力，其差值由一层很薄的油膜承受，一般取 $F/F_1 = 1.0 : 1.2$。

（四）径向不平衡力及改善措施

　　如图 4-12 所示，齿轮泵工作时，作用在齿轮外圆上的压力 p 是不均匀的。在排油腔和吸油腔，齿轮外圆分别承受着系统工作压力和吸油压力；在齿轮齿顶圆与泵体内孔的径向间隙中，可以认为油液压力由高压腔压力到吸油腔压力逐渐下降。在这些液体压力的综合作用下，相当于齿轮和轴承承受了一个径向的不平衡力 F。工作压力越高，径向不平衡力越大，严重时会造成齿顶与泵体接触而产生磨损。

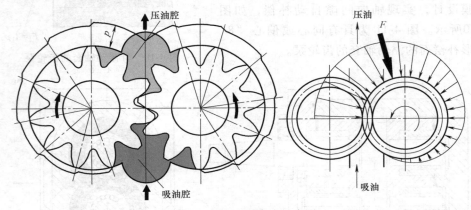

图 4-12　径向不平衡力示意图

为减小径向不平衡力的影响，可以采用以下措施。

（1）合理设计齿宽 b 和齿顶圆直径 D_s　图 4-13 为主动轮和从动轮受力示意图。径向力由液体压力产生的径向力 F_r 和齿轮啮合产生的径向力 F_τ 组成。

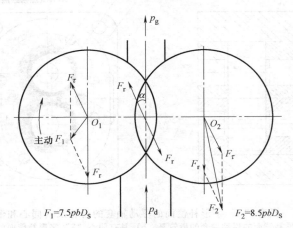

图 4-13　主动轮和从动轮受力示意图

主动轮：径向力 F_τ 向上，使合力 F_1 减小。

从动轮：径向力 F_τ 向下，使合力 F_2 增大。

因此选择轴承时，应按照 F_2 进行选择和设计。

F_1 和 F_2 分别为

$$F_1 = 7.5pbD_s$$
$$F_2 = 8.5pbD_s$$

其中，p 为齿轮泵进出口压力差，即 $p_g - p_d$；b 为齿宽；D_s 为齿顶圆直径。

因此，可合理设计齿宽 b 和齿顶圆直径 D_s，以降低径向力。

（2）缩小压油腔尺寸　在压油腔，作用在齿轮上的高压油的有效作用面积与压油口直径成正比，直径越大，高压油的作用面积越大，径向不平衡力越大，因此可缩小压油腔尺寸以降低径向不平衡力。

（3）扩大压油腔到吸油腔　将压油腔的高压油扩大到接近吸油腔，使高压油尽可能均匀地分布到齿轮外圆上，从而降低径向不平衡力，如图 4-14 所示。

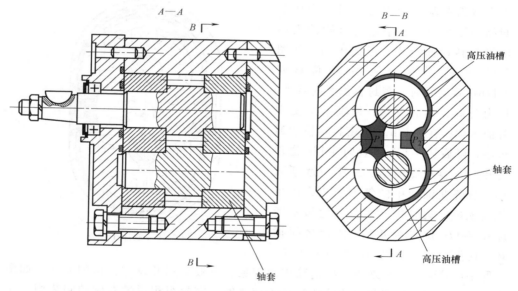

图 4-14　扩大压油腔到吸油腔

（4）扩大吸油腔到压油腔　同样，将吸油腔的低压油扩大到接近压油腔，使低压油尽可能均匀分布到齿轮外圆上，从而降低径向不平衡力，如图 4-15 所示。

（5）液压平衡法　将高压油和低压油分别引到与其引出高压油腔和低压油腔对应的位置，如图 4-16 所示，这样作用在齿轮上的作用力基本达到平衡，从而降低了径向不平衡力的作用。

（五）困油现象及解决措施

对于直齿轮（正齿轮）啮合的齿轮泵，为了使齿轮运转平稳，一般齿轮啮合

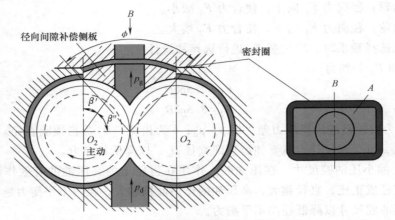

图 4-15　将吸油腔扩大到接近压油腔侧

时的重叠系数需大于 1，故有一部分油液会被困在两对轮齿啮合时所形成的封闭油腔之内，这个密封容积的大小随齿轮转动而变化，形成困油。如图 4-17 所示，当齿轮从 4-17a 位置向 4-17b 位置旋转时，密封容积逐渐减小，压力升高，油液发热，使轴承承受额外的负载；在 4-17b 位置密封容积达到最小，随后从 4-17b 位置向 4-17c 位置旋转时，容积逐渐增大，压力逐渐减小，溶解在油液中的气泡溢出，产生气穴现象。齿轮旋转过程，轮齿不断地在 4-17a 位置到 4-17c 位置之间循环，使齿轮泵产生强烈的振动和噪声，

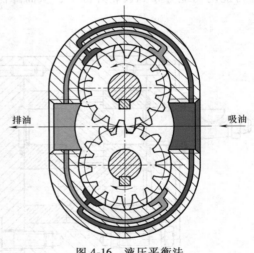

图 4-16　液压平衡法

这即是齿轮泵的困油现象。要消除困油现象，一般采用开设卸荷槽的方式，如图 4-18 所示。当密封容积的油液体积从大变小时，密封容积通过右侧的卸荷槽与压油腔相通；而当容积由小变大时，密封容积通过左侧的卸荷槽与吸油腔相通。需要说明的是，齿轮泵中需开设卸荷槽解决困油现象的是正齿轮泵。斜齿轮或人字齿轮的一对齿在排出腔端刚啮合形成齿封空间时，靠吸入腔的另一端已即将脱开，故困油现象并不严重。

　　上述是卸荷槽对称布置的齿轮泵，结构简单，容易加工，泵正、反转时都适用，因此被广泛采用。也有采用不对称卸荷槽的齿轮泵，即两个卸荷槽同时向吸入侧移动适当距离，从而延长了封闭容积与排出腔相通的时间，推迟了与吸入腔相通的时间。不对称卸荷槽能更好地解决困油问题，回收更多高压液体，但密封容积中

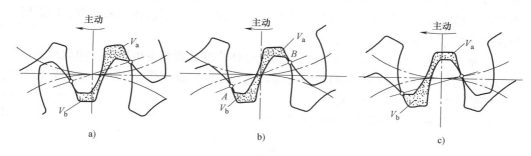

图 4-17　齿轮泵的困油现象

a）AB 间的死容积逐步减小　b）AB 间的死容积达到最小　c）AB 间的死容积逐步增大

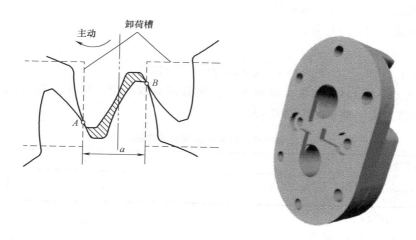

图 4-18　卸荷槽解决困油现象

可能出现不太严重的局部真空现象。另外，由于卸荷槽结构不对称，这种泵不允许反转。

（六）优缺点及应用

外啮合齿轮泵利用齿轮和泵壳形成封闭容积的变化，完成液压泵的吸油和排油功能，不需要配流装置，具有结构简单、制造工艺性好、价格便宜、自吸能力较好、抗污染能力强且能耐冲击性负载等优点，但也具有流量脉动大、泄漏大、噪声大、效率低、零件的互换性差、径向载荷大及磨损后不易修复等缺点。因此一般应用于环境差、精度要求不高的场合，如工程机械、建筑机械、农用机械等。

（七）外啮合齿轮泵的设计要点

（1）齿数确定　一般齿轮泵的齿数 $z = 6 \sim 30$，对于不同应用场合，对齿轮泵的齿数要求也不尽相同。用于机床或其他对流量均匀性要求较高的低压齿轮泵，一般

取 $z=14\sim30$；用于工程机械及矿上机械的中高压和高压齿轮泵，对流量均匀性要求不高，但要求结构尺寸小，作用在齿轮上的径向力小以延长轴承的寿命，则采用较少的齿数（$z=9\sim15$）。

近年来，在设计中高压齿轮泵时，都十分注意降低齿轮泵的噪声，因此所选齿数有增大的趋势（取 $z=12\sim20$）；只有对流量均匀性要求不高，压力很低的齿轮泵（如润滑油泵）才选用 $z=6\sim8$。

（2）模数确定　由齿宽与齿顶圆的比值：

$$\xi=\frac{b}{D_e}$$

$$b=\xi m(z+C)$$

根据流量 $q=\pi dhb=2\pi zm^2 b$

从而推出齿轮的模数：

$$m=\sqrt[3]{\frac{q}{2\pi kZ\xi(z+C)\times10^{-3}}}$$

$k=1.06\sim1.115$，齿数少时取大值，齿数多时取小值；标准齿轮 $C=2$，对于"增一齿修正法"修正的齿轮 $C=3k$。

表 4-1　齿宽与齿顶圆的比值

压力等级/MPa	3.5	7	10.5	14	16
$\xi=\dfrac{b}{D_e}$	1	0.8	0.6	0.4	0.35

二、内啮合齿轮泵

内啮合齿轮泵（Internal gear pump）有渐开线齿轮泵和摆线齿轮泵（摆线转子泵）两种，如图 4-19 所示。它们的工作原理和主要特点与外啮合齿轮泵完全相同。

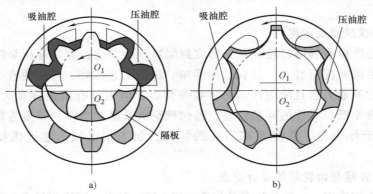

图 4-19　内啮合齿轮泵

a）渐开线齿轮泵　b）摆线齿轮泵

在渐开线齿形的内啮合齿轮泵中，小齿轮与大齿轮（内齿轮）之间安装有一半月形的隔板，从而将吸油腔和排油腔隔开，如图4-19a所示。而在摆线齿轮泵中，小齿轮和大齿轮（内齿轮）之间相差一个齿，依靠小齿轮的齿顶和内齿轮的齿顶的啮合来将吸油区和排油区隔开，因而不需要单独的隔板，如图4-19b所示。在内啮合齿轮中，小齿轮是主动轮。

与外啮合齿轮泵相比，内啮合齿轮泵具有以下特点。

1）结构紧凑、尺寸小、质量轻。

2）齿轮转向相同，因此相对滑动速度小，磨损小，寿命长。

3）流量脉动小，因此压力脉动和噪声也小。

4）自吸能力好。

5）因齿数相异，不会发生困油现象。

此外，摆线式内啮合齿轮泵还具有以下特点。

1）由于没有隔板，结构更简单。

2）啮合的重叠系数大，因此传动平稳。

3）吸油区大，流速低，自吸性能更加优良。

4）流量脉动相对大。

内啮合齿轮泵的缺点如下。

1）齿形复杂，加工精度要求高，制造工艺复杂。

2）由于吸油区和压油区面积大，因此径向载荷大。

3）泄漏途径多，容积效率低，仅为65%～75%。

三、螺杆泵

螺杆泵实质上是一种外啮合的摆线齿轮泵。如图4-20所示，液压油沿螺旋方向前进，转轴径向负载各处均相等，脉动少，故运动时噪音低，可高速运转，适合用作大容量泵。但压缩量小，不适合高压的场合，一般用于燃油、润滑油泵而不用作液压泵。多用于剧场和歌剧院等对噪音要求比较高的场合。

各啮合螺杆之间以及螺杆与缸套间的间隙很小，在泵内形成多个彼此分隔的容腔。转动时，下部容腔增大，吸入液体，然后封闭。封闭容腔沿轴向推移，新的吸入容腔又在吸入端形成，一个接一个的封闭容腔移动，液体就不断被挤出。

螺杆泵具有以下特点。

1）具有自吸能力。

2）理论流量仅取决于运动部件的尺寸和转速。

3）额定排油压力与运动部件的尺寸和转速无直接关系，主要受密封性能、结构强度和原动机功率的限制。

4）具有回转泵无需泵阀、转速高和结构紧凑的优点。

5）没有困油现象，流量和压力均匀，故工作平稳，噪声和振动较小。

6）轴向吸入，不存在妨碍液体吸入的离心力的影响，吸入性能好。

7）三螺杆泵受力平衡和密封性能良好，允许的工作压力高，可达 20MPa，特殊时可达 40MPa。单螺杆泵和非密封型双螺杆泵额定排出压力不宜太高，单螺杆泵最大不超过 2.4MPa；双螺杆泵不超过 1.6MPa。

8）对所输送的液体搅动少，水力损失可忽略不计，适于输送不宜搅拌的液体（如供给油水分离器的含油污水）。

9）零部件少，相对重量和体积小，磨损轻，维修工作少，使用寿命长。

10）螺杆的轴向尺寸较长，刚性较差，加工和装配要求较高。

螺杆泵在使用过程中应注意：

1）应防止干转，以免螺杆和缸套的工作表面严重磨损。单螺杆泵如断流干转，则橡胶制成的泵缸很快会烧毁。因此，初次使用或拆检装复后应向泵内灌入所排送的液体，以使螺杆得到润滑，工作中应严防吸空，停用时也需使泵内保存液体。

2）三螺杆泵吸入管路必须装 40～60 目过滤器，吸入油面应高出吸入管口 100mm 以上。注意吸入管路的清洁，保持油液的洁净，防止螺杆擦伤。

3）螺杆泵不能反转，否则吸排方向改变，主从动螺杆轴向力无法平衡。

4）需轻载起动，在起动前将安全调压阀调松，达到额定转速后再调至要求压力。

5）由于螺杆较长，刚性较差，易变形，安装时注意间隙均匀；吸排油管路应固定并与泵吸排口对中；螺杆起吊时防止受力弯曲；备用螺杆应悬吊保存；使用中应防止过热。

6）防止油温太低、黏度过高、过滤器脏堵等。

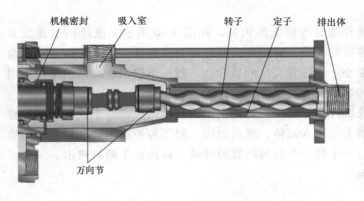

图 4-20　螺杆泵

第三节　叶　片　泵

叶片泵有单作用式（非平衡式）和双作用式（平衡式）两大类。中低压叶片泵的压力一般为 8MPa，中高压叶片泵的压力可达到 32MPa。叶片泵的输出流量均匀，脉动小，噪声低，但是结构复杂，吸油性能较差，对油液的污染也较敏感。因此，叶片泵常用于对运动精度要求较高的转向系统、加工精度高的机床液压系统等。

一、单作用叶片泵

（一）工作原理

图 4-21 是单作用叶片泵的工作原理示意图。单作用叶片泵由转子 1、定子 2、叶片 3 和端盖等组成。单作用叶片泵的定子内径和转子外径都为圆柱面。定子和转子之间有偏心距 e；叶片装在转子槽中，并可在槽内滑动。当转子转动时，由于离心力的作用，叶片将紧靠定子内壁。在相邻的两个叶片、配流盘、定子和转子间形成了一个个的工作容腔。当转子按照图 4-21 所示方向顺时针旋转时，右侧的叶片在离心力作用下伸出，密封容腔的容积逐渐增大，产生真空，于是油箱中的油液通过吸油口 B 和配流盘 4 上的吸油窗口流入工作容腔，完成吸油；而左侧的叶片则缩回到叶片槽中，工作容腔的容积逐渐减小，密封容腔中的液压油经配流盘 4 的压油窗口和压油口 A 被输送到系统中，从而完成压油。在液压泵转子旋转一圈的过程中，液压泵完成吸油和压油各一次，因此称之为单作用叶片泵。

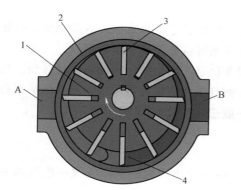

图 4-21　单作用叶片泵的工作原理
1—转子　2—定子　3—叶片　4—配流盘
A—压油口　B—吸油口

（二）排量

图 4-22 是单作用叶片泵的排量计算示意图，其基本尺寸如图 4-22 所示。

假设叶片宽度为 b，弧 ab 之间的容积为吸油容积 V_{ab}：

$$V_{ab} = \frac{\pi}{Z} \left[(R+e)^2 - r^2 \right] b \tag{4-13}$$

弧 cd 之间的容积为压油容积 V_{cd}

$$V_{cd}=\frac{\pi}{Z}\left[\,(R-e)^2-r^2\,\right]b \qquad (4\text{-}14)$$

一个叶片密封容积在液压泵旋转一圈的过程中排出的油液体积 ΔV 为

$$\Delta V=V_{ab}-V_{cd}=\left(\frac{\pi}{Z}\right)(R+e)^2b-$$

$$\left(\frac{\pi}{Z}\right)(R-e)^2b=\frac{4\pi eRb}{Z} \qquad (4\text{-}15)$$

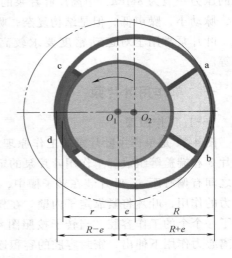

当叶片泵有 Z 个叶片时，叶片泵在一个旋转周期中排出的油液总体积 V 为

$$V=Z\times\Delta V=4\pi eRb \qquad (4\text{-}16)$$

根据液压泵排量的定义，单作用叶片泵的排量为

$$V=4\pi eRb \qquad (4\text{-}17)$$

式中　V——液压泵的排量；

　　　e——偏心距；

　　　R——定子半径；

　　　b——叶片宽度。

图 4-22　单作用叶片泵的排量计算示意图

由式（4-17）看出，偏心距 e 随着定子和转子之间的偏心大小而改变，因此单作用叶片泵的排量是可变的，故单作用叶片泵可以作为变量泵使用。

由于偏心安置，单作用叶片泵的容积变化是不均匀的，因此有流量脉动。理论分析表明，叶片数为奇数时脉动率较小，而且泵内的叶片数越多，流量脉动率就越小。考虑到上述原因和结构上的限制，一般选叶片数为 13 或 15。

（三）结构特点

单作用叶片泵具有以下特点。

（1）单作用叶片泵　转子每转一周，每个叶片伸缩一次，完成一次吸油和压油过程。

（2）非平衡式　转子受单方向不平衡的径向作用力，轴负荷大。如图 4-21 所示，左侧为压油区，压力较高，而右侧是吸油区，压力较低，因此作用在轴上的总作用力方向向右，在半径方向上受到不平衡径向力作用。

（3）叶片靠离心力压在定子内表面上　为保证叶片的受力均衡，一般叶片底部通过沟槽与工作油腔相通，即在压油区时，叶片底部与压油区相通，在吸油区时，叶片底部与吸油区相通。

（4）变量泵　由于定子和转子之间的偏心距可以在机构作用下调整，其输出排量也随之发生变化，因此单作用叶片泵可以做变量泵使用。当偏心距的方向发生变化时，吸油区和压油区也随之发生变化。思考：改变偏心是通过外部力改变定子位置还是转子位置？

（5）困油现象 为了防止吸、压油腔的沟通，配流盘上吸、压油窗口间密封夹角稍大于两相邻叶片的夹角，当两相邻叶片在此夹角区域运动时，叶片间的容积短时被困且会发生变化，从而产生困油现象。但困油现象不太严重，通过在配流盘压油窗口端部开设三角形卸荷槽，如图4-23所示，即可消除困油现象，同时也可减小高、低压转换时的压力冲击。

（6）叶片倾角和倒角 图4-24是单作用叶片泵一个叶片的受力情况示意图。叶片在旋转过程中在离心力作用下伸出，受到一个向外的离心力F_c，在旋转过程中，受到一个切向的摩擦力F_τ，这两个力的合力为F_r。如果叶片径向安装，则合力F_r的作用方向与叶片之间有夹角，叶片在进出叶片槽时就会受到一个侧向力，加大叶片伸缩时的阻力。因此一般使叶片与合力同方向，即叶片相对于旋转方向滞后一定角度，叶片后倾，如图4-24所示，通常后倾角为24°。另外，为减小叶片与定子之间的摩擦，一般将叶片顶部进行倒角处理，在旋转方向的后侧，采用后倒角的形式，可保证叶片贴紧定子的内表面。

图4-23 叶片泵配油窗口的卸荷槽示意图
1—定子 2—叶片 3—转子 4—配流盘

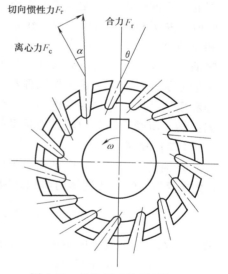

图4-24 单作用叶片泵的倾角

二、双作用叶片泵

（一）工作原理

图4-25是双作用叶片泵的工作原理示意图，其工作原理与单作用叶片泵相似，不同之处在于：①单作用叶片泵的定子和转子均为圆柱体，而双作用叶片泵的定子内表面由两段长半径圆弧、两段短半径圆弧和四段过渡曲线八个部分组成；②定子

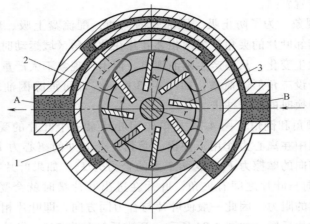

图 4-25　双作用叶片泵工作原理示意图
1、2—定子　3—叶片　A—压油口　B—吸油口

与转子同心安装；③有两个吸油区和两个压油区，且对称布置；④叶片依靠叶片根部的压力油伸出以压在定子内表面，而不是离心力。在图示情况下，转子顺时针旋转时，左下和右上两段密封工作容积中的容积逐渐减小，为压油区，通过配流窗口和压油口向系统输出压力油，而右下和左上两段密封工作容腔的容积逐渐增大，为吸油区，通过配流窗口和吸油区从油箱吸油。吸油区和压油区之间有一段封油区将它们分割开来。从上述工作原理看，这种泵在转子旋转一周的过程中，完成两次吸油和压油，因此称之为双作用叶片泵。另外，由于两个吸油区和压油区对称放置，因此转子所受到的径向液压力是平衡的，故又称之为平衡式泵。

（二）排量

泵轴转一周时，从吸油窗口流向压油窗口的液体体积是大半径为 R、小半径为 r 及宽度为 b 的圆环柱体的体积。因为是双作用泵，所以双作用叶片泵的排量为

$$V = 2b\left[\pi(R^2 - r^2) - \frac{R-r}{\cos\theta}sZ\right] \tag{4-18}$$

式中　R, r——定子内圆表面长半径和短半径圆弧的半径；

　　　b——叶片宽度；

　　　Z——叶片数；

　　　s——叶片厚度；

　　　θ——叶片倾角。

如不考虑叶片厚度，随着转子的匀速转动，位于大、小半径圆弧处的叶片均在圆弧上滑动，因此组合密封工作腔的容积变化率是均匀的。实际上，由于存在制造工艺误差，两圆弧有圆度偏差，也不可能完全同心；其次，叶片有一定的厚度，根部又连通压油腔，叶片底槽在吸油区时，消耗压力油，但在压油区时，压力油又被压出，同样会造成流量脉动。由理论分析和实验表明，双作用叶片泵的脉动率在叶

片数为 4 的整数倍且大于 8 时最小，故双作用叶片泵的叶片数通常取为 12 或 16。

叶片泵的实际流量受其内部泄漏的影响，而影响叶片泵容积效率的内部泄漏途径有：

1）配油盘与转子及叶片侧端的轴向间隙对 η_V 影响最大。

2）叶片顶端与定子内表面的径向间隙（可自动补偿）。

3）叶片侧面与叶片槽的间隙。

双作用叶片泵因转子径向力平衡，轴不会弯曲变形，轴向间隙可做得较小，容积效率 η_V 可比齿轮泵高。双作用叶片泵的容积效率 η_V 一般在 0.8~0.94 之间；单作用叶片泵的容积效率 η_V 在 0.58~0.92 之间。单作用叶片泵流量的均匀性不如双作用叶片泵。

（三）结构特点

双作用叶片泵具有如下特点。

1. 总体结构特点

定子和转子同心安装，具有两个吸油区和压油区，一般做定量泵使用。

2. 径向力平衡

定子内表面近似椭圆，转子和定子同心安装，有两个吸油区和两个压油区对称布置。径向力平衡，转子受力均匀。

3. 困油现象

虽然吸油区和压油区之间也有油液隔离，叶片划过这一区域时，容积也被封闭，但是由于这一区域处于定子的长圆弧或短圆弧区域，因此密封容腔的容积不发生变化，无困油现象。

4. 叶片根部

双作用叶片泵的定子曲线矢径的变化率较大（参考结构特点7），在吸油区外伸的加速度较大，叶片的离心力不足以克服惯性力和摩擦力，因此，叶片需要依靠压力油压在定子内表面，叶片根部通压力油，保证每个叶片在压油腔压力油的作用下贴住定子内表面。

5. 叶片倾角和倒角

叶片采用前倾后倒角。图 4-26 是叶片受力分析示意图，叶片在根部压力油作用下贴紧在定子内表面上，受到指向圆心的定子的作用力 F_c 和在顺时针旋转时受到切向摩擦力 F_τ，这两个力的合力为 F_r。为保证叶片能顺利滑进叶片槽，一般尽量使合力的作用方向与叶片重合，故叶片在旋转方向上有一定向前的倾角，一般为 $10° \sim 14°$。叶片端部倒角朝后，保证叶片贴紧定子的内表面。

6. 压力提高措施

提高双作用叶片泵的压力，需要采取以下措施。

（1）端面间隙自动补偿　这种方法是将配流盘的一侧与压油腔连通，使配流盘在液压油推力作用下压向定子端面。泵的工作压力越高，配流盘就会自动压紧定

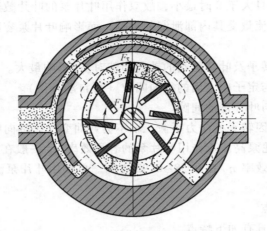

图 4-26　双作用叶片泵的叶片受力分析

子，同时配流盘产生适量的弹性变形，使转子与配流盘间隙进行自动补偿，从而提高双作用叶片泵的输出压力。该方法与提高齿轮泵压力方法中的齿轮端面间隙自动补偿类似。

（2）减少叶片对定子作用力　前已阐述，为保证叶片顶部与定子内表面紧密接触，所有叶片根部都与压油腔相通。当叶片在吸油腔时，叶片底部受高压油作用，而顶部却受低压油作用，这一压力差使叶片以很大的力压向定子内表面，在叶片和定子之间产生强烈的摩擦和磨损，使泵的寿命降低。

减少叶片对定子作用力对高压双作用叶片泵来说尤为重要，因此高压双作用叶片泵必须在结构上采取相应的措施，常用的措施如下。

1）减小作用在叶片底部的油压力。将压油腔的油通过阻尼孔或内装式小减压阀接通到处于吸油腔的叶片底部，这样使叶片经过吸油腔时，叶片压向定子内表面的作用力不至于过大。

2）减少叶片底部受压力油作用的面积。减小叶片厚度可以减小压力油对叶片底部的作用力，但受目前材料工艺条件的限制，叶片不能做得太薄，一般厚度为 1.8~2.5mm。

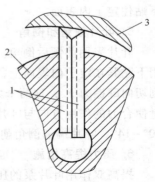

3）采取双叶片结构。如图 4-27 所示，在转子 2 的槽中装有两个叶片 1，它们之间可以相对自由滑动，在叶片顶端和两侧面倒角之间构成 V 形通道，使叶片底部的压力油经过该通道进入叶片顶部，使叶片底部和顶部的压力相等，但承压面积不相等，适当选择叶片顶部棱边的宽度，即可保证叶片顶部有一定的作用力压向定子 3，同时又不至于产生过大的作用力而引起

图 4-27　双叶片结构
1—叶片　2—转子　3—定子

定子的过度磨损。

4）子母叶片结构。如图 4-28 所示，子母叶片又称复合叶片，母叶片 1 的根部 L 腔经转子 2 上的油孔始终和顶部油腔相通，而子叶片 4 和母叶片 1 之间的小腔 C 通过配流盘的 K 槽总是接通压力油。当叶片在吸油区工作时，推动母叶片 1 压向定子 3 的力仅为小腔 C 的油压力，该作用力不大，但能使叶片与定子接触良好，保证密封。

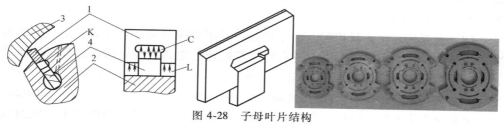

图 4-28　子母叶片结构

1—母叶片　2—转子　3—定子　4—子叶片

7. 对定子曲线的要求

双作用叶片泵的定子曲线直接影响泵的性能，如流量稳定性、噪声和磨损等。具体有以下几方面。

（1）（起动时）排油压力为零的条件下叶片不发生"脱空"　叶片径向运动的向心惯性力大于随转子旋转时的离心力，叶片就会与定子内表面脱离，称为脱空。叶片不"脱空"的条件（排油过渡曲线区和吸油过渡曲线区都适用）为

$$\frac{d^2\rho}{d\phi^2} < \rho - \frac{1}{2}L \tag{4-19}$$

式中　ϕ——叶片的转角；

ρ——叶片与过渡曲线接触点的矢径；

L——叶片的长度。

上述条件只能是保证排油压力没有建立起来时，依靠离心力形成高、低压腔之间的可靠密封。

（2）排油压力建立后叶片不发生"脱空"

问题：压力建立起来后叶片途经排油区，叶片顶部所受的液压力会反推叶片离开定子表面，如何解决？

解决办法：将压力油引入叶片底部，平衡叶片顶部的液压力，还应有一定的剩余压紧力。

存在的问题：叶片经过吸油区时叶片顶部没有液压力，附加的叶片底部的液压力会加剧叶片的磨损。柱销式和子母式叶片机构是常用的解决措施，具体参看本章的二、（三）结构特点的 6.（2）。

（3）减小冲击、噪声和磨损　叶片径向速度和加速度的变化尽可能小，不应该发生突变，以免产生冲击和噪声。

径向速度的突变将使径向加速度为无穷大，这种现象称为"硬冲"，即 $d\rho/d\phi$ 曲线不能出现突跳式的不连续点。在排油过渡曲线区的"硬冲"会使定子内表面对叶片的推力为无穷大（实际上，由于叶片和定子表面的弹性变形，此值为一个相当大的数），因而产生撞击。

径向加速度在数值上有限的突变，称为"软冲"，即 $d^2\rho/d\phi^2$ 曲线不能出现突跳式的不连续点。"软冲"使叶片和定子内表面的压紧力产生突变。过大的"软冲"也是不希望的。

（4）使泵的输出流量均匀 为了使泵的瞬时流量均匀，叶片数和定子曲线形状的选择应使吸油区过渡曲线上所有叶片径向速度之和在整个运行过程（即不同转角时）中等于或接近常数。

$$\sum (d\rho/d\phi)_i = \text{const} \tag{4-20}$$

为解决上述问题，保证双作用叶片泵的可靠工作，一般常用的定子过渡曲线有：修正的阿基米德螺线；正弦加速曲线；等加速等减速曲线；高次曲线。下面简单介绍其中几种。

1）等加速、等减速曲线。避免了"硬冲"，仍然存在"软冲"。当叶片径向运动按等加速度、等减速度规律变化时，为了满足叶片不脱空的条件可以允许选用较大的 R/r 值，因而可得到较大的 $(R-r)$ 值，产生较大排量。这就是过渡曲线广泛采用等加速度、等减速度曲线的主要原因。

2）高次曲线。叶片泵噪声主要来源于叶片和定子内表面的机械噪声，因此，定子曲线就成了降低叶片泵噪声的关键。希望定子曲线的三阶导数 $j = d^3\rho/d\phi^3$ 的变化小，同时满足对一阶导数 $v = d\rho/d\phi$ 及二阶导数 $a = d^2\rho/d\phi^2$ 的要求。采用高次方程曲线可对多个参数进行调整，以满足一定的边界条件，又满足三阶导数特性及兼顾一、二阶导数的变化。

（5）叶片数量的选择

1）从工艺和转子强度考虑，希望叶片数取少为好。

2）从转子径向力平衡的观点出发，双作用叶片泵的叶片数应该取偶数。

3）叶片数增加，可使过渡角 α 增大，叶片不"脱空"的值 R/r 可以增加，故可增大过流面积，改善吸油性能，又可使理论流量加大，但流量增大要受到叶片排列拥挤的限制，故要选取适当。

4）流量的均匀性主要取决于吸油区所有叶片的 $\sum (d\rho/d\phi)_i$ 是否等于常数。

（四）双作用叶片泵的设计要点

1. 叶片数和定子曲线的确定

叶片数 Z 一般选为12，在流量较小时可取为10，以减少叶片槽的加工量并增加根部强度。

当 $Z = 12$ 时，定子曲线多用等加速曲线；当值比较小时也可用正弦加速曲线，可消除"软冲"点；

$Z = 10$ 时可选用修正的等加速（或正弦加速）修正曲线，以使流量均匀。

2. 叶片厚度

在最大压力下（一般为额定压力的 1.25 倍），叶片厚度应有足够的强度和刚度。在强度和工艺条件允许的情况下应尽量减薄叶片，以使其底端面积减小，从而减小叶片对定子的压紧力。根据工艺条件，一般取 $s = 1.8 \sim 2.5 \text{mm}$。

3. 叶片径向高度

为了避免卡死，叶片留在槽内的最小高度，不应小于叶片径向高度 L 的 2/3。

4. 转子半径和轴向宽度

（1）转子半径由花键轴径 d_0 和叶片高度 L 根据叶片槽根部的强度确定，通常可取 $r_z = (0.9 \sim 1.0) d_0$。

（2）轴向宽度 b 的取值。增加轴向宽度可减少端面泄漏的比例，使容积效率增加；但轴向宽度的增加会加大配油窗口的过流速度，在设计中，b 的取值为

$$b = (0.45 \sim 1.0) r \tag{4-21}$$

式中　r——定子小半径。

最终由经验计算得到配油窗口的流速不应超过 $6 \sim 9 \text{m/s}$，从而确定轴向宽度值。

5. 定子短半径和长半径的计算

小圆弧半径一般取 $r = r_z + (0.5 \sim 1) \text{mm}$，根据选用的过渡曲线不"脱空"条件的最大值 $(R/r)_{\max}$，可初步确定长半径，然后由排量计算公式校核设计排量与要求达到排量（设计参数）的误差不超过 5%。

增大定子曲线的大、小圆弧半径之差 $(R-r)$ 可以增大泵的排量。但是，增大幅度受以下条件的制约。

（1）叶片和转子体强度的制约　$(R-r)$ 值越大，则叶片伸出转子体的部分越长，液压力产生的弯曲力矩越大，因而叶片受力情况恶化，转子体强度下降。

（2）叶片对定子不"脱空"条件的制约　为保证叶片不脱空，必须满足式 (4-19)。在确定过渡曲线区叶片速度变化规律时，值 $\mathrm{d}^2\rho/\mathrm{d}\phi^2$ 与过渡曲线始点和终点的矢径差值及其对应的中心角大小有关。$(R-r)$ 值越大，则 $\mathrm{d}^2\rho/\mathrm{d}\phi^2$ 值也越大，不利于保证不脱空条件。$\mathrm{d}^2\rho/\mathrm{d}\phi^2$ 值还与过渡曲线上的叶片径向运动速度变化规律有关。

计算分析表明，当叶片径向运动按等加速度、等减速度规律变化时，为了满足不"脱空"条件可以允许选用较大的 $(R/r)_{\max}$ 值，因而可得到较大的 $(R-r)$ 值，产生较大排量。这就是过渡曲线广泛采用等加速度、等减速度曲线的主要原因。

6. 配流盘的计算

（1）配流盘的封油角取为

$$\alpha_0 = \frac{2\pi}{Z} - \left(0 \sim \frac{s}{2R_c}\right) \tag{4-22}$$

式中　s——叶片厚度；

　　　R_c——减振槽尖角处的位置半径。

减振槽的范围角据经验一般取：$\gamma = 6° \sim 8°$。

（2）配流盘进出油口的流速限制　配流窗口的面积要足够大，过流速度要限制在 6m/s 以下为好，最大不超过 9m/s。流速过高时可双向开进油孔，以增加过流面积。

7. 主要零件的材料与技术要求

（1）定子

材料：GCr15，Cr12MoV 或 38CrMoAl。

热处理：淬火 HRC60；38CrMoAl 氮化 HRC65～70。

加工要求：端面平行度公差为 0.002mm；内柱面与端面的垂直度公差为0.008mm；内孔表面粗糙度 0.4～0.1μm。

（2）转子

材料：40Cr、20Cr 或 12CrNi3。

热处理：HRC50～60，20Cr 和 12CrNi3 要渗碳淬火。

加工要求：转子宽度比定子宽度小 0.02～0.04mm；端面平行度公差为0.003mm；端面表面粗糙度值 Ra 为 0.2～0.1μm；叶片槽平行度公差为 0.01mm；叶片槽表面粗糙度值 Ra 为0.2～0.1μm。

（3）叶片

材料：高速钢 W18Cr4V。

热处理：淬火 HRC60～64、回火。

加工要求：叶片与转子槽的配合间隙为 0.01～0.02mm；叶片宽度比转子宽度小 0.01mm；叶片需要研磨；滑动面的表面粗糙度值 Ra 为 0.1μm。

（4）配流盘

材料：青铜或 HT30～54；

加工要求：表面粗糙度值 Ra 为 0.2μm。

（5）泵体及其他

泵体材料：HT300。

传动轴材料：40Cr，热处理 HRC48。

三、限压式变量泵

限压式变量叶片泵是单作用叶片泵，根据前面介绍的单作用叶片泵的工作原理，改变定子和转子间的偏心距 e，就能改变泵的输出流量，限压式变量叶片泵能借助输出压力的大小自动改变偏心距 e 的大小来改变输出流量。当压力低于某一可调节的限定压力时，泵的输出流量最大；压力高于限定压力时，随着压力增加，泵的输出流量线性地减少，此即为限压的由来。限压式变量泵又可以分为外反馈式和内反馈式，下面以外反馈限压式变量叶片泵（见图 4-29）为例介绍其工作原理。

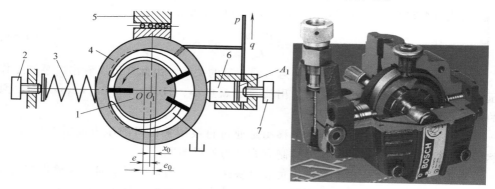

图 4-29 外反馈限压式变量叶片泵

1—转子 2—弹簧预紧力调节螺钉 3—弹簧 4—定子 5—滑块
滚针支撑 6—反馈柱塞 7—流量调节螺钉

（一）工作原理

外反馈式限压变量泵的工作原理如图 4-29 所示。泵的定子中心 O_1 和转子中心 O 之间存在偏心 e，转子轴固定，仅可绕 O 点旋转，定子在左侧弹簧 3 和右侧反馈柱塞 6 作用力作用下可通过滑块滚针支撑 5 左右滑动，从而改变定子 4 与转子 1 之间的偏心 e。泵的出口经通道与反馈柱塞腔相通。在泵未运转时，定子 4 在弹簧 3 的作用下，紧靠在反馈柱塞 6 上，并使柱塞 6 靠在流量调节螺钉 7 上。这时，定子和转子有一偏心量 e_0，调节螺钉 7 的位置，便可改变偏心量 e_0。当泵的出口压力 p 较低时，则作用在柱塞 6 上的液压力也较小，假设柱塞的面积为 A、调压弹簧 3 的刚度为 K_s、预压缩量为 x_0，若此液压力小于左侧的弹簧作用力，即

$$pA < K_s x_0 \tag{4-23}$$

此时，定子在左侧弹簧 3 的作用下处于最右侧，定子相对于转子的偏心量最大，输出流量最大。随着外负载的增大，液压泵的出口压力 p 也将随之提高，当压力升至与弹簧力相平衡的控制压力 p_B 时，有

$$p_B A = K_s x_0 \tag{4-24}$$

当压力进一步升高，使 $pA > K_s x_0$，这时，若不考虑定子移动时的摩擦力，液压作用力就会克服弹簧力推动定子向左移动，随着泵的偏心量减小，泵的输出流量也减小。p_B 称为泵的限定压力，即泵处于最大流量时所能达到的最高压力，调节调压螺钉 2 即可改变弹簧的预压缩量 x_0 即可改变 p_B 的大小。

设定子的最大偏心量为 e_0，偏心量减小时，弹簧的附加压缩量为 x，则定子移动后的偏心量 e 为：

$$e = e_0 - x \tag{4-25}$$

这时，定子上的受力平衡方程式为

$$pA = K_s(x_0 + x) \tag{4-26}$$

将式 (4-24)、式 (4-26) 代入式 (4-25) 可得

$$e = e_0 - A\frac{p - p_B}{K_s} \quad (p \geqslant p_B) \tag{4-27}$$

式 (4-27) 表示了泵的工作压力与偏心量的关系，由此式可以看出，泵的工作压力愈高，偏心量就愈小，泵的输出流量也就愈小，且当 $p = K_s(e_0 + x_0)/A$ 时，泵的输出流量为零。

在上述工作过程中，控制定子移动是通过将液压泵出口的压力油引到柱塞上，然后再加到定子上实现的，这种控制方式称为外反馈式。

当负荷小时，泵输出流量大，负载可快速移动，当负载增加时，泵输出流量变少，输出压力增加，负载速度降低，如此可减小能量消耗，避免油温上升。

（二）特性曲线

1. AB 段

限压式变量叶片泵在工作过程中，当工作压力 p 小于预先调定的限定压力 p_B 时，液压作用力不能克服弹簧的预紧力，这时偏心距保持最大不变，因此泵的输出流量 q_A 不变，但由于供油压力增大时，泵的泄漏流量增加，所以泵的实际输出流量 q 也略有减少，如图 4-30 限压式变量叶片泵的特性曲线中的 AB 段所示。

调节流量调节螺钉 7（见图 4-29）可调节最大偏心量（初始偏心量）的大小，从而改变泵的最大输出流量 q_A，即特性曲线 AB 段上下平移。

2. BC 段

当泵的供油压力 p 超过预先调整的压力 p_B 时，液压作用力大于弹簧的预紧力，此时弹簧受压缩，定子向偏心量减小的方向移动，从而使泵的输出流量减小。压力愈高，弹簧压缩量愈大，偏心量愈小，输出流量愈小，其变化规律如特性曲线 BC 段所示。

调节弹簧预紧力调节螺钉 2 可改变限定压力 p_B 的大小，这时特性曲线 BC 段左右平移；而改变调压弹簧 3 的刚度可以改变 BC 段的斜率，弹簧越"软"（K_s 值越小），BC 段越陡，p_C 值越小；反之，弹簧越"硬"（K_s 值越大），BC 段越平坦，p_C 值亦越大。

当定子和转子之间的偏心量为零时，系统压力达到最大值，该压力称为截止压力，实际上由于泵的泄漏存在，当偏心量尚未达到零时，泵向系统提供的输出流量实际已为零。

（三）限压式变量叶片泵与双作用叶片泵的区别

1）在限压式变量叶片泵中，当叶片处于压油区时，叶片底部通压力油，当叶片处于吸油区时，叶片底部通吸油腔，这样，叶片的顶部和底部的液压力基本平衡，这就避免了定量叶片泵在吸油区定子内表面严重磨损的问题。如果在吸油腔叶片底部仍通压力油，叶片顶部就会给定子内表面以较大的摩擦力，以致减弱了压力

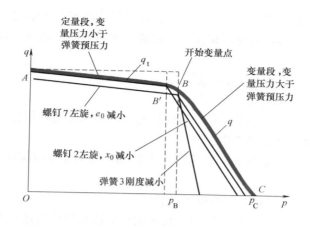

图 4-30 外反馈限压式变量泵的特性曲线

反馈的作用。

2）叶片也有倾角，但倾斜方向正好与双作用叶片泵相反，这是因为限压式变量叶片泵的叶片上下压力是平衡的，叶片在吸油区向外运动主要依靠其旋转时的离心力作用。根据力学分析，这样的倾斜方向更有利于叶片在离心力作用下向外伸出。

3）限压式变量叶片泵结构复杂，轮廓尺寸大，相对运动的机件多，泄漏较大，轴上承受不平衡的径向液压力，噪声较大，容积效率和机械效率都没有定量叶片泵高；但是，它能按负载压力自动调节流量，在功率使用上较为合理，可减少油液发热。

限压式变量叶片泵对既要实现快速行程，又要实现工作进给（慢速移动）的执行元件来说是一种合适的油源：快速行程需要大的流量，负载压力较低，正好使用特性曲线的 AB 段，工作进给时负载压力升高，需要流量减小，正好使用其特性曲线的 BC 段，因而合理调整拐点压力 p_B 是使用该泵的关键。目前这种泵被广泛用于要求执行元件有快速、慢速和保压阶段的中低压系统中，有利于节能和简化回路。

四、叶片泵的特点

1）流量较均匀，运转平稳，噪声较低。

2）轴承寿命长（径向力平衡）；内部密封性较好，容积效率 η_V 较高；额定输出压力 p 较高，可达 7MPa，高压叶片泵可达 20~30MPa。

普通双作用泵因为叶片底部通压油腔，而叶片转过吸入区时，顶端只承受吸入压力，故当压油区压力较高时，就会使叶片顶端与定子产生剧烈摩擦，这将严重影响泵的寿命。

除选用耐磨材料、保持油液清洁、并在保证强度和刚度的前提下尽量减小叶片厚度外，还必须采取各种特殊结构使叶片卸荷，采用浮动配油盘，以便利用油压力自动补偿端面间隙。

3）结构紧凑，尺寸较小而流量较大。

4）对工作条件要求较严。

叶片抗冲击较差，较容易卡住，对油液清洁度和黏度比较敏感。端面间隙或叶槽间隙不合适都会影响正常工作。

转速一般在500~2000r/min范围内，太低则叶片可能因离心力不够而不能压紧在定子表面。

5）结构较复杂，零件制造精度要求较高。

叶片泵多作为液压系统的工作泵，也可用作清洁油类的输送泵等。

五、使用注意事项

除需防干转和过载及防吸入空气和吸入真空度过大外，还要注意：

（1）泵转向改变，则其吸排油方向也改变　叶片泵都有规定的转向，不允许反转。因为转子叶槽有倾斜，叶片有倒角，叶片底部与排油腔通，配油盘上的节流槽和吸、排口是按既定转向设计。可逆转的叶片泵必须专门设计。

（2）叶片泵装配　配油盘与定子用定位销正确定位，叶片、转子、配油盘都不得装反。定子内表面吸入区部分最易磨损，必要时可将其翻转安装，以使原吸入区变为排出区而继续使用。

（3）拆装　注意工作表面清洁，工作时油液应很好过滤。

（4）叶片在叶槽中的间隙　间隙太大会使泄漏增加，太小则叶片不能自由伸缩，导致工作失常。

（5）叶片泵的轴向间隙　轴向间隙对容积效率 η_V 影响很大，小型泵的轴向间隙一般在 $-0.015 \sim 0.03\mathrm{mm}$，中型泵的轴向间隙一般在 $-0.02 \sim 0.045\mathrm{mm}$。

（6）油液的温度和黏度　温度一般不宜超过55℃，黏度要求在 $17 \sim 37\mathrm{mm}^2/\mathrm{s}$ 之间。黏度太大则吸油困难；黏度太小则泄漏严重。

六、叶片泵的应用

1）因叶片甩出力、吸油速度和磨损等因素的影响，泵的转速不能太大，也不宜太小，一般可在600~2500r/min范围内使用。

2）要注意油液的清洁，油不清洁容易使叶片卡死。

3）在工作环境较污秽、速度范围变化较大的机械上应用相对较少。

4）在工作可靠性要求很高的地方，如飞机上，也很少应用。

5）叶片泵在中、低压液压系统尤其在机床行业中应用最多。其中单作用式叶片泵常做变量泵使用，其额定压力较低（6.3MPa），常用于组合机床、压力机械等。

6）双作用式叶片泵只能做定量泵使用，其额定压力可达 14～21MPa，在各类机床（尤其是精密机床）设备，如注塑机、运输装卸机械及工程机械等中压系统中得到广泛应用。

第四节　柱　塞　泵

柱塞泵是靠柱塞在缸体中做往复运动引起密封容积的变化来实现吸油与排油的液压泵，与齿轮泵和叶片泵相比，具有诸多优点。

1）构成密封容积的零件为圆柱形的柱塞和缸孔，加工方便，可得到较高的配合精度，密封性能好，在高压工作时仍有较高的容积效率。

2）只需改变柱塞的工作行程就能改变排量，易于实现变量。

3）柱塞泵中的主要零件均受压应力作用，材料强度性能可得到充分利用，寿命长，单位功率重量小。

4）柱塞泵的功率密度高。

5）工作压力高，一般可以达到 20～40MPa，最高甚至可达到 100MPa。

6）流量大。

由于柱塞泵压力高、结构紧凑、效率高、流量调节方便，故在需要高压、大流量、大功率的系统中和流量需要调节的场合，如龙门刨床、拉床、液压机、工程机械、矿山冶金机械、船舶上得到广泛的应用。

柱塞泵按柱塞的排列和运动方向不同，可分为径向柱塞泵和轴向柱塞泵两大类，如图 4-31 所示，为了连续吸油和压油，柱塞数必须大于等于 3。

a)

b)

图 4-31　柱塞泵

a）轴向柱塞泵　b）径向柱塞泵

一、轴向柱塞泵

轴向柱塞泵（Axial piston pump）可分为斜盘式（图 4-32a）和斜轴式（图 4-32b）两种，这两种泵都可作变量泵，通过调节斜盘倾角 γ，即可改变泵的输出流量。

图 4-32　轴向柱塞泵

a）斜盘式　b）斜轴式

（一）斜盘式轴向柱塞泵

1. 工作原理

柱塞置于缸体孔中，其轴线与传动轴的轴线一致，柱塞的另一端通过滑靴与斜盘滑动配合，斜盘的倾角可以改变，缸体随着传动轴一起转动。由于缸体的轴线与斜盘的轴线成一角度，所以柱塞会在缸体孔中前后移动，外伸时完成吸油过程，内缩时完成排油过程，如图 4-33 所示。

图 4-33　斜盘式轴向柱塞泵结构示意图和典型实物图

2. 排量计算

斜盘式轴向柱塞泵的结构示意图如图 4-34 所示，单个柱塞的密封容积变化为

$$\Delta V = Ah = \frac{\pi d^2}{4}h = \frac{\pi d^2}{4}D\tan\delta \tag{4-28}$$

若有 Z 个柱塞，则其排量为

$$V = \Delta V Z = \frac{\pi d^2}{4} D \tan\delta Z \qquad (4-29)$$

其输出的实际流量为

$$q = V n \eta_V = \frac{\pi d^2}{4} D \tan\delta Z n \eta_V \quad (4-30)$$

式中　d——柱塞直径；

$\quad\quad D$——柱塞分布圆直径；

$\quad\quad \delta$——斜盘倾角；

$\quad\quad Z$——柱塞数；

$\quad\quad n$——转速；

$\quad\quad \eta_V$——容积效率。

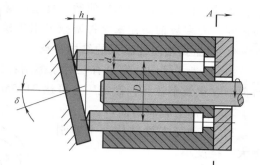

图 4-34　斜盘式轴向柱塞泵的结构示意图

3. 流量脉动

斜盘式轴向柱塞泵的瞬时输出流量不是常数，而是按正弦规律变化，如图 4-35 所示的速度变化。

柱塞位移方程为

$$s = \frac{D}{2} \tan\delta - \frac{D}{2} \cos\omega t \tan\delta \qquad (4-31)$$

将位移方程对时间求导得柱塞的瞬时移动速度：

$$v = \frac{\mathrm{d}s}{\mathrm{d}t} = \frac{D\omega}{2} \tan\delta \sin\omega t \qquad (4-32)$$

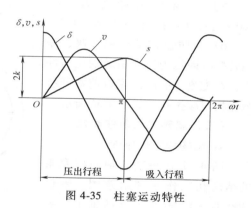

图 4-35　柱塞运动特性

则单个柱塞的瞬时流量为

$$q'_V = \frac{\pi}{4} d^2 v = \frac{\pi}{8} d^2 D\omega \tan\delta \sin\omega t \qquad (4-33)$$

流量脉动率为

$$\sigma_q = \begin{cases} 2\sin^2\dfrac{\pi}{4z} & Z \text{ 为奇数} \\[2mm] 2\sin^2\dfrac{\pi}{2z} & Z \text{ 为偶数} \end{cases} \qquad (4-34)$$

整个泵的瞬时流量是位于压油区的几个柱塞瞬时流量的总和，显然呈脉动变化。不同柱塞数目与脉动率的关系见表 4-2。

表 4-2　不同柱塞数目与脉动率的关系

柱塞数	5	6	7	8	9	10	11	12
脉动率 σ（%）	4.98	14	2.53	7.8	1.53	4.98	1.02	3.45

从表 4-2 看出，不论是奇数个柱塞还是偶数个柱塞，柱塞数越多，脉动率越

小；奇数个柱塞的脉动率比偶数个柱塞的脉动率小很多。但过多的柱塞会削弱缸体的强度。大多数轴向柱塞泵柱塞数采用 7 或 9 个，有时小排量泵可采用 5 个。

4. 斜盘式轴向柱塞泵的结构特点

1）斜盘式轴向柱塞泵有三对摩擦副：柱塞与缸体孔，缸体与配流盘，滑履与斜盘。容积效率较高，额定压力可达 31.5MPa。

2）泵体上有泄漏油口。

3）主轴简支梁结构：主轴刚度大、挠度小。

4）倾覆力矩：斜盘承受油液的反作用力、离心力、冲击力。

5）斜盘最大倾角为 20°；100%通轴（带补油泵+其他主泵）。

6）为防止密闭容积在吸、压油转换时因压力突变引起的压力冲击，在配流盘的配流窗口前端开有减振槽或减振孔，如图 4-36 所示。

（二）斜轴式轴向柱塞泵

1. 结构和工作原理

图 4-37 是斜轴式轴向柱塞泵的结构和工作原理示意图，锥形柱塞的球状端连在驱动轴上，另一端则插在缸体孔中，缸体的轴线与传动轴的轴线成一角度（图

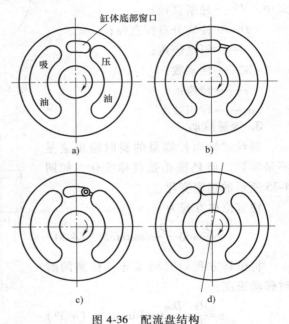

图 4-36　配流盘结构

a）对称结构　b）减振槽　c）减振孔　d）偏转结构

4-37）。传动轴通过柱塞带动缸体转动，柱塞则在缸体孔中来回移动，并通过与缸体配合的配油盘完成吸油和排油的过程。在变量泵中，缸体与传动轴的夹角可以在特定的范围内无级变化，从而改变泵的排量，而在定量泵中，这个倾角是固定不变的。

在作液压泵使用时，改变倾角和转速可以改变泵的输出流量；这种斜轴式的设

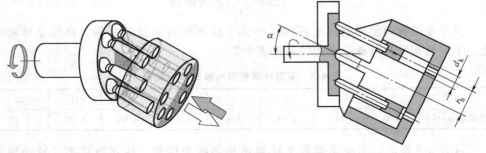

图 4-37　斜轴式轴向柱塞泵的结构和工作原理示意图

计使得柱塞作用在缸体上的径向力非常小，而缸体与配流盘之间的球面配合也使得在转动过程中的泄漏很小。即使在高压下，缸体和配流盘之间的压力油膜也能保证最小的泄漏量，从而能够保证很高的容积效率。柱塞受力状态较斜盘式好，不仅可增大摆角来增大流量，且耐冲击、寿命长。

图 4-38 为定量泵组件柱塞的受力情况。在传动轴法兰上进行力的分解。对泵而言，转矩力转化成了活塞的作用力。

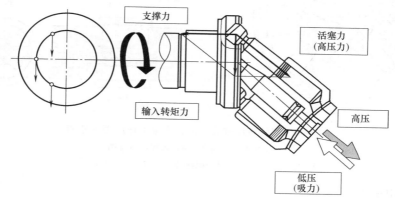

图 4-38　柱塞受力示意图

2. 排量和流量

斜轴式轴向柱塞泵的排量和流量计算与斜盘式轴向柱塞泵的相同，在此不再赘述。

二、径向柱塞泵

径向柱塞泵中，柱塞运动方向与液压缸体的中心线垂直，又可分为固定液压缸式和回转液压缸式两种，如图 4-39 所示。

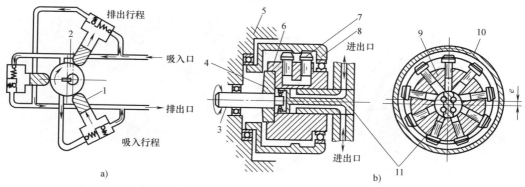

图 4-39　径向柱塞泵结构示意图

a）固定液压缸式径向柱塞泵　b）回转液压缸式径向柱塞泵

1—柱塞　2—偏心凸轮　3—轴　4—凸缘（回转）　5—本体　6、9—缸体　7—活塞
8—转子　10—转子　11—分配轴（固定）

1. 结构特点和工作原理

图 4-40 所示是回转液压缸式径向柱塞泵的工作原理示意图，由图看出：

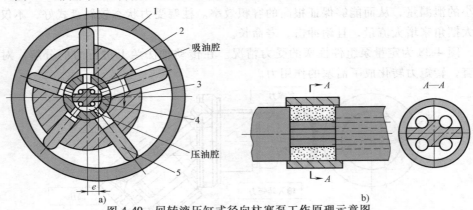

图 4-40　回转液压缸式径向柱塞泵工作原理示意图

a）工作原理示意图　b）轴配流示意图

1—定子　2—转子　3—配流轴　4—衬套　5—柱塞

1）定子不动。

2）缸体（转子）转动。

3）定转子之间有偏心距 e。

4）配油轴不动。

5）衬套与缸体紧配合。

6）转子、柱塞和配流轴之间形成密封工作容积。

7）柱塞在离心力作用下伸出，从而形成工作容积的周期性变化。

图 4-41 是摆动缸式径向柱塞泵的工作原理示意图和产品外观图，其工作过程

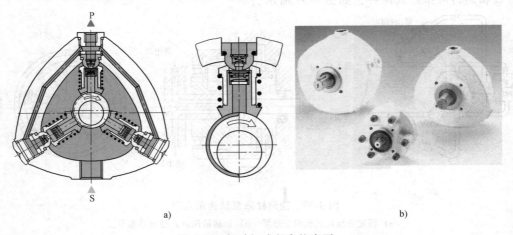

图 4-41　摆动缸式径向柱塞泵

a）工作原理示意图　b）产品图片

是柱塞在凸轮的带动下，在缸体内上下往复运动，从而完成吸油和压油过程。

径向柱塞泵的工作压力较大，轴向尺寸较小，工作可靠，寿命较长；但体积较大，结构复杂，转速较低。

2. 排量和流量

单个柱塞在一个吸排油过程中的体积变化为

$$\Delta V = Ah = \frac{\pi d^2}{4} 2e = \frac{\pi d^2}{2} e \tag{4-35}$$

则具有 Z 个柱塞的径向柱塞泵的排量为

$$V = \Delta VZ = \frac{\pi d^2}{2} eZ \tag{4-36}$$

输出流量为

$$q = \frac{\pi d^2}{2} eZn\eta_V \tag{4-37}$$

改变偏心距 e 的大小，可以调节径向柱塞泵的排量，做变量泵使用；如果改变偏心距 e 的方向，则可以做双向泵使用。

三、柱塞泵的变量控制

为了满足液压系统对油源的多种要求，需要对液压泵进行变量控制，如图4-42所示，主要控制以下三个方面：

1）压力控制，包括恒压控制和负载敏感控制。

2）流量控制。

3）功率控制。

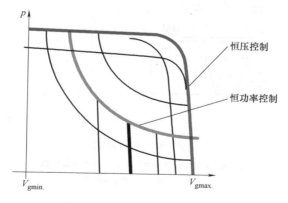

图 4-42　液压泵的变量控制

1. 恒压控制

调节控制阀 4 右侧的弹簧预压缩量，即可以调整液压泵的工作压力，如图4-43所示。

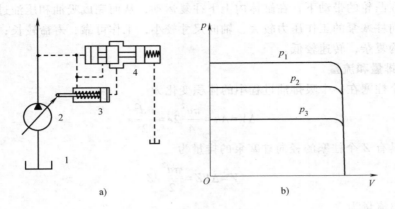

图 4-43　恒压变量控制

a）恒压变量控制原理图　b）恒压变量特性

1—油箱　2—泵主体　3—变量液压缸　4—控制阀

2. 恒流控制

如图 4-44 所示，调整液压泵出口节流阀的开口大小，即可以调整液压泵的输出流量。节流阀前后分别接到控制阀 1 的两侧，因此可以保证其前后压差不变，从而稳定液压泵的输出流量。

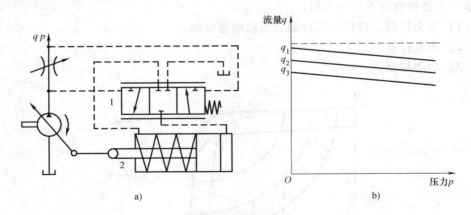

图 4-44　恒流控制

a）恒流变量控制原理图　b）恒流变量特性

1—控制阀　2—变量液压缸

3. 恒功率控制

如图 4-45a 所示，改变恒功率控制阀 5 右侧的弹簧预紧力，即可以改变液压泵的输出功率等级。在实际使用时，一般是按照图 4-45b 所示曲线来近似代替图 4-45c 中的光滑理想曲线。

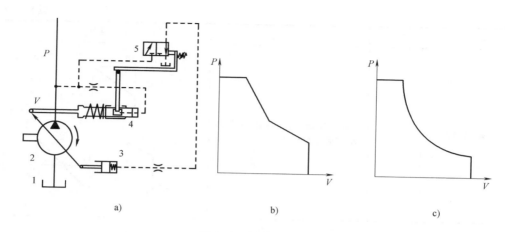

图 4-45 恒功率控制

a）恒功率控制原理图 b）实际的控制曲线 c）理想的控制曲线

1—油箱 2—泵主体 3—下变量液压缸 4—上变量液压缸 5—恒功率控制阀

另外，液压泵的控制方式，可以分为手动控制 MA、机械先导控制 MD、电动机控制 EM、直接液压控制 DG、液压控制（行程相关）HW、液压控制（与先导压力成比例）HD 等方式，具体参看表 4-3。

表 4-3 液压泵的控制方式

控制方式	简称	中文描述	特性曲线
机械-手动控制	MA	手动控制	
	MD	机械先导控制	
	EM	电动机控制	
液压-机械控制	DG	直接液压控制,压力相关	
	HW	液压控制,行程相关,有时零位有死区	

121

（续）

控制方式	简称	中文描述	特性曲线
液-液控制	HD	液压控制，与先导压力成比例，有时存在死区	
电-液控制	EZ	利用开关型电磁铁控制	
电-液控制	EP	开式回路，利用比例电磁铁控制	
	ES	闭式回路，利用伺服阀控制	
液压控制	HM	与先导流量成比例	
液压控制	HS	利用内置电液伺服阀控制，与控制电流成比例	
	EO	利用内置比例阀控制，带电放大器，闭式回路	

第五节　液压泵的选用和注意事项

一、使用液压泵的主要注意事项

1）在安装前彻底清洗管道，清除赃物、锈垢、沙粒、铁屑等。特别对焊接管道，必须用酸洗并冲洗干净。

2）液压泵起动前，必须保证其壳体内已充满油液，否则液压泵会很快损坏，有的柱塞泵甚至会立即损坏。

3）液压泵的吸油口和排油口的过滤器应及时进行清洗，因为污物阻塞会导致泵工作时的噪声大、压力波动严重或输出油量不足，并易使泵出现更严重的故障。

4）应避免在油温过低或过高的情况下起动液压泵。油温过低时，由于油液黏度大会导致吸油困难，严重时会很快造成泵的损坏。油温过高时，油液黏度下降，不能在金属表面形成正常油膜，使润滑效果降低，泵内的摩擦副发热加剧，严重时会烧结在一起。

5）液压泵的吸油管不应与系统回油管相连接，避免系统排出的热油未经冷却直接吸入液压泵，使液压泵乃至整个系统油温上升，并导致恶性循环，最终使元件或系统发生故障。

6）在自吸性能差的液压泵的吸油口设置过滤器，随着污染物的积聚，过滤器压降会逐渐增加，液压泵的最低吸入压力将得不到保证，会造成液压泵吸油不足，出现振动及噪声，直至损坏液压泵。

7）对于大功率液压系统，电动机和液压泵的功率都很大，工作流量和压力也很高，会产生较大的机械振动。为防止这种振动直接传到油箱而引起油箱共振，应采用橡胶软管来连接油箱和液压泵的吸油口。

8）起动之前要判断电动机旋转方向是否和液压泵的旋转方向匹配：泵的旋转方向（顺时针和逆时针）的定义是从轴端看。

二、液压泵类型的选用原则

1）是否要求变量：径向柱塞泵、轴向柱塞泵、单作用叶片泵可作变量泵。

2）工作压力：柱塞泵压力 31.5MPa；叶片泵压力 6.3MPa，高压化以后可达 16MPa；齿轮泵压力 2.5MPa，高压化以后可达 21MPa。

3）工作环境：齿轮泵的抗污染能力最好。

4）噪声指标：低噪声泵有内啮合齿轮泵、双作用叶片泵和螺杆泵，双作用叶片泵和螺杆泵的瞬时流量较均匀。

5）效率：轴向柱塞泵的总效率最高；同一结构的泵，排量大的泵总效率高；同一排量的泵在额定工况下总效率最高。

选择液压泵时还需要考虑的因素：工作介质、期望的速度范围、最低和最高工作温度、安装要求（配管方式等）、驱动方式（联轴器等）、期望的使用寿命、维护容易度、最高造价等。

各种液压泵的基本参数如表 4-4 所示，液压系统中常用液压泵的性能比较如表 4-5 所示。

表 4-4　各种液压泵的基本参数

液压泵种类	额定压力/MPa	额定转速/(r/min)	额定排量/mL	是否变量
外啮合齿轮泵	最高 30	500~6000	0.2~200	定量
内啮合齿轮泵	最高 30	500~3000	3~250	定量
单作用叶片泵	最高 7	1000~3000	0.5~100	变量
径向柱塞泵	最高 100	1000~2000	5~100	定量/变量
斜轴式柱塞泵	35	500~3000	5~1000	定量/变量
斜盘式柱塞泵	45	500~3000	10~1000	定量/变量

表 4-5　液压系统中常用液压泵的性能比较

性能	外啮合齿轮泵	双作用叶片泵	限压式变量叶片泵	径向柱塞泵	轴向柱塞泵	螺杆泵
输出压力	低压	中压	中压	高压	高压	低压
流量调节	不能	不能	能	能	能	不能
效率	低	较高	较高	高	高	较高
输出流量脉动	很大	很小	一般	一般	一般	最小
自吸特性	好	较差	较差	差	差	好
对油的污染敏感性	不敏感	较敏感	较敏感	很敏感	很敏感	不敏感
噪声	大	小	较大	大	大	最小

三、液压泵的参数计算

液压泵的选择，通常是先根据对液压泵的性能要求来选定液压泵的型式，再根据液压泵所应保证的压力和流量来确定它的具体规格。

1. 压力

液压泵的工作压力是根据执行元件的最大工作压力来决定的，考虑到各种压力损失，泵的最大工作压力 p_P 可按下式确定：

$$p_P \geqslant k_p p_{HC} \tag{4-38}$$

式中　p_P——液压泵所需要提供的压力（Pa）；

　　　k_p——系统中压力损失系数，取 1.3~1.5；

　　　p_{HC}——液压缸中所需的最大工作压力（Pa）。

2. 流量

液压泵的输出流量取决于系统所需最大流量及泄漏量，即

$$q_P \geq k_n q_{HC} \tag{4-39}$$

式中　q_P——液压泵所需输出的流量（m^3/min）；

　　　k_n——系统的泄漏系数，取 1.1~1.3；

　　　q_{HC}——液压缸所需提供的最大流量（m^3/min）。

若为多液压缸同时动作，q_P 应为几个液压缸所需的最大流量之和。在 q_P、p_P 求出以后，就可具体选择液压泵的规格，选择时应使实际选用泵的额定压力大于所求出的 p_P 值，通常可放大 25%。泵的额定流量略大于或等于所求出的 q_P 值即可。

3. 电动机选择

驱动液压泵所需的电动机功率可按下式确定：

$$P_M = \frac{p_P q_P}{60\eta} \tag{4-40}$$

式中　P_M——电动机所需的功率（kW）；

　　　η——泵的总效率。

各种泵的总效率大致为：齿轮泵 0.6~0.7；叶片泵 0.6~0.75；柱塞泵 0.8~0.85。

4. 液压泵选用计算举例

【例 4-2】　已知某液压系统如图 4-46 所示，工作时，活塞上所受的外载荷 $F = 9720N$，活塞有效工作面积 $A = 0.008m^2$，活塞运动速度 $v = 0.04m/s$。问应选择额定压力和额定流量为多少的液压泵？驱动它的电机功率应为多少？

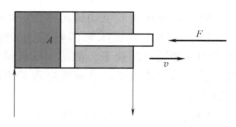

图 4-46　液压缸例 4-1 图

【解】　根据液压缸所取得的负载，计算工作腔的压力：

$$p = \frac{F}{A} = \frac{9720}{0.008}Pa = 1.215MPa$$

取 $k_p = 1.3$，则 $p_P \geq k_p p_{HC} = 1.3 \times 1.215MPa = 1.5795MPa$

按照液压系统的压力等级，选择额定压力等级为 1.6MPa 的液压泵。

输入到工作腔的流量为

$$q = vA = 0.04 \times 0.008 \times 10^3 \times 60 L/min = 19.2 L/min$$

取 $k_n = 1.2$，则 $q_P \geq k_n q_{HC} = 1.2 \times 19.2 L/min = 23.04 L/min$，选择额定流量为 32L/min 的液压泵。

驱动该液压泵的电动机功率为：$P = pq = (1.6 \times 32)/60 kW = 0.85 kW$

【例 4-3】　如图 4-46 所示的液压系统，已知负载 $F = 30kN$，活塞有效面积 $A =$

0.01m^2，空载时的快速前进速度为 0.05m/s，负载工作时的前进速度为 0.025m/s，选取 $k_p = 1.5$，$k_{fl} = 1.3$。试从下列已知泵中选择一台合适的泵，并计算其相应的电动机功率。

已知泵如下：

YB-32 型叶片泵，$q_n = 32\text{L/min}$，$p_n = 63\text{kgf/cm}^2$（约 6.3MPa）

YB-40 型叶片泵，$q_n = 40\text{L/min}$，$p_n = 63\text{kgf/cm}^2$（约 6.3MPa）

YB-50 型叶片泵，$q_n = 50\text{L/min}$，$p_n = 63\text{kgf/cm}^2$（约 6.3MPa）

【解】　根据液压缸所驱动的负载，计算工作腔的压力：

$$p = \frac{F}{A} = \frac{30}{0.01}\text{kPa} = 3\text{MPa}$$

取 $k_p = 1.5$，则 $p_P \geq k_p p_{HC} = 1.5 \times 3\text{MPa} = 4.5\text{MPa}$

三种液压泵的额定压力均满足要求。

空载时的运动速度高，所需流量大，因此以空载流量为计算依据。输入到工作腔的流量为

$$q = vA = 0.05 \times 0.01 \times 10^3 \times 60\text{L/min} = 30\text{L/min}$$

取 $k_{fl} = 1.3$，则 $q_P \geq k_{fl} q_{HC} = 1.3 \times 30\text{L/min} = 39\text{L/min}$，选择额定流量为 40L/min 的液压泵。

故应该选择 YB-40 型叶片泵。

驱动该液压泵的电动机功率为：$P = pq = (4.5 \times 40)/60\text{kW} = 3\text{kW}$

【例 4-4】　某液压泵的转速为 950r/min，排量为 $V = 168\text{mL/r}$，在额定压力 29.5MPa 和同样转速下，测得实际流量为 150L/min，额定工况下的总效率为 0.87，求：①泵的理论流量；②泵的容积效率和机械效率；③泵在额定工况下，所需电动机驱动功率。

【解】　1）液压泵在转速 950r/min 时的理论流量为

$$q_{th} = Vn = 168 \times 950 \times 10^{-3}\text{L/min} = 159.6\text{L/min}$$

2）泵的容积效率：$\eta_V = \dfrac{q_{ac}}{q_{th}} = \dfrac{150}{159.6} = 0.94$

机械效率：$\eta_m = \dfrac{\eta}{\eta_V} = \dfrac{0.87}{0.94} = 0.93$

3）在额定工况下，电动机的驱动功率为

$$P = \frac{pq}{60\eta} = \frac{29.5 \times 150}{60 \times 0.87}\text{kW} = 84.77\text{kW}$$

【例 4-5】　已知某液压系统工作时所需最大流量 $q = 5 \times 10^{-4}\text{m}^3/\text{s}$，最大工作压力 $p = 4\text{MPa}$，取 $k_p = 1.3$，$k_{fl} = 1.1$，试从下列表中选择液压泵。

| 1 | CB-B50 型泵 | $q = 50\text{L/min}$ | $p = 2.5\text{MPa}$ |
| 2 | YB-40 型泵 | $q = 40\text{L/min}$ | $p = 6.3\text{MPa}$ |

【解】　取 $k_p = 1.3$，则 $p_P \geqslant k_p p_{HC} = 1.3 \times 4\mathrm{MPa} = 5.2\mathrm{MPa}$，泵 1 不满足压力要求，故应该选择额定压力为 6.3MPa 的液压泵 2。

另外，验证流量是否满足要求：

取 $k_{fl} = 1.1$，则 $q_P \geqslant k_{fl} q_{HC} = 1.1 \times 5 \times 10^{-4} \times 10^3 \times 60\mathrm{L/min} = 33\mathrm{L/min} < 40\mathrm{L/min}$，因此，液压泵 YB-40 满足要求。

第六节　液 压 马 达

液压马达是将液压能转换成机械能，使负载作连续旋转运动的执行元件，其内部构造与液压泵类似，差别仅在于液压泵的旋转是由电动机所带动，输出的是液压油；液压马达则是输入液压油，输出的是转矩和转速。因此，液压马达和液压泵在内部结构上存在一定的差别。

一、分类及特点

按液压马达的额定转速分为高速和低速两大类。

额定转速高于 500r/min 的属于高速液压马达，额定转速低于 500r/min 的属于低速液压马达。

高速液压马达的基本形式有齿轮式、螺杆式、叶片式和轴向柱塞式等。高速液压马达的主要特点是转速高、转动惯量小，便于起动和制动。通常高速液压马达输出转矩不大（仅几十 N·m 到几百 N·m），所以又称为高速小转矩液压马达。

低速液压马达的基本形式是径向柱塞式，低速液压马达的主要特点是排量大、体积大、转速低（每分钟几转甚至零点几转）、输出转矩大（几千 N·m 到几万 N·m），所以又称为低速大转矩液压马达。

液压马达的图形符号如图 4-47 所示。

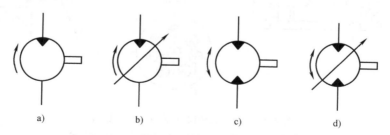

a)　　　　　　　b)　　　　　　　c)　　　　　　　d)

图 4-47　液压马达的图形符号

a）单向定量液压马达　b）单向变量液压马达　c）双向定量液压马达　d）双向变量液压马达

二、工作原理

（一）斜盘式轴向柱塞马达

以斜盘式轴向柱塞马达为例说明液压马达的工作原理，如图 4-48 所示。斜盘 1

和配流盘 4 固定不动，柱塞 3 可以在缸体 2 内移动，斜盘中心线与缸体轴线相交一个倾角 α。高压油经配流盘窗口进入缸体的柱塞孔时，处于高压腔中的柱塞被压力油推出，压在斜盘 1 上，斜盘对柱塞的反作用力 F_N 可以分解为两个分力，轴向分力 F_x 与作用在柱塞上的液压力相平衡，切向分力 F_y 由于没有与其可以相平衡的力，因此相当于给缸体施加了一个转矩，从而带动马达输出轴 5 旋转。设第 i 个柱塞和缸体的垂直中心线夹角为 θ，则该柱塞上产生的转矩为

$$T_i = F_y r = F_x r \tan\alpha = pR\,\frac{\pi d^2}{4}\tan\alpha\sin\theta \tag{4-41}$$

式中　R——柱塞在缸体中的分布圆半径。

则液压马达产生的转矩应是处于高压腔的柱塞产生的转矩的总和，即

$$T = \sum pR\,\frac{\pi d^2}{4}\tan\alpha\sin\theta \tag{4-42}$$

随着 θ 角度的变化，每个柱塞产生的转矩也是变化的，故液压马达产生的总转矩也是脉动的，它的脉动与前述液压泵的流量脉动情况类似，在此不再赘述。

轴向柱塞马达具有功率密度大、工作压力高、效率高和容易实现变量等优点而获得广泛应用；但是，轴向柱塞马达的结构复杂、对油液污染敏感、对过滤精度要求高，且价格较贵，在一定程度上限制了它在中低端液压系统中的应用。

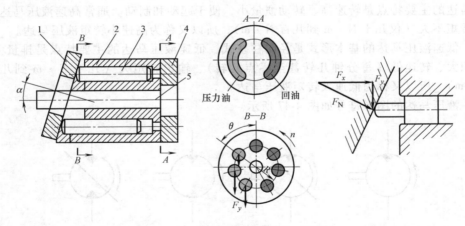

图 4-48　斜盘式轴向柱塞马达工作原理
1—斜盘　2—缸体　3—柱塞　4—配流盘　5—输出轴

（二）斜轴式柱塞马达

从图 4-49 中可以看出斜盘式轴向柱塞马达在起动阶段力偶所产生静摩擦力较大，此时效率较低。因此在起动频繁的场合，基本不采用斜盘式结构马达。斜盘式和斜轴式轴向柱塞马达的机械效率随马达进出口压差的变化规律如图 4-49 所示，斜轴式的效率明显优于斜盘式。由于液压挖掘机的工况较为恶劣，当前应用于工程

机械的液压马达也几乎全部都是斜轴式柱塞马达。

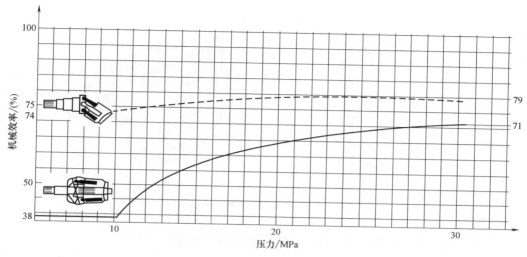

图 4-49 同一规格的斜盘式和斜轴式柱塞马达的机械效率对比曲线

如图 4-50 所示，进出口压力油作用于柱塞 2，推力通过连杆 1 作用于驱动板，由于进出口压力差的存在决定了作用于驱动板 8 转矩差的存在，从而使驱动板 8 转动。依靠连杆 1 与柱塞 2 内壁接触，驱动板 8 带动缸体 3 一起转动，通过驱动板 8 和连杆 1 带动柱塞往复运动，完成进油和出油过程。

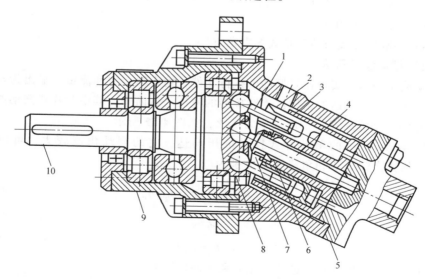

图 4-50 斜轴式轴向柱塞液压马达结构图

1—连杆 2—柱塞 3—缸体 4—中心销 5—配流盘 6—球面衬套

7—弹簧 8—驱动板 9—外壳 10—主轴

　　液压马达受力分析如图 4-51 所示，液压马达的理论转矩以及各阻力转矩计算如下。

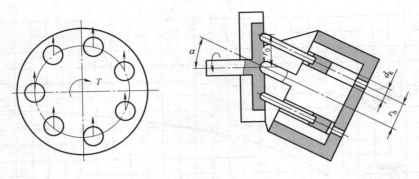

图 4-51　斜轴式轴向柱塞液压马达受力图

　　进出口压力油作用力经柱塞、连杆对输出轴产生的理论转矩为

$$T_t = ZA\Delta p r_0 \times 10^6 \sin\alpha = \frac{V\Delta p}{2\pi} \tag{4-43}$$

式中　A——柱塞面积（m^2）；

　　　Z——柱塞数；

　　　r_0——柱塞缸内液压力传递到驱动板的力作用半径（m）；

　　　V——液压马达排量（mL/r）；

　　　Δp——压差（MPa）；

　　　α——缸体轴线与传动轴线的夹角（°）。

（三）摆动液压马达

　　摆动液压马达是实现往复摆动的执行元件，输入为压力和流量，输出为转矩和角速度。摆动液压马达的结构比连续旋转的液压马达简单，其中叶片式摆动液压马达（或称为摆动液压缸）的应用最为广泛，如图 4-52 所示。

　　如图 4-52a 所示的单叶片式摆动液压马达，它的摆动角度较大，可以达到300°。它的输出转矩 T 和角速度 ω 分别为

$$T = \frac{b}{2}(R_2^2 - R_1^2)(p_1 - p_2)\eta_m \tag{4-44}$$

$$\omega = \frac{2q\eta_V}{b(R_2^2 - R_1^2)} \tag{4-45}$$

式中　p_1、p_2——摆动马达进油口压力和回油口压力；

　　　η_V、η_m——摆动马达的容积效率和机械效率；

　　　q——摆动马达的输入流量；

　　　b——叶片宽度；

R_1、R_2——摆动马达转子和定子的半径。

如图 4-52b 所示的双叶片式摆动液压马达的摆动角度小于 180°，可达 150°。它的输出转矩是单叶片摆动马达的两倍，角速度则是单叶片式的一半。

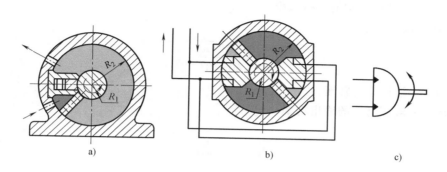

图 4-52 摆动液压马达

a）单叶片式摆动液压马达 b）双叶片式摆动液压马达 c）图形符号

三、液压马达与液压泵的区别

从原理上讲，液压泵与液压马达可以互换，但结构有差异，主要表现在：

1）泵的进油口比出油口大，马达的进、出油口相同。

2）泵在结构上要求有自吸能力。

3）马达要正反转，结构具有对称性；泵单方向转，不要求对称。

4）马达应保证能在较宽速度范围内正常工作，特别是最低稳定转速。

5）液压马达应有较大的起动转矩和较小的脉动。

四、液压马达的参数计算

与液压泵不同，液压马达的输入量是液体的压力和流量，输出量是转矩和转速（角速度）。理论上液压马达输入、输出功率相等，从而有如下关系：

$$\Delta p q_{ac} = T_{th} \omega \tag{4-46}$$

即：

$$\Delta p V n = T_{th} 2\pi n \tag{4-47}$$

式中 q_{ac}——输入液压马达的实际流量（m^3/min）；

ω——马达角速度（rad/min）；

T_{th}——理论转矩（N·m）；

Δp——马达的输入压力与马达出口压力差（Pa）。

故：

$$T_{th} = \frac{\Delta p V}{2\pi} \tag{4-48}$$

$$T_{ac} = \eta_m T_{th} \qquad (4\text{-}49)$$

式中　T_{ac}——液压马达实际输出转矩；

　　　V——马达排量；

　　　η_m——液压马达的机械效率。

马达的输出功率：

$$P_r = \frac{2\pi n T_{ac}}{60 \times 10^3}$$

式中　n——液压马达转速；

　　　P_r——液压马达的输出功率（kW）。

小　　结

本章主要介绍了几种典型的液压泵和液压马达的结构、工作原理和特点，总结如下。

1. 液压泵正常工作的三个必要条件

①有密闭容积；②密闭容积周期性变化；③吸油区与压油区隔离。

2. 齿轮泵

分为外啮合与内啮合两大类，以外啮合齿轮泵为例介绍。

1）排量固定，一般用作定量泵。

2）存在三条主要的泄漏通道：齿顶与齿轮壳内壁的径向间隙泄漏，约占总泄漏的 10%~15%；齿面啮合处的泄漏；齿轮端面与两侧端盖之间的轴向密封之间的轴向泄漏，约占总泄漏的 80%~85%。

3）存在径向不平衡力。

4）对于直齿啮合的齿轮泵而言，存在困油现象。

3. 叶片泵

又分为单作用和双作用两种，以表格形式对比两者的特点。

表 4-6　叶片泵的特点对比

项目	单作用叶片泵	双作用叶片泵
定、转子	定子内径和转子外径都为圆柱面，偏心安装	定子由 8 段圆弧组成，转子外径为圆柱面，同心安装
排量是否可变	是	否
吸排油次数	各 1 次	各 2 次
叶片伸出方式	离心力	压力油
叶片根部	通工作腔	通高压油
叶片倾角	后倾	前倾

（续）

项目	单作用叶片泵	双作用叶片泵
叶片倒角	后倒角	后倒角
径向力	有不平衡径向力	无不平衡径向力
叶片数	奇数，一般 13 或 15	4 的倍数，一般 12 或 16
困油现象	有	无

外反馈式限压变量泵的最大流量点、最大压力点和变量转折点如图 4-30 所示。

4. 柱塞泵

分为轴向柱塞泵和径向柱塞泵，轴向柱塞泵又分为斜盘式和斜轴式，均可做变量泵使用。

5. 液压马达

液压马达在原理上与液压泵互逆，但由于在液压系统中的作用不同，因此一般不能替换使用，主要表现在：

1）泵的进油口比出油口大，马达的进、出油口相同。

2）泵在结构上要求有自吸能力。

3）马达要正反转，结构具有对称性；泵单方向转，不要求对称。

4）液压马达应有较大的起动转矩和较小的脉动。

5）希望液压马达的转速范围大，特别是最低稳定转速。

习　　题

4-1　填空

1. 液压泵是将（　　　）能转化成（　　　　）能。

2. 外形体积相差不大的液压泵和电动机，则（　　　）的功率更大。

3. 齿轮泵的进油口比出油口（　　　　）。

4. 齿轮泵解决径向不平衡力的方法可以采用减小（　　）直径，对于这种泵来说，只能作为单向旋转泵使用。

5. 一个液压泵/马达，由于铭牌丢失，无法辨认属于哪种元件，将其拆下后发现：

1）如果其进出油口大小相等，说明是（　　　）。

2）如果将外壳拆掉后发现是转子带叶片且转子和定子偏心安装，且叶片没有安装在转子的径向，说明是（　　　　）。

3）如果发现其外壳上有两个调整螺钉，可初步断定其为（　　　　　　）。

4-2　判断

1. 对旋转方向相同的液压泵和液压马达来说，它们的高压区和低压区是一样

的。（　　　）

2. 液压泵和液压马达除了结构上有要求外，都要求能带载起动，具有较大的起动转矩。（　　　）

3. 流量可变的液压泵属于变量泵。（　　　）

4. 对液压泵而言，其输出功率是理论流量与工作压力的乘积。（　　　）

5. 液压泵的输入功率小于驱动电动机从电网吸收的功率。（　　　）

6. 齿轮泵可以做变量泵使用。（　　　）

7. 外啮合齿轮泵的输出流量不存在脉动现象。（　　　）

8. 内啮合齿轮泵与外啮合齿轮泵一样，存在困油现象。（　　　）

9. 内啮合齿轮泵的定子比转子少一个齿，因此不存在困油现象。（　　　）

10. 为了避免在油箱上开过多的孔从而引起空气进入油箱，一般将系统的回油管直接接到液压泵的进油口上。（　　　）

11. 大功率液压系统，应该采用硬管将液压泵与油箱相连。（　　　）

12. 新安装的系统，不需要给液压泵壳内预先充油，就可直接起动。（　　　）

13. 柱塞泵的柱塞做成空心主要为提高排量。（　　　）

4-3　思考题

1. 液压泵正常工作的三个必备条件。

2. 从能量的观点来看，液压泵和液压马达有什么区别和联系？从结构上来看，液压泵和液压马达又有什么区别和联系？

3. 液压泵的工作压力取决于什么？液压泵的工作压力和额定压力有什么区别？

4. 限压式变量泵一定是单作用叶片泵吗？是否所有的变量泵都可以设计成限压式变量泵？

5. 是否所有的液压泵都存在困油现象？

4-4　如图 4-53 示，已知液压泵的额定压力和额定流量，设管道内压力损失和液压缸、液压马达的摩擦损失忽略不计，而图 4-53c 中的支路上装有节流小孔，试说明图示各种工况下液压泵出口处的工作压力值。

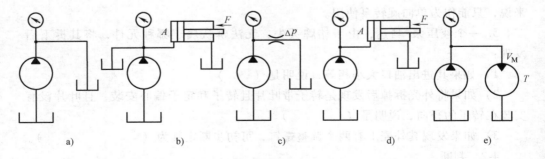

a)　　　　　　b)　　　　　　c)　　　　　　d)　　　　　　e)

图 4-53　题 4-4 图

4-5　液压泵的额定流量为 100L/min，液压泵的额定压力为 2.5MPa，当转速为 1450r/min 时，机械效率为 $\eta_m = 0.9$。由实验测得，当液压泵的出口压力为零时，流量为 106L/min；压力为 2.5MPa 时，流量为 100.7L/min，试求：①液压泵的容积效率 η_V 是多少？②如果液压泵的转速下降到 500r/min，在额定压力下工作时，估算液压泵的流量是多少？

4-6　某组合机床用双联叶片泵 YB 4/16×63（一个泵输出流量 4L/min，另一个 16L/min），快速进、退时双泵供油，系统压力 $p = 1MPa$。工作进给时，大泵卸荷（设其压力为 0），只有小泵供油，这时系统压力 $p = 3MPa$，液压泵效率 $\eta = 0.8$。试求：①所需电动机功率是多少？②如果采用一个 $q = 20L/min$ 的定量泵，所需的电动机功率是多少？

4-7　由限压式变量泵向液压缸供油，液压缸以 $v = 0.03m/s$ 的速度推动 $F_1 = 5000N$ 的负载（快速运动过程）。又以 $v = 0.006m/s$ 的速度推动 $F_2 = 12500N$ 的负载（工进运动过程），如何使变量泵满足液压缸的工作要求，画出其工作特性曲线。

4-8　已知某马达的排量为 200mL/r，额定压力为 10MPa，设其总效率 $\eta = 0.7$，容积效率 $\eta_V = 0.8$，试计算：

1）它能输出的额定转矩是多少？

2）当外载荷为 150N·m 时的油压是多少？

3）如果转速为 59r/min，试求输入流量？

4）在上述 2）、3）情况下，液压马达的输出功率多大？

4-9　某液压马达排量 $V_M = 250mL/r$，入口压力为 9.8MPa，出口压力为 0.49MPa，总效率 $\eta = 0.9$，容积效率 $\eta_V = 0.92$。当输入流量为 $0.3 \times 10^{-3}m^3/s$ 时，试求：

1）液压马达的输出转矩。

2）液压马达的实际转速。

第五章

液 压 缸

　　液压缸（又称油缸）（Hydraulic cylinder）是液压系统中常用的执行元件，将液体的压力能转换成工作机构的机械能，用来实现直线往复运动或小于360°的摆动。液压缸的输入为压力和流量，输出为推力和速度。液压缸结构简单，配制灵活，设计、制造比较容易，使用维护方便，应用广泛。

第一节　液压缸的分类及特点

　　液压缸按照其结构形式，可以分为活塞缸、柱塞缸两类。按照输入输出油口的个数分为单作用和双作用液压缸。单作用液压缸如图5-1所示，只具有一个油口，回程依靠弹簧或其他外力。

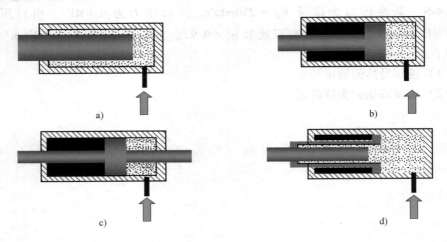

图 5-1　单作用液压缸

a）柱塞式液压缸　b）单活塞杆式液压缸　c）双活塞杆式液压缸　d）伸缩式液压缸

　　双作用液压缸又分为单出杆和双出杆两种，如图5-2所示，具有两个液压油口，通过改变进油的方向即可改变活塞的运动方向。

　　图5-3是一些特殊形式的液压缸。常见液压缸的分类及特点如表5-1所示。

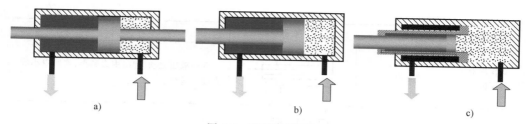

a)　　　　　　　　　b)　　　　　　　　　c)

图 5-2　双作用液压缸

a）双活塞杆式液压缸　b）单活塞杆式液压缸　c）伸缩式液压缸

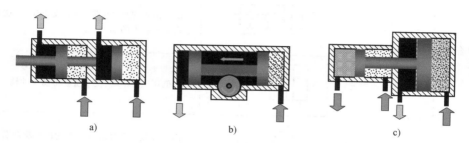

a)　　　　　　　　　b)　　　　　　　　　c)

图 5-3　其他特殊形式液压缸

a）串联式液压缸　b）齿轮式液压缸　c）增压缸

表 5-1　常见液压缸的种类及特点

分类	名称	符号	特点
单作用液压缸	柱塞式缸		柱塞仅单向运动,反向行程依靠自重或负荷将柱塞推回
	单活塞杆液压缸		活塞仅单向运动,反向行程依靠自重或负荷将活塞推回
	双活塞杆液压缸		活塞的两侧都装有活塞杆,但仅有一侧供油,反向运动需要依靠弹簧力、重力或其他外力
	伸缩缸		以短缸获得长行程,用液压油从大到小依次推出,靠外力从小到大逐级缩回
双作用液压缸	单活塞杆液压缸		单边有杆,两侧均可通油,输出推力和速度双边不等
	双活塞杆液压缸		双向有杆,两侧均可以通压力油,可获得双向推力,双边等速

（续）

分类	名称	符号	特点
双作用液压缸	伸缩缸		双向液压驱动，伸出由大到小，缩回由小到大逐级进行
组合液压缸	弹簧复位液压缸		单向液压驱动，反向弹簧复位
	串联液压缸		由于活塞的直径受限，而长度不受限，这种方式获得较大的推力
	增压缸（增压器）		由低压室 x 驱动，使 y 室获得高压油输出
	齿轮齿条液压缸		活塞往复运动经装有齿条的齿轮驱动获得往复回转运动

第二节　典型液压缸的参数计算

一、活塞缸

1. 双杆活塞缸

图 5-4 是双出杆液压缸，它的进出油口分布在缸筒的两侧，两侧活塞杆的直径是相等的。因此，当工作压力和输入流量不变时，两个方向上的输出推力和运动速度是相等的。根据活塞杆的受力平衡方程，液压缸的输出推力为

$$F = A(p_1 - p_2)\eta_{cm} = \frac{\pi}{4}(D^2 - d^2)(p_1 - p_2)\eta_{cm} \tag{5-1}$$

根据流量方程，液压缸的运动速度为

$$v = \frac{q}{A}\eta_{cV} = \frac{4q\eta_{cV}}{\pi(D^2 - d^2)} \tag{5-2}$$

双出杆液压缸常用于要求往返运动速度相同的场合，如外圆磨床工作台往复运动液压缸等。

图 5-4a 所示为缸体固定结构，缸的左腔进液体，推动活塞向右移动，右腔的液体排出；反之，活塞反向移动。其运动范围约等于活塞有效行程的 3 倍，一般用

于中小型设备。图 5-4b 所示为活塞杆固定结构，缸的左腔进液体，推动缸体向左移动，右腔的液体排出；反之，缸体反向移动。其运动范围约等于缸体有效行程的2 倍，常用于大中型设备中。

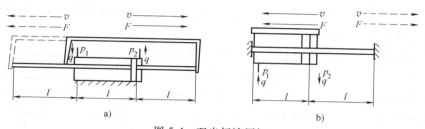

图 5-4　双出杆液压缸

a）缸固定，杆移动　b）杆固定，缸移动

2. 单杆活塞缸

图 5-5 所示为双作用单杆活塞缸。当供给的压力和流量都不变时，活塞在两个方向上的运动速度和推力都不相等。在无杆腔输入液体时，活塞的运动速度 v_1 和推力 F_1 分别为

$$v_1 = \frac{q}{A_1}\eta_{cV} = \frac{4q}{\pi D^2}\eta_{cV} \tag{5-3}$$

$$F_1 = (p_1 A_1 - p_2 A_2)\eta_{cm} = \left[\frac{\pi}{4}D^2(p_1 - p_2) + \frac{\pi}{4}d^2 p_2\right]\eta_{cm} \tag{5-4}$$

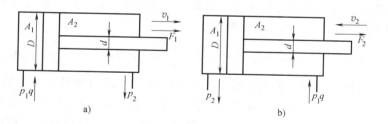

图 5-5　单出杆液压缸

a）无杆腔进油　b）有杆腔进油

一般情况下，液压缸的回油接油箱，即压力 $p_2 = 0$，则上式变为

$$F_1 = p_1 A_1 \eta_{cm} = \frac{\pi}{4}D^2 p_1 \eta_{cm} \tag{5-5}$$

当有杆腔输入液体时，活塞运动速度 v_2 和推力 F_2 分别为

$$v_2 = \frac{q}{A_2}\eta_{cV} = \frac{4q\eta_{cV}}{\pi(D^2 - d^2)} \tag{5-6}$$

$$F_2 = \left[p_1 A_2 - p_2 A_1\right]\eta_{cm} = \left[\frac{\pi}{4}D^2(p_1 - p_2) - \frac{\pi}{4}d^2 p_1\right]\eta_{cm} \tag{5-7}$$

一般情况下，液压缸的回油接油箱，即压力 $p_2 = 0$，则上式变为：

$$F_2 = \frac{\pi}{4}(D^2 - d^2)p_1\eta_{cm}$$

上式表明，当活塞杆直径愈小时，两个方向上的速度比愈接近 1，在两个方向上的运动速度差值就愈小。

当单杆活塞缸两腔同时通入相同压力的液体时，由于无杆腔受力面积大于有杆腔受力面积，使得活塞向右的作用力大于向左的作用力，因此活塞杆做伸出运动，并将有杆腔的液体挤出，流进无杆腔，加快了活塞杆伸出的速度，液压缸的这种连接方式称为差动连接，如图 5-6 所示。

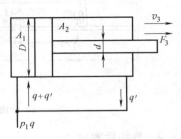

图 5-6　差动连接液压缸

当液压缸差动连接时，活塞的运动速度为 v_3，有杆腔排出流量 $q' = v_3A_2$ 进入无杆腔，则有：

$$v_3A_1 = q + v_3A_2 \tag{5-8}$$

在考虑了缸的容积效率 η_{cV} 后，活塞杆伸出的速度 v_3 为

$$v_3 = \frac{q\eta_{cV}}{A_1 - A_2} = \frac{4q}{\pi d^2}\eta_{cV} \tag{5-9}$$

要使差动连接缸的往复运动速度相等，即 $v_3 = v_2$，则由式（5-6）和式（5-9）得：$D = \sqrt{2}\,d$。

差动连接在忽略两腔连通回路压力损失的情况下，$p_2 \approx p_1$，并考虑到液压缸的机械效率 η_{cm} 时，活塞的推力 F_3 为：

$$F_3 = [p_1A_1 - p_2A_2]\eta_{cm} = \left[\frac{\pi}{4}D^2p_1 - \frac{\pi}{4}(D^2 - d^2)p_1\right]\eta_{cm} = \frac{\pi}{4}d^2p_1\eta_{cm} \tag{5-10}$$

由式（5-10）可知，差动连接时，实际的有效作用面积是活塞杆的横截面积。与非差动连接时无杆腔流入液体工况相比，在液体压力和流量不变的条件下，活塞杆伸出速度较大而推力较小。在实际应用中，液压传动系统常通过控制阀来改变单杆活塞缸的回路连接，使它有不同的工作方式，从而获得快进（差动连接)-工进（无杆腔进液体)-快退（有杆腔进液体）的工作循环。差动连接是在不增加泵容量的条件下，实现快速运动的有效方法，它的应用常见于组合机床和各类专用机床中。

单杆活塞缸往复运动范围是其有效行程的 2 倍，结构紧凑，应用广泛。

二、柱塞缸

图 5-7a 所示为柱塞缸，它只能实现一个方向的液压传动，反向运动要靠外力。若需要实现双向运动，则必须成对使用，如图 5-7b 所示。柱塞缸中的柱塞和缸筒不接触，运动时由缸盖上的导向套来导向，因此缸筒的内壁不需精加工，它特别适

用于行程较长的场合。为了减轻柱塞重量，减少柱塞的弯曲变形，柱塞常被做成空心的，还可在缸筒内设置辅助装置支撑柱塞以增加刚性。

柱塞缸输出的推力和速度各为

$$F = pA\eta_{\mathrm{m}} = \frac{\pi}{4}pd^2\eta_{\mathrm{m}} \tag{5-11}$$

$$v = \frac{q}{A}\eta_V = \frac{4q\eta_V}{\pi d^2} \tag{5-12}$$

式中 d——柱塞的直径。

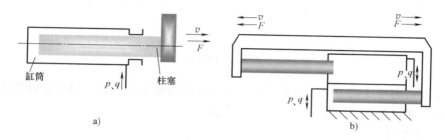

图 5-7 柱塞缸

a）单个柱塞缸 b）成对使用的柱塞缸

柱塞式液压缸的结构具有以下特点。

1）柱塞式液压缸是单作用液压缸，即靠液压力只能实现一个方向的运动，回程要靠自重（当液压缸垂直放置时）或其他外力，因此柱塞缸常成对使用。

2）柱塞运动时，由缸盖上的导向套来导向，因此，柱塞和缸筒的内壁不接触，缸筒内壁只需粗加工即可。

3）柱塞重量往往比较大，水平放置时容易因自重而下垂，造成密封件和导向件单边磨损，故柱塞式液压缸垂直使用较为有利。

4）当柱塞行程特别长时，仅靠导向套导向就不够了，为此可在缸筒内设置各种不同形式的辅助支承，起到辅助导向的作用。

三、其他液压缸

1. 增压液压缸

在某些短时或局部需要高压的液压系统中，常用增压缸与低压大流量泵配合，利用活塞和柱塞有效面积的不同使液压系统中的局部区域获得高压，因此，增压液压缸又称增压器。单作用增压缸的工作原理如图 5-8a 所示，输入低压为 p_1 的液压油，输出高压为 p_2 的液压油，增大压力关系如下式。

$$p_2 = p_1\left(\frac{D}{d}\right)^2 \tag{5-13}$$

单作用增压缸在柱塞运动到终点时，不能再输出高压液体，需要将活塞退回到左端位置，再向右运动才会再输出高压液体，故单作用增压缸不能连续向系统供油。为了克服这一缺点，可采用双作用增压缸，如图5-8b所示，由两个高压端连续向系统供油。

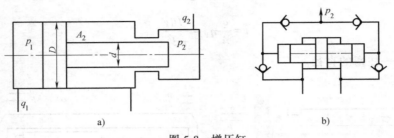

图 5-8　增压缸

增压缸的增压能力是在降低有效输出流量的基础上得到的，也就是说增压缸仅仅是增大输出的压力，而不能增大输出的能量。

2. 伸缩缸

伸缩缸由两个或多个活塞缸套装而成，前一级活塞缸的活塞杆内孔是后一级活塞缸的缸筒，伸出时可获得很长的工作行程，缩回时可保持很小的结构尺寸，伸缩缸被广泛用于工程机械和农业机械，如图5-9a所示。

伸缩缸可以是如图5-9b所示的单作用式，也可以是如图5-9c所示的双作用式，前者靠外力回程，后者靠油液压力回程。

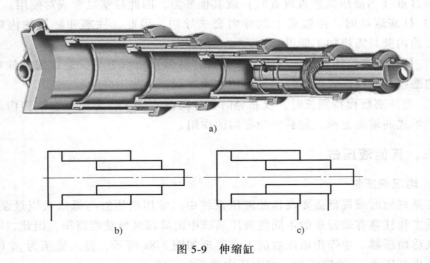

图 5-9　伸缩缸

伸缩缸的外伸动作是逐级进行的。如图5-10所示，首先是最大直径的缸筒以最低的油液压力开始外伸，当到达行程终点后，稍小直径的缸筒开始外伸，直径最小的末级最后伸出。随着工作级数变大，外伸缸筒直径越来越小，工作油液压力随之升高，工作速度变快。而空载缩回的顺序则一般是从小到大。

伸缩缸伸出时的推力和速度分别为

$$F_i = p_1 \frac{\pi}{4} D_i^2 \tag{5-14}$$

$$v_i = \frac{4q}{\pi D_i^2} \tag{5-15}$$

式中，i 指 i 级活塞缸。

3. 齿轮缸

它由两个柱塞缸和一套齿条齿轮传动装置组成，如图 5-11 所示。柱塞的移动经齿条齿轮传动装置变成齿轮的转动，用于实现工作部件的往复摆动或间歇进给运动。

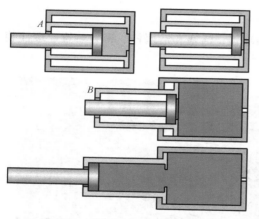

图 5-10 伸缩缸工作原理示意图

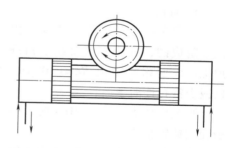

图 5-11 齿轮缸

第三节 典型液压缸的结构

一、典型结构

图 5-12 所示为一个较常用的双作用单活塞杆液压缸的典型结构。它是由后缸盖 7、缸筒 3、前缸盖 2、活塞 5 和活塞杆 1 等基本零件组成。前缸盖和后缸盖上开设有杆腔油口和无杆腔油口，活塞上设置有密封圈 4 和支撑环 6，前缸盖上设置有防尘圈 10 和密封圈 9。缸筒和缸盖采用拉杆式连接方式。各部分的具体结构下面详细阐述。

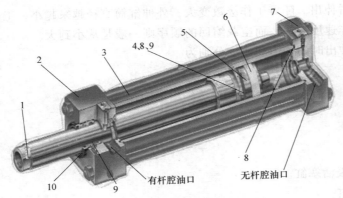

图 5-12 双作用单活塞杆液压缸的典型结构

1—活塞杆 2—前缸盖 3—缸筒 4、8、9—密封圈 5—活塞 6—支撑环
7—后缸盖 8—密封件 10—防尘圈

二、液压缸的组成

液压缸的结构基本上可以分为缸筒和缸盖、活塞和活塞杆、密封装置、缓冲装置和排气装置等五个部分，分述如下。

1. 缸筒

如图 5-13 所示，缸筒主要是由钢管制成的，缸筒内壁要经过精细加工，表面粗糙度值 $Ra < 0.08\mu m$，以减少密封件的摩擦。

当工作压力小于 10MPa 时，一般使用铸铁缸筒。

当工作压力在 10MPa 和 20MPa 之间，一般使用无缝钢管。

当工作压力大于 20MPa，一般使用铸钢或者锻钢。

图 5-13 缸筒常用钢管

2. 缸盖

缸盖通常由钢材制成，分前缸盖和后缸盖，分别安装在缸筒的前后两端。缸盖和缸筒的连接方法有焊接、拉杆、法兰以及螺纹连接等。图 5-14 所示为缸筒和缸盖的常见连接形式。图 5-14a 所示为法兰连接式，结构简单，容易加工，也容易装拆，但外形尺寸和重量都较大，常用于铸铁制的缸筒上。图 5-14b 所示为半环连接式，它的缸筒壁部因开了环形槽而削弱了强度，为此有时要加厚缸壁，它容易加工和装拆，重量较轻，常用于无缝钢管或锻钢制的缸筒上。图 5-14c、f 所示为外螺纹和内螺纹连接式，它的缸筒端部结构复杂，外径加工时要求保证内外径同轴，装

拆要使用专用工具，它的外形尺寸和重量都较小，常用于无缝钢管或铸钢制的缸筒上。图5-14d所示为拉杆连接式，结构的通用性大，容易加工和装拆，但外形尺寸较大，且较重。图5-14e所示为焊接连接式，结构简单，尺寸小，但缸底处内壁不易加工，且可能引起变形。

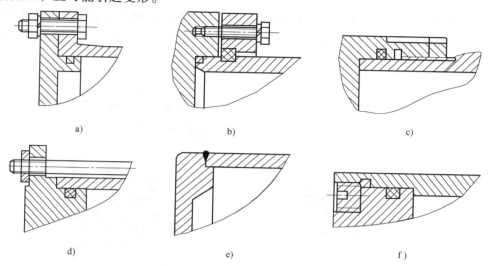

a)　　　　　　　　　　b)　　　　　　　　　　c)

d)　　　　　　　　　　e)　　　　　　　　　　f)

图5-14　缸筒与缸盖的连接方式

3. 活塞与活塞杆

活塞杆是由钢材做成的实心杆或空心杆，表面经淬火再镀铬处理并抛光，如图5-15所示。可以把短行程的液压缸的活塞杆与活塞做成一体，这是最简单的形式。但当行程较长时，这种整体式活塞组件的加工较费事，所以常把活塞与活塞杆分开制造，然后再连接成一体。图5-16所示为几种常见的活塞与活塞杆的连接形式。

图5-16a所示为活塞与活塞杆之间采用螺母连接，它适用负载较小，受力无冲

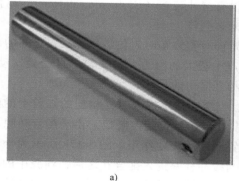

a)

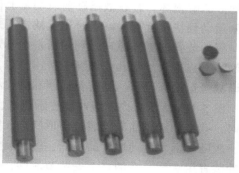

b)

图5-15　活塞杆的表面处理

a）镀铬　b）镀有 TiO_2 和陶瓷的液压缸

击的液压缸中。螺纹连接虽然结构简单，安装方便可靠，但在活塞杆上车螺纹将削弱其强度。图 5-16b、c 所示为卡环式连接方式。图 5-16b 中活塞杆 5 上开有一个环形槽，槽内装有两个半圆环 3 以夹紧活塞 4，半圆环 3 由轴套 2 套住，而轴套 2 的轴向位置用弹簧卡圈 1 来固定。图 5-16c 中的活塞杆，使用了两个半圆环 4，它们分别由两个密封圈座 2 套住，半圆形的活塞 3 安放在密封圈座 2 的中间。图 5-16d 所示是一种径向销式连接方式，用锥销 1 把活塞 2 固连在活塞杆 3 上，这种连接方式特别适用于双出杆式活塞。

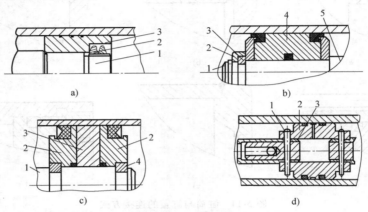

图 5-16 常见的活塞与活塞杆的连接形式

a）螺母连接　　　　　　　　　　　　　　　b）卡环式连接

1—活塞杆　2—螺母　3—活塞　　　　　　1—弹簧卡圈　2—轴套　3—半圆环　4—活塞　5—活塞杆

c）卡环式连接　　　　　　　　　　　　　　d）径向销式连接

1—活塞杆　2—密封圈座　3—活塞　4—半圆环　　　　1—锥销　2—活塞　3—活塞杆

4. 缓冲装置

为了防止活塞在行程的终点与前后端缸盖发生碰撞，引起噪声，影响工件精度或使液压缸损坏，常在液压缸前后端盖上设有缓冲装置（Cushioning device），以使活塞运动到快接近行程终点时速度减慢下来直到停止。

缓冲装置的工作原理是利用活塞在其走向行程终端时封住活塞和缸盖之间的部分油液，强迫它从小孔或细缝中挤出，以产生很大的阻力，使工作部件受到制动，逐渐减慢运动速度，达到避免活塞和缸盖相互撞击的目的。

图 5-17a 所示为内部缓冲装置示意图，当缓冲柱塞进入与其相配的缸盖上的内孔时，孔中的液压油只能通过环形间隙 δ 排出，使活塞速度降低。由于配合间隙不变，故随着活塞运动速度的降低，缓冲装置起到了缓冲作用。图 5-17b 所示为外部缓冲装置示意图，在油口上安装节流阀，当缓冲柱塞进入配合孔之后，油腔中的油只能经节流阀 1 排出，由于节流阀 1 是可调的，因此缓冲作用也可调节。内部缓冲不需要多余的零件，仅依靠其自身结构实现缓冲，具体缓冲形式如图 5-18 所示。

图 5-18 所示为各种形式均在回油腔中形成背压，达到缓冲的目的。图 5-19 为

各种缓冲形式的缓冲效果曲线。

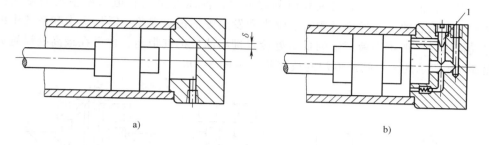

图 5-17　内外缓冲装置示意图

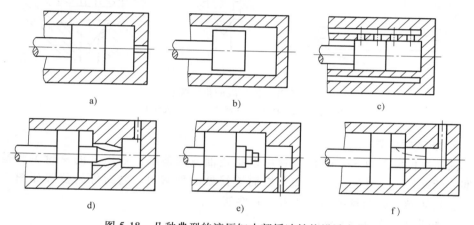

图 5-18　几种典型的液压缸内部缓冲结构设计方案
a）单圆柱式　b）密封容积式　c）多孔型式　d）反抛物线式　e）多级台阶式　f）节流口变化式

5. 放气装置

　　液压系统中气体的来源有：①液压系统在安装过程中或长时间停止工作之后会渗入空气；②密封不好会有空气进入；③油液中也含有气体（无论何种油液，本身总是溶解有 3%～10% 的空气）。

　　气体对液压系统的影响主要是空气积聚使得液压缸运动不平稳，低速时产生爬行。造成上述现象的主要因素是因为气体具有很大的可压缩性。而且压力增大时还会产生绝热压缩，进而造成局部高温，有可能导致密封件烧毁。此外，由于气体的存在，液压缸起动时引起振动和噪声，换

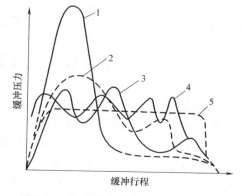

图 5-19　各种缓冲形式的缓冲效果曲线
1—单圆柱式　2—圆锥台式　3—阶梯圆柱式
4—反抛物线式　5—理想曲线

向时降低精度。

因此，液压缸在安装后或长时间停放时，液压缸里和管道系统中就会渗入空气。为了防止执行元件出现爬行、噪声和发热等不正常现象，需把缸中和系统中的空气排出。一般可在液压缸的最高处设置进出油口把气带走，也可在最高处设置如图 5-20a 所示的放气孔或专门的放气阀（见图 5-20b、c）。

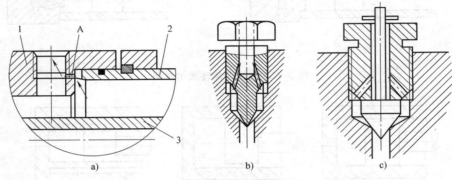

图 5-20 液压缸的排气装置
1—缸盖 2—缸体 3—活塞杆 A—放气小孔

6. 油密封装置

液压缸的密封（Sealing）装置用以防止油液的泄漏。液压缸的密封主要是指活塞、活塞杆处的动密封及缸盖与缸筒连接处的静密封。密封件的位置如图 5-12 所示。具体参考第七章的第六节密封元件部分。

7. 防尘圈（Wiper ring）

由于活塞杆要往复伸出和缩回，在此过程中，不可避免地与外界接触，很容易将脏物带入液压缸内，易使油液受到污染，密封件被磨损。因此，通常使用防尘圈来刮除活塞杆上的污物，如图 5-12 中左侧活塞杆外伸部分所示。注意：防尘圈在安装时一定保证其唇部是向外的，从而起到刮除脏物的作用。

第四节 液压缸的设计和计算

液压缸是液压传动的执行元件，它和主机工作机构有直接的联系，对于不同的机种和机构，液压缸具有不同的用途和工作要求。因此，在设计液压缸之前，必须对整个液压系统进行工况分析、编制负载图、选定系统的工作压力，然后根据使用要求选择结构类型，按负载情况、运动要求、最大行程等确定其主要工作尺寸，进行强度、稳定性和缓冲验算，最后再进行结构设计。

一、液压缸设计应注意的问题

液压缸的设计和使用是否正确，直接影响到其是否能正常工作。液压缸常出现的故障为：液压缸安装不当、活塞杆承受偏载、活塞杆或活塞下垂以及活塞杆的压杆失稳等。因此，在进行液压缸的设计时，必须注意以下问题。

1）尽量使活塞杆在受拉状态下承受最大负载，或在受压状态下具有良好的纵向稳定性。

2）根据工作条件和要求，考虑是否在活塞运动终了时采取缓冲装置或排气装置，这两部分不是必需的。

3）采取正确的液压缸安装和固定方式，如承受弯曲的活塞杆不能用螺纹连接，而要采取止口连接等。液压缸不能在两端用键或销定位，而只能采用一端定位的方式，使其在使用过程中防止因受热而发生膨胀引起液压缸弯曲。如果液压缸承受冲击载荷使活塞杆压缩，则定位件必须设置在活塞杆端，而如果拉伸则应该设置在缸盖端。

4）液压缸各部分的结构需要根据推荐的结构形式和设计标准进行设计，尽可能做到结构简单、紧凑、加工装配及维修方便等。

二、液压缸关键尺寸的确定

1. 缸筒内径 D

液压缸的缸筒内径 D 是根据负载的大小来选定工作压力或往返运动速度比，求得液压缸的有效工作面积，从而得到缸筒内径 D，再从 GB/T 2348—2018 标准中选取最接近的标准值作为所设计的缸筒内径。

根据负载和工作压力的大小确定 D。

（1）无杆腔进油且不考虑机械效率时：

$$D = \sqrt{\frac{4F_{max}}{\pi p_1}} \tag{5-16}$$

（2）有杆腔进油且不考虑机械效率时：

$$D = \sqrt{\frac{4F_{max}}{\pi p_1} + d^2} \tag{5-17}$$

式（5-16）和式（5-17）中，是将回油背压 $p_2 = 0$ 简化获得。式中 p_1 为缸工作腔的工作压力，可根据机床类型或负载的大小来确定；F_{max} 为最大作用负载。

2. 活塞杆外径 d

活塞杆外径 d 通常先从满足速度或速度比的要求来选择，然后根据 GB/T 2348—2018 标准进行圆整，最后再校核其结构强度和稳定性。若速度比为 λ_V，则

$$d = D\sqrt{\frac{\lambda_V - 1}{\lambda_V}} \tag{5-18}$$

也可根据活塞杆受力状况来确定。

受拉力作用时：

$$d = (0.3 \sim 0.5)D$$

受压力作用时：

$$p_1 < 5\text{MPa 时}, d = (0.5 \sim 0.55)D$$

$$5\text{MPa} \leqslant p_1 \leqslant 7\text{MPa 时}, d = (0.6 \sim 0.7)D$$

$$p_1 > 7\text{MPa 时}, d = 0.7D$$

3. 缸筒长度 L

缸筒长度 L 由最大工作行程长度加上各种结构尺寸需要来确定，即

$$L = l + B + A + M + C \tag{5-19}$$

式中　l——活塞的最大工作行程；

　　　B——活塞宽度，一般为 $(0.6 \sim 1)D$；

　　　A——活塞杆导向长度，取 $(0.6 \sim 1.5)D$；

　　　M——活塞杆密封长度，由密封方式定；

　　　C——其他长度。

一般缸筒的长度通常不超过内径的 20 倍。

4. 最小导向长度 H

当活塞杆全部外伸时，从活塞支承面中点到导向套滑动面中点的距离称为最小导向长度 H，如图 5-21 所示。如果导向长度过小，将使液压缸的初始挠度（间隙引起的挠度）增大，影响液压缸的稳定性，因此设计时必须保证有一最小导向长度。

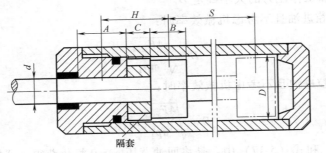

图 5-21　液压缸的导向长度

对于一般的液压缸，其最小导向长度应满足下式：

$$H \geqslant S/20 + D/2 \tag{5-20}$$

式中　S——液压缸最大工作行程（m）。

一般导向套滑动面的长度 A，在 $D \leqslant 80\text{mm}$ 时取 $A = (0.6 \sim 1.0)D$，在 $D > 80\text{mm}$ 时取 $A = (0.6 \sim 1.0)d$；活塞的宽度 $B = (0.6 \sim 1.0)D$。为保证最小导向长度，过分增大 A 和 B 都是不适宜的，通常在导向套与活塞之间装一隔套，隔套宽度 C 由所需的最小导向长度决定，即

$$C = H - \frac{1}{2}(A+B) \tag{5-21}$$

采用隔套不仅能保证最小导向长度，还可以改善导向套及活塞的通用性。

5. 设计压力 p

推力 F 是压力为 p 的液压油作用在工作有效面积为 A 的活塞上，以平衡负载 W，若液压缸回油接油箱，则 $p_0 = 0$，故

$$F = W = pA \tag{5-22}$$

式中　F——推力（N）；

　　　p——液压缸的工作压力（MPa）；

　　　A——液压缸活塞上有效工作面积（mm^2）。

推力 F 可看成是液压缸的理论推力，因为活塞的有效面积固定，故压力取决于总负载。根据液压缸的实际工况，计算出外负载大小，然后参考 GB/T 2346—2003 选取适当的工作压力。

三、强度校核

1. 缸筒壁厚 δ 的校核

在液压传动系统中，中、高压液压缸一般用无缝钢管制作缸筒，大多属于薄壁筒，即 $\delta/D \leqslant 0.08$ 时，按材料力学薄壁圆筒公式验算壁厚，即

$$\delta \geqslant \frac{p_{max}D}{2[R]} \tag{5-23}$$

式中　p_{max}——缸筒内最高工作压力（指试验压力），考虑到液压缸可能承受冲击，试验压力要远大于工作压力；

　　　D——缸筒内径；

　　　$[R]$——缸筒材料的许用应力，$[R] = R_m/n$；

　　　R_m——材料的抗拉强度；

　　　n——安全系数，一般取 $n = 3.5 \sim 5$。

当液压缸采用铸造缸筒时，壁厚由铸造工艺确定，这时应按厚壁圆筒公式验算壁厚。

当 $\delta/D > 0.1$ 时，应用式（5-24）进行验算。

$$\delta \geqslant \frac{D}{2}\left(\sqrt{\frac{[R]+0.4p_{max}}{[R]-1.3p_{max}}} - 1\right) \tag{5-24}$$

2. 液压缸活塞杆直径 d 的校核

活塞杆的直径 d 按下式进行校核：

$$d \geqslant \sqrt{\frac{4F}{\pi[R]}} \tag{5-25}$$

式中　F——活塞杆上的作用力；

　　　$[R]$——活塞杆材料的许用应力，$[R] = R_m/1.4$。

3. 液压缸缸盖固定螺栓直径校核

液压缸缸盖固定螺栓在工作过程中，同时承受拉应力和剪切应力，其螺栓直径可按下式校核：

$$d_s \geqslant \sqrt{\frac{5.2kF}{\pi Z [R]}} \tag{5-26}$$

式中　F——液压缸负载；

$\quad\quad Z$——固定螺栓个数；

$\quad\quad k$——螺纹拧紧系数，$k = 1.12 \sim 1.5$；

$[R] = R_{eL}/(1.2 \sim 2.5)$，$R_{eL}$ 为材料的屈服极限。

四、稳定性校核

活塞杆受轴向压缩负载时，其直径 d 一般不小于长度 L 的 1/15。当 $L/d \geqslant 15$ 时，须进行稳定性校核，应使活塞杆承受的力 F 不超过使它保持稳定工作所允许的临界负载 F_{cr}，以免发生纵向弯曲，破坏液压缸的正常工作。F_k 的值与活塞杆材料性质、截面形状、直径和长度以及缸的安装方式等因素有关，验算可按材料力学有关公式进行。

使缸保持稳定的条件为：$F \leqslant \dfrac{F_{cr}}{n_{cr}}$

F_{cr} 可根据细长比的范围按下述有关公式计算：

1）当细长比 $\dfrac{l}{k} > m\sqrt{i}$ 时：$F_{cr} \leqslant \dfrac{i\pi^2 EJ}{l^2}$；

2）当细长比 $\dfrac{l}{k} \leqslant m\sqrt{i}$，且 $m\sqrt{i} = 20 \sim 120$ 时：$F_{cr} = fA / \left[1 + \dfrac{\alpha}{i} \left(\dfrac{l}{k} \right) \right]$；

3）当细长比 $l/k < 20$ 时，缸具有足够的稳定性，不必校核。

式中　n_{cr}——安全系数，一般取 $n_{cr} = 2 \sim 4$；

$\quad\quad l$——安装长度，其值与安装方式有关，见表 5-2；

$\quad\quad k$——活塞杆横截面最小回转半径，$k = \sqrt{J/A}$；

$\quad\quad \varphi_1$——柔性系数，其值见表 5-3；

$\quad\quad \varphi_2$——由液压缸支撑方式决定的末端系数，见表 5-2；

$\quad\quad E$——活塞杆材料的弹性模量，对钢材而言，可取 $E = 206\mathrm{GPa}$；

$\quad\quad J$——活塞杆横截面惯性矩；

$\quad\quad f$——由材料强度决定的实验值，见表 5-3；

$\quad\quad A$——活塞杆横截面积；

$\quad\quad \alpha$——系数，具体数值见表 5-3。

表 5-2　液压缸支撑方式和末端系数 φ_2 的值

支撑方式	支撑说明	末端系数 φ_2
	一端自由一端固定	$\dfrac{1}{4}$
	两端铰接	1
	一端铰接一端固定	2
	两端固定	4

表 5-3　f、α 及 φ_1 的值

材料	f/MPa	α	φ_1
铸铁	560	$\dfrac{1}{1600}$	80
锻钢	250	$\dfrac{1}{9000}$	110
低碳钢	340	$\dfrac{1}{7500}$	90
中碳钢	490	$\dfrac{1}{5000}$	85

五、缓冲计算

　　液压缸的缓冲计算主要是估计缓冲时缸内出现的最大冲击力，以便用来校核缸筒的强度、制动距离是否符合要求。缓冲计算后如果发现工作腔的液压能和工作部件的动能不能全部被缓冲腔吸收时，制动中就有可能产生活塞撞击缸盖的现象。

液压缸缓冲时，背压腔内产生的液压能 E_1 和工作部件产生的机械能 E_2 分别为：

$$E_1 = p_c A_c l_c \tag{5-27}$$

$$E_2 = p_c A_c l_c + \frac{1}{2} m v^2 - F_f l_c \tag{5-28}$$

式中　p_c——缓冲腔中的平均缓冲压力；

　　　A_c——缓冲腔的有效工作面积；

　　　l_c——缓冲行程长度；

　　　m——运动部件质量；

　　　v——工作部件的运动速度；

　　　F_f——摩擦力。

式（5-27）、式（5-28）表明：工作部件产生的机械能 E_2 是高压腔中的液压能与工作部件的动能之和，再减去摩擦消耗的能量。当 $E_1 = E_2$ 时，即当工作部件的机械能全部被缓冲腔内的液体吸收时，即得

$$p_{cmax} = \frac{E_2}{A_c l_c} \tag{5-29}$$

如果缓冲装置为节流口可调节的缓冲装置，在缓冲过程中的缓冲压力逐渐降低，假定缓冲压力线性下降，则最大缓冲压力即冲击压力为

$$p_{cmax} = p_c + \frac{m v^2}{2 A_c l_c} \tag{5-30}$$

如果缓冲装置为节流可变化式缓冲装置，则由于缓冲压力 p_c 始终不变，则最大缓冲压力为

$$p_{cmax} = \frac{E_2}{A_c l_c} \tag{5-31}$$

小　　结

本章主要介绍了液压缸的基本分类、双作用单出杆缸不同进油方式时输出的推力和运动速度的计算、液压缸的基本结构，并简单介绍了液压缸的设计计算。

本章重点掌握不同进油方式的输出推力和运动速度：

1. 无杆腔进油

$$v_1 = \frac{q}{A_1} \eta_{cv} = \frac{4q}{\pi D^2} \eta_{cv}$$

$$F_1 = (p_1 A_1 - p_2 A_2) \eta_{cm} = \left[\frac{\pi}{4} D^2 (p_1 - p_2) + \frac{\pi}{4} d^2 p_2 \right] \eta_{cm} = \frac{\pi}{4} D^2 p_1 \eta_{cm}$$

2. 有杆腔进油

$$v_2 = \frac{q}{A_2} \eta_{cV} = \frac{4q \eta_{cV}}{\pi (D^2 - d^2)}$$

$$F_2 = \left[p_1 A_2 - p_2 A_1 \right] \eta_{cm} = \left[\frac{\pi}{4} D^2 (p_1 - p_2) - \frac{\pi}{4} d^2 p_1 \right] \eta_{cm} = \frac{\pi}{4} (D^2 - d^2) p_1 \eta_{cm}$$

3. 差动连接

$$v_3 = \frac{q \eta_{cV}}{A_1 - A_2} = \frac{4q}{\pi d^2} \eta_{cV}$$

$$F_3 = \left[p_1 A_1 - p_2 A_2 \right] \eta_{cm} = \left[\frac{\pi}{4} D^2 p_1 - \frac{\pi}{4} (D^2 - d^2) p_1 \right] \eta_{cm} = \frac{\pi}{4} d^2 p_1 \eta_{cm}$$

习　　题

5-1　液压缸的分类

1. 从运动部件的结构分，主要分为（　　　　）缸和（　　　　）缸。

2. 从油口的数量分为（　　　　　）和（　　　　　　　）。

3. 从活塞杆的伸出数量分为（　　　　　　）和（　　　　　　）。

5-2　液压缸选用

1. 一液压设备需要液压缸往复运动速度一致，宜选用（　　　　）缸。

2. 一液压设备需要液压缸带动工件运行较长的距离，宜选用（　　　　　）缸。

3. 一液压设备由于安装空间有限，在保证工作行程的前提下，宜采用固定（　　）的方式。

4. 一液压缸垂直安装，运动部件具有较大的重量，从简化油路和节省能源的角度，宜选用（　　　　　）缸。

5-3　已知单活塞杆液压缸的活塞直径 D 为活塞杆直径 d 的 2 倍，差动连接的快进速度等于非差动连接前进速度的（　　　）；差动连接的快进速度等于快退速度的（　　　）。

A. 1 倍　　　　　　B. 2 倍　　　　　C. 3 倍　　　　　　D. 4 倍

5-4　液压缸为什么要密封？哪些部位需要密封？常见的密封方法有哪几种？

5-5　液压缸为什么要设缓冲装置？

5-6　图 5-22 中，两个液压缸水平放置，活塞 5 用以推动一个工作台，工作台的运动阻力为 F_R。活塞 1 上施加作用力 F，缸 2 的孔径为 20mm，缸 4 的孔径为 50mm，$F_R = 1962.5$N。计算以下几种情况下密封容积中液体压力并分析两活塞的运动情况。

1）当活塞 1 上作用力 F 为 314N 时。

2）当 F 为 157N 时。

3）作用力 F 超过 314N 时。

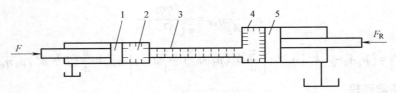

图 5-22　习题 5-6 图（两个水平放置的液压缸）

1,5—活塞　2,4—液压缸　3—管道

5-7　图 5-23 所示为三种结构形式的液压缸，活塞和活塞杆直径分别为 D、d，如进入液压缸的流量为 q，压力为 p，试分析各缸产生的推力、速度大小以及运动方向。（提示：注意运动件及其运动方向）。

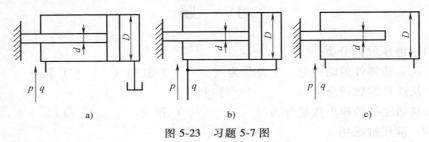

图 5-23　习题 5-7 图

5-8　图 5-24 所示为两个结构和尺寸均相同相互串联的液压缸，无杆腔面积 $A_1 = 1 \times 10^{-2} \text{m}^2$，有杆腔面积 $A_2 = 0.8 \times 10^{-2} \text{m}^2$，输入油压力 $p_1 = 0.9 \text{MPa}$，输入流量 $q_1 = 12 \text{L/min}$。不计损失和泄漏，试求：①两缸承受相同负载时（$F_1 = F_2$），负载和速度各为多少？②缸 1 不受负载时（$F_1 = 0$），缸 2 能承受多少负载？③缸 2 不受负载时（$F_2 = 0$），缸 1 能承受多少负载？

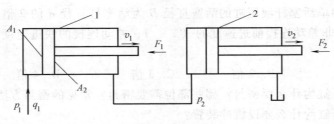

图 5-24　习题 5-8 图

5-9　液压缸如图 5-25 所示，输入压力为 p_1，活塞直径为 D，柱塞直径为 d，试求输出压力 p_2 为多大？

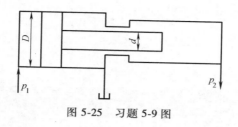

图 5-25　习题 5-9 图

5-10　思考题

1. 液压电梯应该采用什么液压缸？为什么？

2. 伺服液压缸和常规液压缸有何不同？

3. 为什么工程机械（挖掘机、装载机、叉车等）的液压缸基本都采用单杆液压缸？

4. 从制造工艺出发，液压缸最难的加工制造工艺有哪些？

5. 常规的液压缸的速度大概多少？限制液压缸速度提升的因素有哪些？

第六章

液压控制阀

第一节 概　述

一、作用和分类

液压阀是用来控制液压系统中油液的流动方向或调节其压力和流量的液压元件，因此，按照功能可分为方向阀（Directional control valve）、压力阀（Pressure control valve）和流量阀（Flow control valve）三大类。现在将过去归为方向阀的单向阀和梭阀单独分类。一个形状相同的阀，可以因为作用机制的不同，而具有不同的功能。压力阀和流量阀利用通流截面的节流作用控制着系统的压力和流量，而方向阀则利用通流通道的更换控制着油液的流动方向。这就是说，尽管液压阀存在着各种各样不同的类型，它们之间还是保持着一些基本共同之处的。例如：

1）在结构上，所有的阀都由阀体（Valve body）、阀芯（Valve core）（转阀或滑阀）和驱使阀芯动作的元、部件（如弹簧、电磁铁）组成。

2）在控制模型上，基本所有的阀都可以等效成一个质量-弹簧-阻尼系统。

3）在工作原理上，所有阀的开口大小，阀进、出口间压差（Pressure differential）以及流过阀的流量之间的关系都符合孔口流量公式，仅是各种阀控制的参数各不相同而已。

液压阀可按不同的特征进行分类，如表6-1所示。

表 6-1　液压阀的分类

分类方法	种类	详细分类
按机能分类	压力控制阀	溢流阀、顺序阀、卸荷阀、平衡阀、减压阀、比例压力控制阀、缓冲阀、限压切断阀、压力继电器
	流量控制阀	节流阀、单向节流阀、调速阀、分流阀、集流阀、分流节流阀、比例流量控制阀
	方向控制阀	换向阀、行程减速阀、充液阀、比例方向阀
	单向阀和梭阀	单向阀、液控单向阀、梭阀

（续）

分类方法	种类	详细分类
按结构分类	滑阀	圆柱滑阀、旋转阀、平板滑阀
	座阀	锥阀、球阀、喷嘴挡板阀
	射流管阀	射流阀
	喷嘴挡板阀	单喷嘴挡板阀、双喷嘴挡板阀
按操作方法分类	手动阀	手把及手轮、踏板、杠杆
	机/液/气动阀	挡块及碰块、弹簧、液压、气动
	电动阀	电磁铁控制、伺服电动机和步进电动机控制
按连接方式分类	管式连接	螺纹式连接、法兰式连接
	板式及叠加式连接	单层连接板式、双层连接板式、整体连接板式、叠加阀、多路阀
	插装式连接	螺纹式插装（二、三、四通插装阀）、盖板式插装（二通插装阀）
	比例阀	电液比例压力阀、电液比例流量阀、电液比例换向阀、电液比例复合阀、电液比例多路阀
	伺服阀	单、两级（喷嘴挡板式、动圈式）电液流量伺服阀、三级电液流量伺服
	数字控制阀	数字控制压力阀、数字控制流量阀与方向阀
按输出参数可调节性分类	开关控制阀	方向控制阀、顺序阀、限速切断阀、逻辑阀
	输出参数连续可调的阀	溢流阀、减压阀、节流阀、调速阀、各类电液控制阀（比例阀、伺服阀）

二、特点和要求

液压系统中的液压阀，虽然结构和功能各不相同，但是均应满足以下要求。

1）动作灵敏，工作可靠，工作时冲击和振动小。

2）油液流过的压力损失小。

3）密封性能好。

4）结构紧凑，安装、调整、使用、维护方便，通用性大。

三、基本参数

（一）额定压力（Rated pressure）

在正常工作条件下，按试验标准规定连续工作的最高压力，应符合国标 GB/T2346—2003 流体传动系统及元件公称压力系列中规定的压力。

（二）额定流量（公称流量，Rated flow）

在额定工作条件下的最大流量。工程应用上，阀的额定流量一般是指阀口开度最大、阀口压差为最小工作压差时，阀所通过的流量大小。几种典型的液压元件的额定流量定义如下。

（1）换向阀　常规的开关式方向阀定义为阀口最大流量即为额定流量；比例

方向阀定义为阀工作在最低工作压差（一般约定为 1MPa）且阀口开度最大，阀口通过的流量即为额定流量。

（2）溢流阀　阀口压差为卸荷压力时，阀口开度最大时的流量。

（3）节流阀　阀口压差为其最小工作压力，阀口开度最大时阀口所通过的流量。

（4）调速阀（流量控制阀）　调速阀的额定流量一般为阀所能控制的最大流量。

在我国液压机械行业中，根据行业中的共同认识，一般在中低液压系统中使用的液压阀系列是以通过阀的额定流量来表示，如 25L/min、63L/min、100L/min 等。

（三）最大流量（Maximum flow）

在保证液压控制阀基本功能的前提下的流量上限值。最大流量一般大于等于额定流量。

（1）方向阀　对于常规的开关式方向阀，其最大流量等于额定流量。对于比例式方向阀，最大流量大于额定流量。

（2）溢流阀　实际溢流阀工作时，阀口压差远大于卸荷压力，实际最大流量也大于额定流量。

（3）节流阀额定流量一般也是定义在最小工作压差（0.5~1MPa）时通过阀口的最大流量。而实际工作时，其阀口实际压差也可能大于某个压差，其实际流量也会大于其额定流量，最大可达 2~4 倍。因此在选型节流阀时，不能简单地将在轻载工况时执行机构所需要的最大流量作为节流阀的额定流量。

（4）调速阀　调速阀的额定流量和最大流量相同。

（四）公称通径（Nominal port dimension）

名义上规定的油口尺寸。一般在高压系统中，用"公称通径"来表示。为了与连接管路的规格相对应，液压阀的公称通径采用管路公称通径的系列参数。公称通径以符号 DN（单位是 mm）表示。在使用公称通径时，需要注意以下几点。

1）公称通径指液压阀的进出油口的名义尺寸，它并不代表进出油口的实际尺寸。如公称通径为 20mm 的电液换向阀，进出油口的实际尺寸是 21mm，公称通径为 32mm 的溢流阀，进出油口的实际尺寸是 28mm。

2）同一公称通径的不同类型的液压阀的进出油口的实际尺寸也并不完全相同。如公称通径为 10mm 的直角单向阀的进出油口的实际尺寸为 13mm，而同一公称通径的电磁换向阀的进出油口实际尺寸为 10mm。这是因为公称通径仅仅决定了阀的规格，而进出油口的实际尺寸，却受油流速度及其他设计参数要求的限制，或受结构特点的影响。

四、安装连接方式

液压阀从安装连接方式来分，大致可分为管式、板式、片式、叠加式和插装式等几类。在固定式工业机械中使用时宜首选板式安装阀或插装阀（GB/T 3766—2015 液压传动 系统及其元件的通用规则和安全要求）。

（一）管式

如图 6-1 所示，管式阀（Pipe-mounted valve）的进出油口都带有内螺纹，通过相连接的管接头与管道，和其他元件相连，如图 6-2 所示。管式阀是历史最悠久的一种连接方式的阀，20 世纪初就普遍使用，至今还在继续使用。管式阀是各种安装连接方式中唯一的一种独立完整的阀，接上管接头和管道就能用，不需要其他任何配件。

图 6-1　管式阀实例

随着液压系统日益复杂，这种安装方式的弱点也日益凸显：元件分散布置，占地大；可能泄漏的部位多；装拆不便。

（二）板式

板式阀（Sub-plate valve）：连接管道的油口不是直接做在阀上，而是做在底板上（见图 6-3），阀通过螺栓被固定在底板上。因此，更换阀时不必拆卸管道，较

图 6-2　管式阀组成的液压系统案例

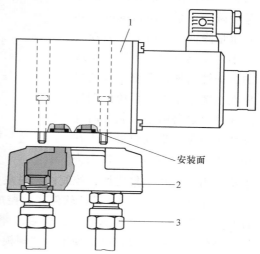

图 6-3　板式阀实例

1—液压阀　2—底板　3—连接管

之管式或片式安装要方便得多，可以大大缩短维修时间和费用。板式连接的标准化进展比较顺利。如 ISO 4401—2005（GB/T 2514—2008）中规定的四油口方向控制阀安装面标准被广泛接受，如图 6-4 所示。

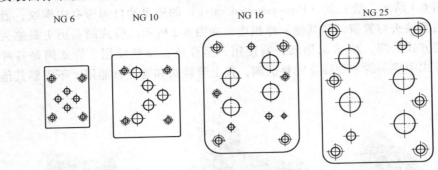

NG 6　　　　NG 10　　　　　NG 16　　　　　　　NG 25

图 6-4　板式换向阀安装面实例

　　板式连接方式更重要的特点是为采用集成块连接奠定了基石：多个板式阀共用一个连接块——集成块（Manifold block），相互间的连接通道做在块内（见图6-5）。总体积就较管式连接小得多，适应于较复杂的液压系统。

1. 集成块的优点

　　除继承了板式阀通过螺栓固定在集成块上，更换时不必拆卸管道的优点之外，还由于集成块减少了连接管道和相应的管接头，使得潜在的外泄漏危险减少；系统所占据的空间和重量降低；管路的压力损失减小，发热也随之下降；系统的抗振性增加，系统工作的可靠性也随之增加；系统的响应时间可以显著缩短；装配时间和费用减少；集成块可以不在现场组装，故障率也可以大大

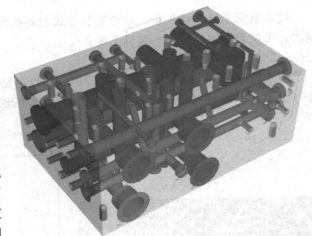

图 6-5　板式阀集成阀块内部连接通道示意图

下降；由于使用了集成块，控制阀相对集中在一起，这也有利于维修。

　　近十年来，由于 3D 设计软件和数控加工中心的普遍应用，为复杂集成块的设计和加工创造了极有利的条件，突破了集成块设计制造技术的瓶颈，缩短了交货期，降低了造价。现在已出现了一些规模甚大的集成块专业制造厂，年产量达几千吨。专业制造厂在接到用户提供的回路图及技术要求后，可以在几天内完成集成块的设计，从制造、组装、调试的全部过程只要几个星期。这种交钥匙的方式大大减

少了主机厂的设计费用。因此，使用集成块的安装连接方式已成为现代液压系统设计师的首选。

2. 纯板式阀集成块的弱点

板式阀集成块利用集成块的表面安装阀，集成块内有连接通道，当应用到具有很多板式阀的复杂系统时，就会遇到两个问题：①集成块的表面积是随长度的平方增加的，而块体的质量却是随长度的立方增加。②集成块越大，内部的联通孔就越长，而钻深孔的代价也是随着孔深，不是线性而是抛物线增加的。

（三）叠加式

叠加阀（Sandwich valve）是板式阀向高度方向的延伸、扩展和集成（见图 6-6）。一般来说，一叠控制一组执行器，可以实现复杂的功能，又非常灵活，易于更换改变。使用叠加阀，可以在一定程度上缓解纯板式阀集成块遇到的体积大、要加工深孔的问题，但却增加了潜在的泄漏风险。

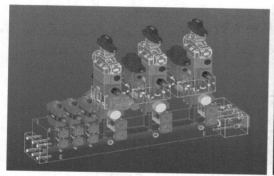

图 6-6　叠加阀实例

（四）插装式

插装阀（Cartridge valve）可以看做不穿外衣的阀，因为它们都不带外壳，必须安装在一个阀块或集成块内才能工作。由于不穿外衣，功能部分都进入集成块体内，因此，许多插装阀可以挤在一个集成块里，所以非常紧凑。系统越复杂，这个优点就越突出。相对其他安装连接方式，插装阀组成的系统是最紧凑的。使用插装阀的集成块继承了板式阀集成块的所有优点。而且由于紧凑、集成度高，集成块的体积和重量以及压力的沿程损失都可进一步下降，降低了系统的初始成本。而由于泄漏可能性小、压力损失小、发热少、可靠性高，整个系统的运营成本也可降低。因此，管式阀、板式阀和叠加阀的应用在很大程度上受到了插装阀的排挤，特别是管式阀和叠加阀。

插装式（Cartridge）主要有二通盖板式（Two-port cover plate）和螺纹连接式（Screw-in）这两类。其中，螺纹连接式也有去掉螺纹而用螺钉连接的变化。

1. 二通盖板式

二通盖板式即通常所称的盖板式插装阀，也被称为二通插装阀或逻辑阀。它一般还需要附加先导控制阀才能工作。图6-7所示的插装阀由控制盖板2、逻辑单元3（由阀套、弹簧、阀芯及密封件组成）、插装块体4和先导控制阀1（如先导阀为二位三通电磁换向阀）组成。由于插装单元在回路中主要起通、断作用，故又称为二通插装阀。

图6-8所示为插装阀的基本工作原理和图形符号，图中A和B为主油路仅有的两个工作油口，K为控制油口（与先导阀相接）。当K口通油箱时，阀芯上侧的弹簧腔压力为零，此时油液可以从A到B或者从B到A，即A与B相通；反之，当K口进压力油时，由于弹簧腔的有效作用面积大，因此A与B之间关闭，油液不流通。

插装阀靠盖板压在集成块内（参见图6-8），因此，盖板式插装阀一定要与集成块方式配合使用，如图6-9所示。

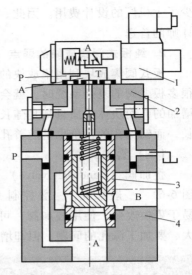

图 6-7 二通插装阀的基本结构
1—先导控制阀 2—控制盖板
3—逻辑单元（主阀） 4—插装块体

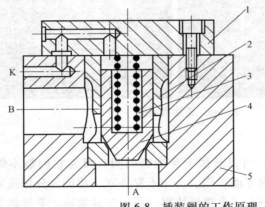

图 6-8 插装阀的工作原理
1—控制盖板 2—阀套 3—弹簧 4—阀芯 5—插装块体

盖板式插装阀由于功能单一，结构相对简单，容易做得大。因此，在大流量（约大于 1000L/min）时，这种阀无可匹敌。

盖板式二通插装阀的国际标准在德国工业标准 DIN 24342：1979 的基础上制定了 ISO 7368：1989，我国制定了 GB/T 2877—1981。现行国际标准为 ISO 7368—2016，德国标准等效采用国际标准 DIN ISO 7368—2018，我国修订采用国际标准，标准号为 GB/T 2877—2007，对阀孔和与盖板连接的尺寸做了统一的规定。这样，不同生产商的插件可以实现互换。

其实，盖板式插装阀还有三通式，但由于它的应用比二通式要少得多，因此不

图 6-9　使用二通插装阀的集成阀块

太为人所知。

2. 螺纹连接式

螺纹插装阀出现于 20 世纪七八十年代，是伴随着工程机械的发展和壮大而被大家所熟知和广泛应用的。螺纹插装阀是以螺纹安装形式将具有不同功能的阀安装到集成块上从而实现其设定功能。它不需要外加盖板或其他先导阀即可实现既有功能，有效地解决了困扰液压行业的泄漏问题，具有零泄漏、性价比高、重量轻、体积小、集成度高等优点。也被称为第五代阀，与二通插装阀一起逐渐占据了液压阀的主导地位。

旋入式（Screw-in cartridge 或 Threaded cartridge valve）即螺纹插装阀。螺纹插装阀的工作原理与其他形式的阀并无本质差别，只是结构不同，主要元件都是轴向排列（图 6-10）。螺纹插装阀利用螺纹，拧入集成块或阀块中的安装孔后，就能独立地完成一个或多个

图 6-10　Sun 公司螺纹插装阀实例

液压功能，如溢流阀、电磁换向阀、流量控制阀、平衡阀等。

集成块或阀块，仅为螺纹插装阀的外部密封提供一个耐压外壳（图 6-11），并无其他运动部件。因此，其对精度的要求不是很高，使用成型钻铰刀具即可，给加工带来很大方便。

螺纹插装阀可以方便地更换，而无须拆卸管接头。许多不同性能的阀具有相同的安装阀孔，这样就便于加工和更换，也减少了加工工具。由于结构紧凑，几乎所有的阀都集中在一个集成块里，所以，在必要时，如果在现场不能确定哪个阀出故障，可以方便地更换整个集成块，从而缩短现场修理而带来的停工时间。

由于螺纹插装阀的结构相对简单、部件加工容易、没有铸件、通用件多、互换

图 6-11　螺纹插装阀集成块案例

性强、很容易组合成不同功能的阀、便于大批量生产，因此生产成本比相同功能的板式阀、管式阀低。

　　由于上述一系列优点，螺纹插装阀已成为现代液压，特别是行走设备的液压系统不可或缺的主要组成。

第二节　方向控制阀及其应用

　　方向控制阀是通过控制液体流动的方向来操纵执行元件的运动，如液压缸的前进、后退与停止，液压马达的正、反转与停止等。常见的方向控制阀分为单向阀（按国际分类，单向阀不属于方向控制阀，但我国习惯于这样分类，为叙述方便放在此节讲解）和换向阀两类，具体分类如图 6-12 所示。

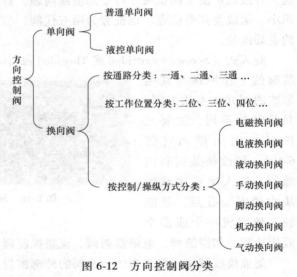

图 6-12　方向控制阀分类

一、单向阀

　　单向阀（Check valve）是使油液只能在一个方向流动，反方向则堵塞的液压元件。液压系统中常见的单向阀有普通单向阀和液控单向阀（Pilot operated check valve）两种。

（一）普通单向阀

　　普通单向阀的作用，是使油液只能沿一个方向流动，不允许它反向倒流。

　　图 6-13a 所示是一种管式单向阀结构。压力油从阀体左端的通口 A 流入时，克服弹簧 3 作用在阀芯 2 上的力，使阀芯向右移动，打开阀口，使液压油从 A 口流入，B 口流出。但当压力油从阀体右端的通口 B 流入时，它和弹簧力一起使阀芯 2

锥面压紧在阀体 1 的阀座上，使阀口关闭，油液无法通过。

图 6-13b 所示是板式安装的单向阀，其工作原理与上述相同，只是在图 6-13a 中，管式单向阀中的油流方向和阀的轴线方向相同，属于管式连接阀，此类阀的油口可通过管接头和油管相连，阀体的重量靠管路支承，因此阀的体积不能太大、重量不能太重。而在图 6-13b 中，板式单向阀的进出油口 A、B 的轴线均和阀体轴线垂直，属于板式连接阀，阀体用螺钉固定在机体上，阀体的平面和机体的平面紧密贴合，阀体上各油孔分别和机体上相对应的孔对接，用"O"形密封圈使它们密封。不但单向阀有管式连接和板式连接之分，其他阀类也有管式连接和板式连接之分。大多数液压系统都采用板式连接阀。

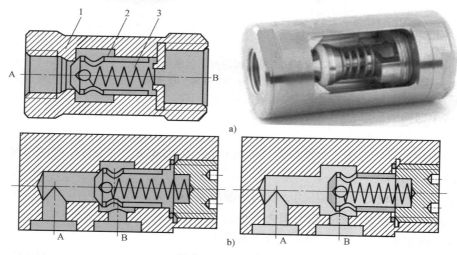

图 6-13 普通单向阀

a) 管式单向阀 b) 板式单向阀

1—阀体 2—阀芯 3—弹簧

图 6-14 是常见的单向阀的阀芯阀座形式，分别是球阀、锥阀、座阀和滑锥阀。思考以下几个问题：

（1）主阀芯采用球阀和锥阀的区别？

钢球密封结构简单，易产生振动和噪声，适应于小通径单向阀；锥面导向性好，运动平稳，加工精度高，可保证同轴度，锥面要精磨。

（2）单向阀有无弹簧的区别？

大多数单向阀带较软的弹簧；0.3MPa 以上开启压力的单向阀在原理图上标注弹簧；大通径无弹簧，靠自重回位，但需垂直安装。

（3）直通式与板式安装相比，有哪些特点？

直通式结构简单，体积小；但易受流动影响产生振动，换弹簧麻烦，油液从阀芯内部流过，压降较大。而板式阀安装在安装板或集成块上，拆装弹簧不影响管路的连接。

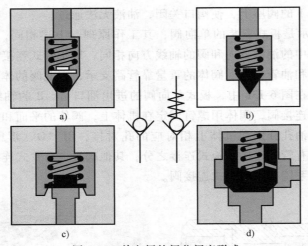

图 6-14　单向阀的阀芯阀座形式

a）球阀　b）锥阀　c）座阀　d）滑阀

对单向阀的要求：

1）开启压力要小。

单向阀的弹簧较软，开启压力一般为 0.03～0.05MPa，作为背压阀使用时一般为 0.3～0.5MPa。

2）能产生较高的反向压力，反向的泄漏要小。

3）正向导通时，阀的阻力损失要小。

4）阀芯运动平稳，无振动、冲击或噪声。

图 6-15 是单向阀的组成原理解析。首先判断出图 6-15a、b 满足单向阀的工作

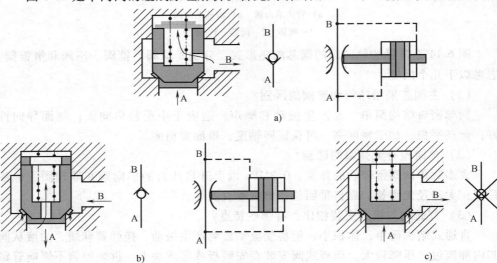

图 6-15　单向阀组成原理

原理，而图 6-15c 不行，原因是在图 6-15a、b 中，阀芯上方的弹簧腔均与出油口相通，而在图 6-15c 中弹簧腔是密封的。此时，油液无论是从 A 口流入还是 B 口流入，都使阀芯抬起，实现 A 口与 B 口的互通。因而不满足单向阀只允许油液单方向流通的要求。另外，从另一角度考虑，由于泄漏而使弹簧腔充满油液时，由于油液的不可压缩性，当阀芯抬起时，就会在弹簧腔产生高压而阻碍阀芯运动。因此，要形成单向阀，必须使弹簧腔与出油口相通。

（二）液控单向阀

1. 工作原理

如图 6-16 所示是液控单向阀的工作原理，正常工作时，压力油从 A 口流入，克服阀芯上的弹簧力，从 B 口流出，而当压力油从 B 口流入时，压力油与弹簧力一起将阀芯压在阀座上，使 A、B 口之间油液不流通，与普通的单向阀相同。而当压力油从控制口 K 作用在控制活塞上时，控制活塞克服弹簧力，将阀芯顶开，此时 A 口、B 口互通，压力油可以从 A 口流向 B 口，亦可从 B 口流向 A 口。

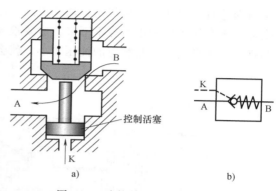

图 6-16　液控单向阀的工作原理
a）工作原理　b）图形符号

2. 典型结构

图 6-17 所示为单独外泄式液控单向阀，其主要特点在于增加了泄油口 Y。控制活塞左侧与控制油口 X 相通，右侧与油箱相通，来自 A 口的压力只作用于控制活塞 1 的面积 S_2 上。由于面积 S_2 明显小于面积 S_1，故可以用于进口压力较高的系统。

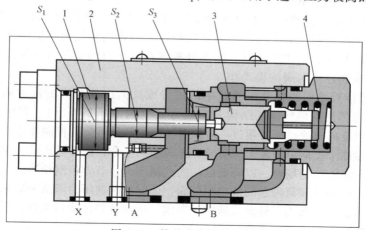

图 6-17　外泄式液控单向阀
1—控制活塞　2—阀体　3—阀芯　4—弹簧
S_1—控制活塞 X 口液压油作用面积　S_2—控制活塞 A 口液压油作用面积　S_3—阀芯作用面积

图 6-18 所示为有卸荷阀芯的外泄式液控单向阀，当控制活塞 X 口加控制压力时，控制活塞 1 向右运动，与卸荷阀芯 5 首先接触，卸荷阀芯 5 先打开，在 A 与 B 之间形成阻尼通道，使 B 腔压力降低，即弹簧腔压力降低，此时主阀芯 4 才打开，油液在 B-A 流通，单向阀反向导通。这种单向阀只适用于反向油腔是一个封闭容腔的情况，如液压缸的一个腔或蓄能器等。这个封闭容腔的压力只需释放很少的一点流量，即可将压力卸掉。反向油流一般不与一个连续供油的液压源相通。这是因为卸荷阀芯打开时通流面积很小，油速很高，压力损失很大，再加上这时液压源不断供油，将会导致反向压力降不下来，需要很大的液控压力才能使液控单向阀的主阀芯打开。如果这时控制管道的油压较小，就会出现打不开液控单向阀的故障。

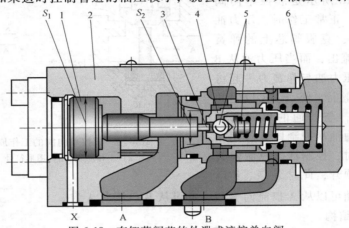

图 6-18　有卸荷阀芯的外泄式液控单向阀
1—控制活塞　2—阀体　3—顶杆　4—主阀芯　5—卸荷阀芯　6—弹簧
S_1—控制活塞 X 口液压油作用面积　S_2—阀芯作用面积

3. 液控单向阀使用注意事项

1）在液压系统中使用液控单向阀时，必须保证液控单向阀有足够的控制压力，绝对不允许控制压力失压。应注意控制压力是否满足反向开启的要求。如果液控单向阀的控制油引自主系统时，则要分析主系统压力的变化对控制油路压力的影响，以免出现液控单向阀的误动作。

2）根据液控单向阀在液压系统中的位置或反向出油腔后的液流阻力（背压）大小，合理选择液控单向阀的结构及泄油方式（内泄还是外泄）。对内泄式液控单向阀来说，当反向出油口压力超过一定值时，液压部分将失去控制作用，故内泄式液控单向阀一般用于反向出油腔无背压或背压较小的场合；而外泄式液控单向阀可用于反向出油腔背压较高的场合，以降低最小的控制压力，节省控制功率。当反向进油腔压力较高时，则用带卸荷阀芯的液控单向阀，此时控制油压力降低为原来的几分之一至几十分之一。如果选用了外泄式液控单向阀，应注意将外泄口单独接至油箱。

（三）其他单向阀的衍生阀

1. 液压锁

图 6-19 为液控单向阀组成的液压锁（Hydraulic lock）的结构示意图及其应用。

其特点是：进油口同时为另一单向阀的控制油路；A/B 高压，B/A 低压，活塞右行/左行；而当 A、B 均低压时，在弹簧力作用下阀 1 和阀 2 闭锁，液压缸双向闭锁，活塞可靠停止。液控单向阀是最可靠的一种锁缸方法。

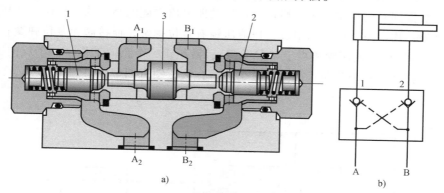

图 6-19　由两个液控单向阀组成的液压锁在液压系统中的应用

a）结构原理示意图　b）液压缸双向闭锁

　　如图 6-20 所示，用两个液控单向阀或一个双单向液控单向阀实现液压缸锁紧的液压系统中，应注意选用 Y 型或 H 型中位机能的换向阀，以保证中位时，液控单向阀控制口的压力能立即释放，单向阀立即关闭，活塞停止。假如采用 O 型或 M 型机能，在换向阀换至中位时，由于液控单向阀的控制腔压力油被闭死，液控单向阀的控制油路仍存在压力，使液控单向阀仍处于开启状态而不能使其立即关闭，活塞也就不能立即停止，产生窜动现象。直至由换向阀的内泄漏使控制腔泄压后，液控单向阀才能关闭，影响其锁紧精度。但选用 H 型中位机能应非常慎重，因为当液压泵大流量流经排油管时，若遇到排油管道细长或局部阻塞或其他原因而引起的局部摩擦阻力（如装有低压滤油器，或管接头多等），可能使控制活塞所受的控制压力较高，致使液控单向阀无法关闭而使液压缸发生误动作。Y 型中位机能就不

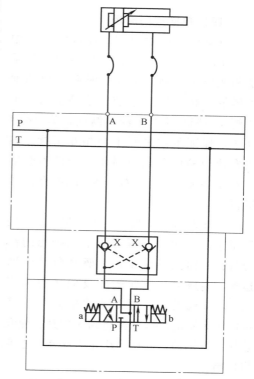

图 6-20　采用液压锁的液压油路

会形成这种结果。（详细参考换向阀中位机能表 6-2）

2. 梭阀

图 6-21 是梭阀（Shuttle valve）的结构示意图，从图中看出，当右侧有高压时，阀芯即被推到左侧将左侧阀口堵住，输出端即输出右侧的高压油。梭阀与液压锁有相同之处：均由两个单向阀组成；但液压锁有复位弹簧，而梭阀无复位弹簧；梭阀相当于"或门"，液压锁相当于"异或门"；液压锁一个正向工作，一个反向工作，梭阀一个打开，一个关闭；梭阀有三个油口，液压锁有四个油口。

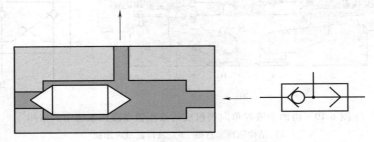

图 6-21　梭阀结构示意图和符号

（四）单向阀的应用

单向阀的用途很多，在液压系统中广泛使用。图 6-22 中，用单向阀 5 将系统和液压泵隔断，泵开机时泵排出的油可经单向阀 5 进入系统；泵停机时，单向阀 5 可阻止系统中的油倒流。单向阀 1 和 2 是保证负载之间不会相互干扰，如当左侧负载空载运行时压力降低不会影响到正带载运行的右侧液压缸的正常运行。

图 6-23 中，1 是低压大流量泵，2 是高压小流量泵。低压时两个泵排出的油合流，共同向系统供油，驱动负载快速运动。高压时，单向阀的反向压力为高压，单向阀关闭，泵 2 排出的高压油经

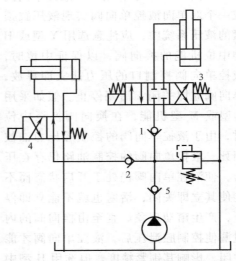

图 6-22　用单向阀将系统和泵隔断

过虚线表示的控制油路将阀 3 打开，使泵 1 排出的油经阀 3 回油箱，由高压泵 2 单独往系统供油，其压力决定于阀 4。这样，单向阀将两个压力不同的泵隔断，不互相影响。

在图 6-24 中，高压油进入液压缸的无杆腔，活塞右行，有杆腔中的低压油经单向阀后回油箱。单向阀有一定的开启压力，故在单向阀上游总保持一定压力，此压力也就是有杆腔中的压力，叫做背压，其数值一般约为 0.5MPa。它能在缸的回

油路上保持一定背压，可防止活塞的冲击，使活塞运动平稳。此种用途的单向阀也叫背压阀。

以上是列举的几种单向阀的应用，读者应该在学习过程中自己发现，学会分析，如图 6-25 所示。

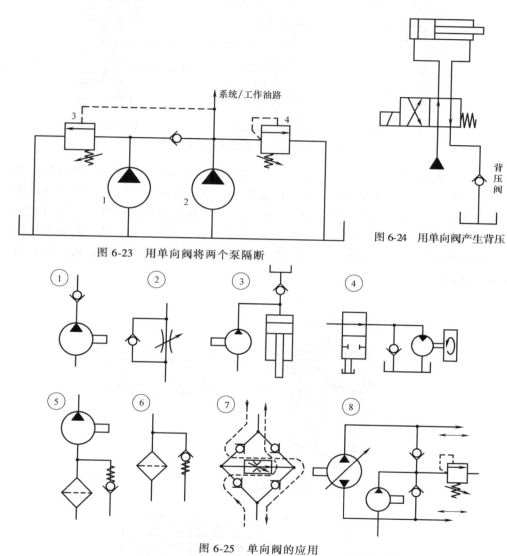

图 6-23　用单向阀将两个泵隔断

图 6-24　用单向阀产生背压

图 6-25　单向阀的应用

二、换向阀

（一）工作原理和图形符号

换向阀（Directional control valve）是利用阀芯对阀体的相对位置改变来控制油

路接通、关断或改变油液流动方向的。如图 6-26 所示，当换向阀处于不同工作位置时，液压缸的工作状态也随之改变。

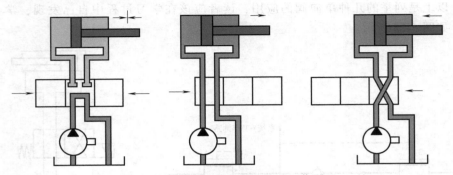

图 6-26　换向阀在液压系统中的工作原理

接口是指阀上各种接油管的进、出口，进油口通常标为 P，回油口则标为 R 或 T，工作油口则以 A、B 来表示，用来连接执行元件。换向阀内阀芯可移动的位置数称为切换位置数，通常我们将接口称为"通"，将阀芯的位置称为"位"，例如：图 6-26 所示的手动换向阀有三个切换位置，4 个接口，我们称该阀为三位四通换向阀。换向阀按照阀芯形式分为转阀和滑阀等，图 6-27 所示是转阀换向阀，图 6-28 是滑阀换向阀。

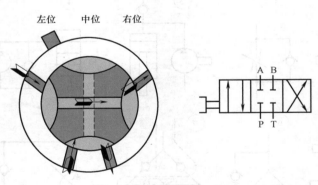

图 6-27　转阀换向阀

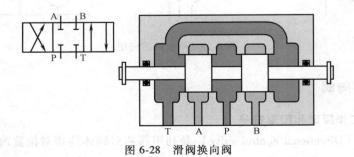

图 6-28　滑阀换向阀

在液压系统中使用换向阀时，换向阀应满足：

1）油液流经换向阀时的压力损失要小。

2）互不相通的油口间的泄漏要小。

3）换向要平稳、迅速且可靠。

（二）换向阀的中位机能

当液压缸或液压马达需在任何位置均可停止时，一般须使用3位阀，（即除前进端与后退端外，还有第三位置），此阀双边皆装弹簧，如无外来的推力，阀芯将停在中间位置，称此位置为中间位置，简称为中位，换向阀中间位置各接口的连通方式称为中位机能。不同的中位机能是通过改变阀芯的形状和尺寸得到的。换向阀不同的中位机能，可以满足液压系统的不同要求。

三位四通换向阀常见的中位机能、结构原理、符号及其特点和作用如表6-2所示。三位五通换向阀的情况与此相仿。

表6-2　换向阀中位机能

机能代号	结构原理图	中位图形符号	机能特点和作用
O			各液口全部封闭，缸两腔封闭，系统不卸荷，液压缸充满油，从静止到起动平稳；制动时运动惯性引起液压冲击较大；换向位置精确
P			压力油P与缸两腔连通，可形成差动回路，回油口封闭。从静止到起动较平稳，制动时缸两腔均通压力油，故制动较平稳；换向位置变化比H型较小，应用广泛
H			各液口全部连通，系统卸荷，缸成浮动状态。液压缸两腔接油箱，从静止到起动有冲击；制动时接油口互通，故制动较O型平稳；但换向位置变动大
Y			液压泵不卸荷，缸两腔通回油，缸成浮动状态。由于缸两腔接油箱，从静止到起动有冲击。制动性能较平稳
K			液压泵卸荷，液压缸一腔封闭一腔接回油，两个方向换向性能不同
M			液压泵卸载，缸两腔封闭；可用于液压泵卸荷液压缸锁紧的液压回路中
X			各液口半开启接通，P口保持一定的压力；换向性能介于O型和H型之间

在分析和选择阀的中位机能时，通常考虑以下几点。

（1）是否需要保压 某油腔的油口堵死，该油腔可以实现保压。

（2）是否需要卸荷 当油口 P 和 T 相通时，液压泵卸荷，以降低液压泵的功率消耗。

（3）换向（制动）平稳性和精度 当 A、B 口都堵塞时，换向（制动）不平稳，易产生冲击（思考：此时属于何种类型的液压冲击呢？），但换向精度高；当 A、B 口都接 T 口时，换向（制动）平稳，但换向精度低。

（4）液压缸"浮动"和在任意位置上的停止 阀在中位，当 A、B 两口互通时，卧式液压缸呈"浮动"状态，可利用其他机构移动工作台，调整其位置。当 A、B 两口堵塞或与 P 口连接（在非差动情况下），则可使液压缸在任意位置处停下来。

（5）起动平稳性 阀在中位时，液压缸某腔如果通油箱，则起动时该腔内因无油液起缓冲作用，起动不太平稳。

1. O 型中位机能

如图 6-29 所示，带 O 型机能阀芯的方向阀有 P、T、A、B 四个油口，在中位时四个油口均封闭。

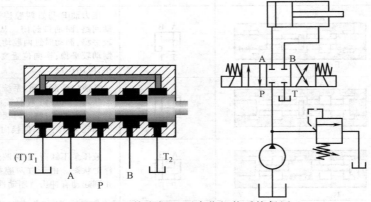

图 6-29 换向阀 O 型中位机能系统保压

如图 6-29 所示，O 型机能的作用主要是使执行机构停止运动，并且允许系统中的多个执行器在同一个泵源工作。但同样存在以下不足之处。

1）在执行机构不工作时，P 口被堵塞，此时液压泵的输出液压油不能通过方向阀卸荷回油箱，需从溢流阀流回油箱，增加功率消耗；因此，一般需要和电磁卸荷阀配合使用。

2）任何一个滑阀均存在阀芯和阀套配合处的泄漏，进而会导致可能发生以下两种不足之处。

① 如果由于系统的原因，P 口存在一定的高压（持续时间较长），P 口的高压

油会通过阀芯和阀套之间的配合间隙沿着 P-A-T 和 P-B-T 泄漏回油箱，因此会在 A、B 两个油口产生高压，如果 A、B 两个油口和单伸出杆液压缸两腔相连，会对液压缸产生一个推力，如果液压缸没有足够的负载，活塞杆会爬行伸出。

②　对于举升液压缸（如叉车），当重物通过液压缸举升到某个高度并需要长时间停在此位置时，此时液压缸举升腔的压力较高，作用在换向阀的 A 口或者 B 口，同样也会通过 A-T 或者 B-T 途径泄漏回油箱，导致重物缓慢下放。

2. M 型中位机能

如图 6-30 所示，带 M 型中位机能阀芯的方向阀在中位时油口 P 和 T 相通，油口 A 和 B 被封堵。在实际应用时，当方向阀处于中位时，因 P、T 口相通，输出的油液不经溢流阀即可流回油箱，由于 P 口直接与油箱相通，所以泵的输出压力近似为零，也称泵卸荷，以减少功率损失。

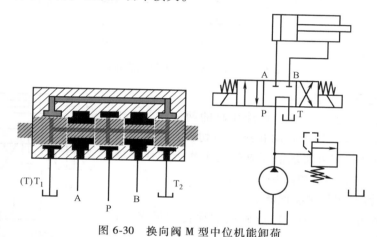

图 6-30　换向阀 M 型中位机能卸荷

M 型中位机能的不足之处如下。

1）由于中位卸荷，不允许多个执行机构并联共用一个液压泵源。

2）相同通径的 M 型中位机能的换向阀的额定流量和其他中位机能的换向阀相比更小。对于工业用的四通换向阀，P 腔和 T 腔并不是相邻的两腔，P 腔在中间，T 腔在两端，中位时，P 腔和 T 腔相连是通过阀芯内部的孔道相通的，由于阀芯内部存在一个中位时的 P-T 连通通道，M 型机能的阀芯的台肩之间的轴颈比其他的机能的阀芯粗，导致换向时，液压油的流道的通流面积更小。

3）同理，中位卸荷通道为一个较为狭长的流道，会产生一定的压降（约为 1MPa），如果液压泵的流量通过多个换向阀的卸荷通道串联回油箱，会产生较大的卸荷压力，从而不能将负载停住，或者不能锁住在停止的位置上。如果系统需要锁闭功能，需要和液控单向阀配合使用。

3. Y 型中位机能

在中位时，其 P 口和 O 型中位机能一样可以实现保压，但工作油口 A、B 并不会建立促使活塞杆向外伸出的压力。同时和 O 型中位机能一样，允许多个执行机构并联共用一个液压泵源。

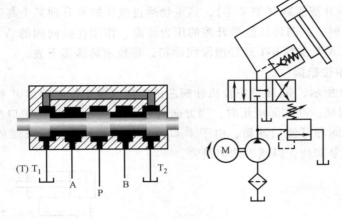

图 6-31　换向阀 Y 型中位机能卸荷

4．P 型中位机能

当阀处于中位时，单出杆液压缸的两腔均与 P 口接通，此时液压缸处于差动状态。当切换换向阀的三个工作位置时，即可实现液压缸带动工作台完成快进-工进-快退工作循环，如图 6-32 所示。

（三）换向阀的主要性能

换向阀的主要性能，以电磁阀的项目为最多，它主要包括下面几项。

1．工作可靠性

工作可靠性指电磁铁通电后能否可靠地换向，而断电后能否可靠地复位。工作可靠性主要取决于设计和制造，且和使用也有关系。液动力和液压卡紧力的大小对工作可靠性影响很大，而这两个力是与通过阀的流量及压力有关。所以电磁阀也只有在一定的流量和压力范围内才能正常工作。这个工作范围的极限称为换向界限，如图 6-33 所示。

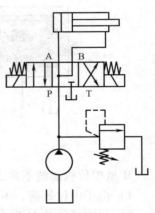

图 6-32　换向阀 P 型中位机能实现快进

2．压力损失

由于电磁阀的开口很小，故液流流过阀口时产生较大的压力损失。图 6-34 所示为某电磁阀的压力损失曲线，假设电磁阀的四个工作油口分别为：P（供油口）、T（回油口）、A（连执行器入口）、B（连执行器出口）。一般阀体铸造流道中的压力损失比机械加工流道中的损失小。其中图中曲线的含义如下：1 为 B-T；2 为 A-T；3 为 P-T；4 为 P-A；5 为 P-B；6 为 A-P；7 为 B-P。

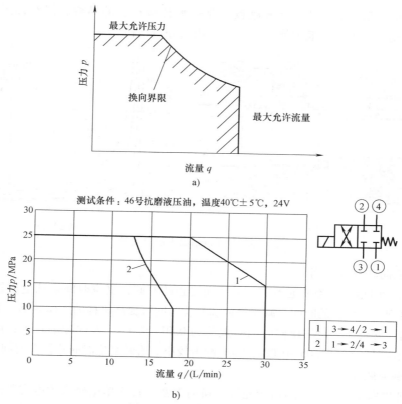

图 6-33　电磁阀的换向界限

a）换向界限示意图　b）换向界限测定数据

3. 内泄漏量

在各个不同的工作位置，在规定的工作压力下，从高压腔泄漏到低压腔的流量为内泄漏量。过大的内泄漏量不仅会降低系统的效率，引起油液过热，还会影响执行机构的正常工作。图 6-35 中为负开口换向阀的结构示意图。负开口也称为正遮盖，阀芯台肩棱边和节流槽与阀体（阀套）油口槽之间有一段密封长度。该结构可以降低泄漏量，但会产生死区。同理正开口（负遮盖）结构的换向阀的阀芯台肩棱边和节流槽与阀体（阀套）油口槽之间有较大的间隙，结果在中位时

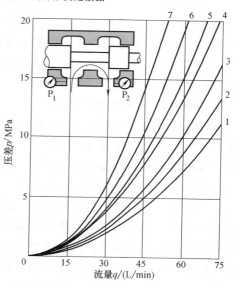

图 6-34　电磁阀的流量-压差曲线

存在较大的泄漏。而零开口（零遮盖）是一种比较理想的结构，但对加工精度要求较为苛刻。目前，一般的换向阀基本采用负开口结构。

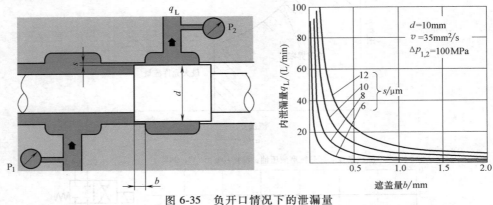

图 6-35　负开口情况下的泄漏量

4. 换向和复位时间

换向时间指从电磁铁通电到阀芯换向终止的时间；复位时间指从电磁铁断电到阀芯回复到初始位置的时间。减小换向和复位时间可提高机构的工作效率，但会引起液压冲击。交流电磁阀的换向时间一般约为 0.01～0.03s，换向冲击较大；而直流电磁阀的换向时间约为 0.05～0.08s，换向冲击较小。通常复位时间比换向时间稍长。

5. 换向频率

换向频率是在单位时间内所允许的换向次数。目前单电磁铁的电磁阀的换向频率一般为 60 次/min，即 1Hz。根据实际使用的电磁铁不同换向频率也会有所差别。

6. 使用寿命

使用寿命指使用到电磁阀某一零件损坏，不能进行正常的换向或复位动作，或使用到电磁阀的主要性能指标超过规定指标时所经历的换向次数。

电磁阀的使用寿命主要决定于电磁铁。湿式电磁铁的寿命比干式的长，直流电磁铁的寿命比交流的长。

7. 滑阀的液压卡紧现象

一般滑阀的阀孔和阀芯之间有很小的间隙，当缝隙均匀且缝隙中有油液时，移动阀芯所需的力只需克服黏性摩擦力，数值是相当小的。但在实际使用中，特别是在中、高压系统中，当阀芯停止运动一段时间后（一般约 5min 以后），这个阻力可以大到几百牛，使阀芯很难重新移动，这就是所谓的液压卡紧现象。

引起液压卡紧的原因，有的是由于脏物进入缝隙而使阀芯移动困难，有的是由于缝隙过小在油温升高时阀芯膨胀而卡死，但是主要原因是来自滑阀副几何形状误差和同轴度变化所引起的径向不平衡液压力。如图 6-36a 所示，当阀芯和阀体孔之间无几何形状误差，且轴心线平行但不重合时，阀芯周围间隙内的压力分布是线性的（图中 A_1 和 A_2 线所示），且各向相等，阀芯上不会出现不平衡的径向力；当阀芯因加工误差而带有倒锥（锥部大端朝向高压腔）且轴心线平行而不重合时，阀芯周围间隙内的压力分布如图 6-36b 中曲线 A_1 和 A_2 所示，这时阀芯将受到径向不平衡力（图中阴影部分）的作用而使偏心距越来越大，直到两者表面接触为止，这时径向不平衡力达到最大值；但是若阀芯带有顺锥（锥部大端朝向低压腔）时，产生的径向不平衡力将使阀芯和阀孔间的偏心距减小；图 6-36c 所示为阀芯表面有局部凸起（相当于阀芯碰伤、残留毛刺或缝隙中楔入脏物时，阀芯受到的径向不平衡力将使阀芯的凸起部分推向孔壁。

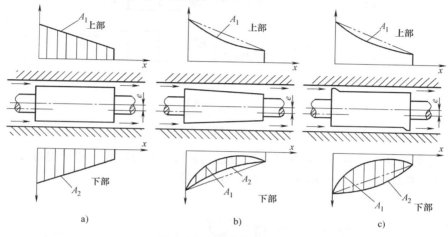

图 6-36　滑阀上的径向力

当阀芯受到径向不平衡力作用而和阀孔相接触后，缝隙中存留液体被挤出，阀芯和阀孔间的摩擦变成半干摩擦乃至干摩擦，从而使阀芯重新移动时所需的力增大了许多。

滑阀的液压卡紧现象不仅在换向阀中有，在其他的液压阀中也普遍存在，尤其是在高压系统中更为突出，特别是滑阀的停留时间越长，液压卡紧力越大，以致造成移动滑阀的推力（如电磁铁推力）不能克服卡紧阻力，使滑阀不能复位。为了减小径向不平衡力，应严格控制阀芯和阀孔的制造精度，在装配时，尽可能使其成为顺锥形式，另一方面在阀芯上开环形均压槽，也可以大大减小径向不平衡力，具体内容可参考第七章第六节的动密封部分内容。

（四）操纵方式及基本结构

1. 手动换向阀

换向阀的操作方式如图 6-37 所示。

手动换向阀是利用手动杠杆或按钮来改变阀芯位置实现换向的，图 6-38 所示为手动换向阀的结构和图形符号。图 6-38a 为自动复位式手动换向阀，手柄 1 左扳则阀芯 2 右移左位工作，阀的油口 P 和 A 通，B 和 T 通；手柄右扳则阀芯左移右位工作，阀的油口 P 和 B 通，A 和 T 通（A 与 a 腔通，而 a 腔通过阀芯的内部通道与 T 通）；放开手柄，阀芯 2 在弹簧 3 的作用下自动恢复中位（四个油口互不相

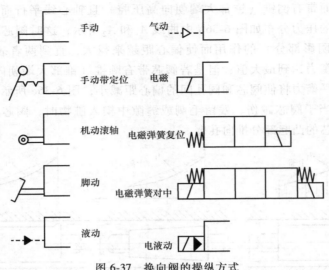

图 6-37　换向阀的操纵方式

通）。如果将该阀阀芯右端弹簧 3 的部位改为图 6-38b 的形式，即成为可在三个位置定位的手动换向阀，图 6-38c、d 为其图形符号。

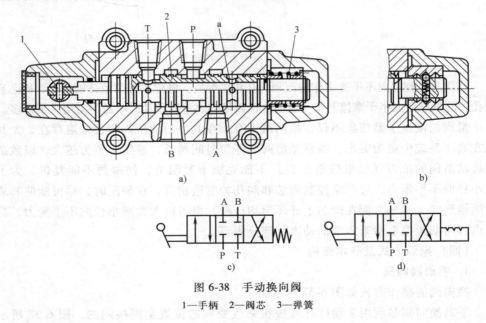

图 6-38　手动换向阀
1—手柄　2—阀芯　3—弹簧

2. 机动换向阀

机动换向阀又称行程阀，它主要用来控制液压机械运动部件的行程，它是借助于安装在工作台上的挡铁或凸轮来迫使阀芯移动，从而控制油液的流动方向，机动换向阀通常是二位的，有二通、三通、四通和五通几种，其中二位二通机动阀又分常闭和常开两种。图 6-39a 是机动阀滚轮与推杆的示意图，图 6-39b 为滚轮式二位二通常闭式机动换向阀的结构示意图，若滚轮未受力，阀芯处于图示状态，则油口 P 和 A 不通，当挡铁或凸轮压住滚轮时，阀芯右移，则油口 P 和 A 接通。图 6-39c 为其图形符号。

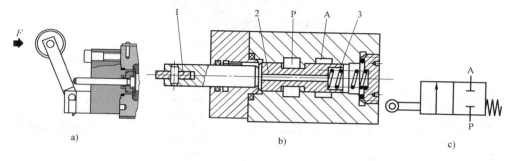

图 6-39 机动换向阀
1—推杆 2—阀芯 3—弹簧

3. 电磁换向阀

利用电磁铁的通、断电而直接推动阀芯来控制油口的连通状态。图 6-40 为单电磁铁控制的电磁换向阀，一般用在两位电磁换向阀上。

图 6-41 所示为三位五通电磁换向阀的局部剖视图、实物图及图形符号。当左边电磁铁通电，右边电磁铁断电时，阀油口的连接状态为 P 和 A

图 6-40 单电磁铁控制电磁换向阀

通，B 和 T_2 通，T_1 堵死，阀处于左位工作；当右边电磁铁通电，左边电磁铁断电时，P 和 B 通，A 和 T_1 通，T_2 堵死，阀处于右位工作；当左右电磁铁全断电时，五个油口全堵死，阀处于中位。

电磁换向阀的应用最为普遍。图 6-42 是其电磁铁的剖视图及通电后的位移-力曲线。当线圈通电后，铁心 3 和衔铁 4 被磁化，成为极性相反的两块磁铁，它们之间产生电磁吸力。电磁铁主要由线圈 2、铁心 3 及衔铁 4 三部分组成，铁心和衔铁一般用软磁材料制成。铁心一般是静止的，线圈总是装在铁心上。从图中可以看出：

1）电磁铁的输出力有限，一般不超过 200N。由于在电磁换向阀的阀芯开启过程中，阀芯自身会受到一个液动力使阀芯关闭，且压力和流量越大，该液动力越大，因此在阀芯逐渐打开的过程中，随着流量的增大，稳态力有可能超过电磁铁的输出力。因此，目前的电磁换向阀的通径不是很大，一般不超过 10 通径。

2）电磁铁的有效行程一般为几个毫米，因此一般电磁换向阀的阀芯位移也是约为几个毫米。

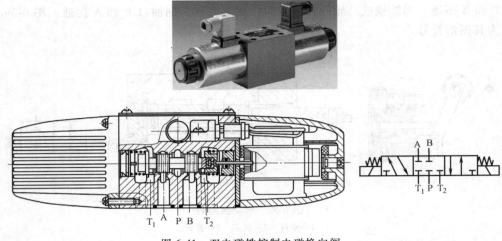

图 6-41 双电磁铁控制电磁换向阀

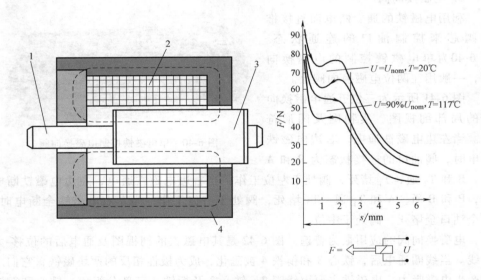

图 6-42 电磁铁及其位移-力曲线
1—推杆 2—线圈 3—铁心 4—衔铁

电磁换向阀的电磁铁按照所用电源不同，分为交流、直流和交流本整型三种。按电磁铁是否有油浸入，又分为干式、湿式和油浸式三种。现在基本不采用干式电磁铁。交流电磁铁不需要专门的电源，吸合、释放快，动作时间约为 $0.01 \sim 0.03\text{s}$，其缺点是若电源电压下降 15% 以上，则电磁铁吸力明显减小，若衔铁不动作，干式电磁铁会在 $10 \sim 15\text{min}$ 后烧坏线圈（湿式电磁铁为 $1 \sim 1.5\text{h}$），且冲击及噪声较大，寿命低，因而在实际使用中交流电磁铁允许的切换频率一般为 10 次/min，不得超过 30 次/min。直流电磁铁工作较可靠，吸合、释放动作时间约为 0.05～0.08s，允许使用的切换频率较高，一般可达 120 次/min，最高可达 300 次/min，且冲击小、体积小、寿命长；但需有专门的直流电源，成本较高。此外，还有一种交流本整型电磁铁，其电磁铁是直流的，但电磁铁本身带有整流器，通入的交流电经整流后再供给直流电磁铁。油浸式电磁铁的衔铁、激磁线圈等都浸在油液中工作，具有寿命长，工作平稳可靠等特点，但由于造价较高，应用面不广。

　　当然如果液压系统应用在潮湿或者易爆的环境工作时，需要使用防爆电磁铁。另外，如果要求方向阀的工作寿命必须特别长，通常也不推荐使用电磁铁。电磁铁失效的主要原因是发热，通常由电磁铁卡堵、环境温度高或电压过低等原因造成的。

　　前面提到换向时间是电磁换向阀的一种重要性能参数。但并不是换向时间越短越好，有时候，系统对动态响应要求不高时，为了降低压力冲击，反而希望增大换向时间。如图 6-43 所示，圆框中的节流孔或节流阀可以调节，通过调整开口度，来调整换向时间。

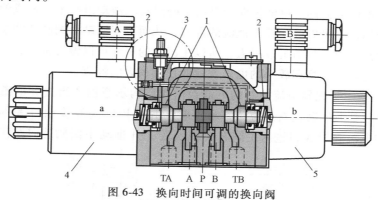

图 6-43　换向时间可调的换向阀

1—阀芯　2—复位弹簧　3—时间调节螺钉　4、5—电磁铁

4. 液动换向阀

　　液动换向阀是利用控制油路的压力油来改变阀芯位置的换向阀。图 6-44 为三位四通液动换向阀的结构和图形符号。阀芯是由其两端密封腔中油液的压差来移动的，当控制油路的压力油从阀右边的控制油口 K2 进入滑阀右腔时，K1 接通回油，阀芯向左移动，使压力油口 P 与 B 相通，A 与 T 相通；当 K1 接通压力油，K2 接通回油时，阀芯向右移动，使得 P 与 A 相通，B 与 T 相通；当 K1、K2 都通回油时，阀芯在两端弹簧和定位套作用下回到中间位置。由于液压力较大，因此，通径比较大的换向阀阀芯的主动推力基本都采用这种形式。

5. 电液换向阀

　　（1）工作原理　在大中型液压设备中，当通过阀的流量较大时，作用在滑阀

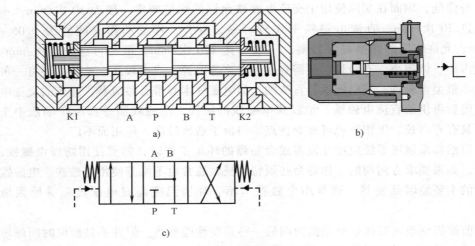

图 6-44　液动换向阀

上的摩擦力和液动力较大，此时电磁换向阀的电磁铁推力相对太小，需要用电液换向阀来代替电磁换向阀。电液换向阀是由电磁滑阀和液动滑阀组合而成的。电磁滑阀起先导作用，它可以改变控制液流的方向，从而改变液动滑阀阀芯的位置。由于操纵液动滑阀的液压推力可以很大，所以主阀芯的尺寸可以做得很大，允许有较大的油液流量通过。这样用较小的电磁铁就能控制较大的液流。

　　图 6-45 所示为先导节流控制的电液换向阀结构示意图。当先导电磁阀左边的电磁铁通电后使其阀芯向右边位置移动，来自主阀 P 口或外接油口 X 的控制压力油可经先导电磁阀的 A 口进入主阀右端弹簧腔，并推动主阀阀芯向左移动，这时

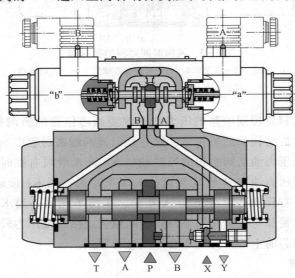

图 6-45　先导节流控制的电液换向阀结构示意图

主阀阀芯左端容腔中的油液可通过先导电磁阀的 B 口回油箱；此时主阀的 P 口与 A 口、B 口和 T 口的油路相通；反之，由先导电磁阀右边的电磁铁通电，可使主阀的 P 口与 B 口、A 口与 T 口的油路相通；当先导电磁阀的两个电磁铁均不带电时，先导电磁阀阀芯在其对中弹簧作用下回到中位，此时来自主阀 P 口或外接油口的控制压力油不再进入主阀芯的左、右两容腔，主阀阀芯在两端对中弹簧的预压力推动下，依靠阀体定位，准确地回到中位，此时主阀的 P、A、B 和 T 油口均不通。

电液换向阀除了上述的弹簧对中以外还有液压对中的，在液压对中的电液换向阀中，先导式电磁阀在中位时，先导阀的 A、B 两油口均与油口 P 连通，而 T 则封闭，其他方面与弹簧对中的电液换向阀基本相似。

（2）先导节流控制电液换向阀

液控换向阀换向时，迫使大流量的液压油改变方向，会产生一个较大的冲击。图 6-46 所示为一个先导节流控制的电液换向阀，可以减缓主阀芯的换向运动，从而降低冲击。先导节流控制器是一个叠加阀，安装在先导级和主级之间。由两个单向节流阀组成，其主要用途为一个方向的单向节流阀的节流口对弹簧腔的回油进行节流控制，而另外一个弹簧腔的进油的单向节流阀的单向阀打开。节流阀的开度越小，阀芯的换向时间越长。该方案可以降低冲击，但不能消除冲击。

（3）需要预开阀的电液换向阀

当电液换向阀的主级-液动换向阀的中位机能为 M、H 等液压泵在中位卸荷的情况时，如果先导级-电磁换向阀的控制压力为内控时，需要在阀体中设置一个预开阀（图 6-47 中所示的单向阀，也可以采用节流孔来替代），确保先导控制压力满足其最小控制压力要求。

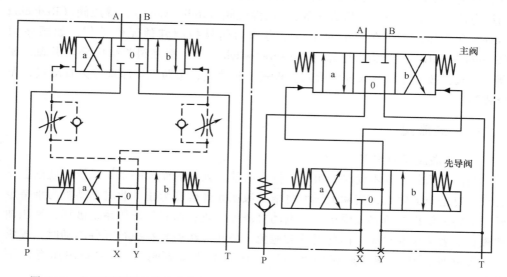

图 6-46　先导节流控制的电液换向阀　　　　图 6-47　电液换向阀（M 型）

6. 比例式电磁换向阀

比例方向阀是以在阀芯外装置的电磁线圈所产生的电磁力，来控制阀芯的移动，依靠控制线圈电流来控制方向阀内阀芯的位移量，故可同时控制油液流动的方向和流量。图 6-48 为比例式方向阀的图形符号，通过控制器可以得到任何想要的流量和方向，同时也有压力及温度补偿的功能；比例式方向阀有进油和回油流量控制两种类型。

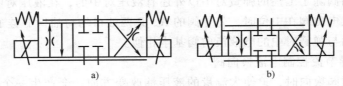

图 6-48　比例式电磁换向阀

a）进口节流　b）出口节流

第三节　压力控制阀及其应用

在液压传动系统中，压力控制阀是用来控制和调节液压系统中油液压力或通过压力信号实现控制的阀类，简称压力阀。这类阀的共同点是利用作用在阀芯上的液压力和弹簧力相平衡的原理工作的，是一个典型的质量弹簧阻尼系统。

在具体的液压系统中，根据工作需要的不同，对压力控制的要求是各不相同的：有的需要限制液压系统的最高压力，如安全阀；有的需要稳定液压系统中某处的压力值（或者压力差，压力比等），如溢流阀（Relief valve）、减压阀（Reducing valve）等定压阀；还有的是利用液压力作为信号控制其他元件动作，如顺序阀（Sequence valve）、压力继电器（Pressure switch）等。按照阀芯结构分为滑阀、球阀、锥阀；按照连接方式分为管式、板式、法兰式；按照工作原理分为直动式、先导式等。

一、溢流阀

（一）溢流阀的作用

当液压执行元件不动时，由于泵排出的油无处可去而成一密闭系统，理论上压力将一直增至无限大，实际上压力将增至液压元件破裂为止，此时电动机为维持定转速运转，输出电流将无限增大至电动机烧掉为止；前者使液压系统破坏，液压油四溅；后者会引起火灾；因此要绝对避免，防止方法就是在执行元件不动时，提供一条旁路使液压油能经此路回到油箱，它就是"溢流阀"，其主要用途有以下两个。

（1）用作溢流阀　在定转速-定排量泵的液压系统中，如图 6-49a 所示，液压泵输出流量不变，系统又希望通过流量控制阀（参考本章第四节）调节进入液压缸的流量，因此，液压泵输出的多余压力油必须通过溢流阀流回油箱，这样可使液压泵的输出压力保持一个近似恒定值。

（2）用作安全阀　图 6-49b 所示，液压泵为一个变排量液压泵，其输出流量可以通过改变液压泵的排量改变，因此，油缸的运动速度不需要通过流量控制阀调节，液压泵的输出流量和进入油缸的流量相匹配。在正常工作状态下，溢流阀是关闭的，只有在系统压力大于其调整压力时（比如油缸运动到终端位置时，换向阀来不及切换瞬间），溢流阀才被打开溢流，对系统起过载保护作用，一般用于变量系统。

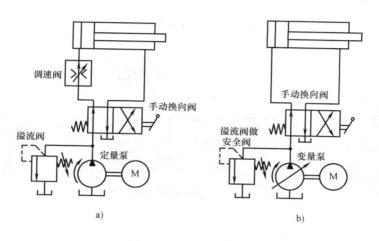

图 6-49　溢流阀的作用
a）做溢流阀用　b）做安全阀用

（二）直动式溢流阀

1. 基本结构方案和工作原理

直动式溢流阀从结构上看只有一个阀芯，作用在阀芯上的主油路液压力与调压弹簧力直接相平衡。直动型溢流阀因阀口和测压面结构型式不同，形成了如图 6-50 所示的三种基本结构。无论何种结构，基本都是调压弹簧和调压手柄、溢流阀口、测压面等三个部分构成的，如图 6-51 所示。

图 6-51 所示为锥阀型直动式溢流阀工作原理示意图。P 为进油口，T 为回油口。当进油口液压油作用在阀芯上的作用力大于弹簧力时，此时阀口打开，进口油液通过阀口回油箱溢流。当通过溢流阀的流量发生变化时，阀芯位置也要随之发生相应的变化，但因阀芯移动量很小，可以认为作用在阀芯上的弹簧力基本保持不变，因此可以认为，只要阀口打开，有油液经过溢流阀时，溢流阀入口的压力就基本保持恒定。通过调压手柄调节调压弹簧的预紧力，可以调整溢流阀的溢流压力，改变调压弹簧的弹簧刚度，即可以改变调压的范围。

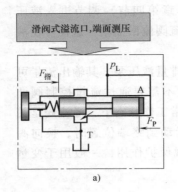
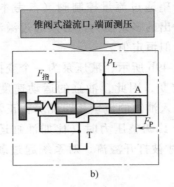
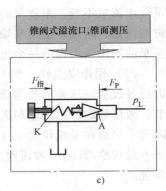

图 6-50　直动式溢流阀结构

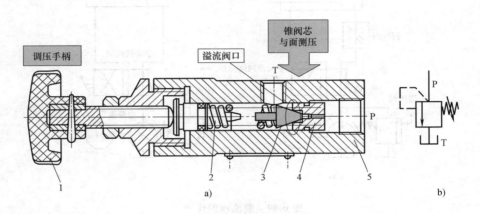

图 6-51　锥阀型直动式溢流阀工作原理示意图

a）结构　b）图形符号

1—手轮　2—调压弹簧　3—阀芯　4—阀座　5—阀体

图 6-52 所示为溢流阀的稳压原理，阀芯作比较器使用，一侧为指令力，一般由调压手柄调节弹簧力或电磁铁给定，另一侧作用着液压力 F_P，该油路和溢流阀的进口相同，为目标控制压力。这两个力之差为

$$\Delta F = F_{弹簧力} - F_P = Kx \tag{6-1}$$

式中　$F_{弹簧力}$——为图 6-50 中的指令力 $F_指$，在此处由弹簧力设定；

　　　　K——弹簧刚度；

　　　　x——阀芯位移量；

　　　　F_P——液压力，$F_P = pA$。

当溢流阀在某一开度下工作时，即 $F_{弹簧力} = F_P$。此时假设负载压力发生变化，即溢流阀的入口压力变化，假设压力升高，$F_{弹簧力} < F_P$，在右侧液压力作用下，阀

芯要向左运动，阀口开口变大，从进油口流经阀口的液压油所受阻力减小，压降变小，由于出口接油箱压力为零，因此，入口压力降低；同时，由于阀芯左移，弹簧被压缩，弹簧力变大，因此，在增加的弹簧力和减小的入口压力作用下，阀芯向右运动，从而使得阀芯的位置基本保持不变，即 $\Delta F = F_{弹簧力} - F_P = Kx \approx 0$。而指令力属于给定的设定值，保持不变，因此溢流阀的进口压力 p 近似保持不变，从而达到稳定入口压力的作用。

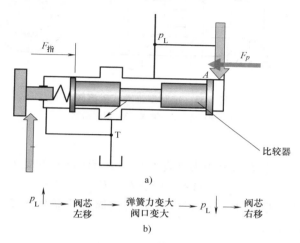

图 6-52　直动式溢流阀的稳压原理

　　由式（6-1）可知，弹簧力 $F_{弹簧力}$ 的大小与指令力 $F_{指}$ 成正比，因此如果提高被控压力，一方面可用减小阀芯的面积来达到，另一方面则需增大弹簧力，因受结构限制，需采用大刚度的弹簧。这样，在阀芯相同位移的情况下，弹簧力变化较大，因而该阀的定压精度就低。所以，这种低压直动式溢流阀一般用于压力和流量较小的场合，图 6-51b 所示为直动式溢流阀的图形符号。由图 6-51a 还可看出，在不工作状态下，溢流阀进、出油口之间是不相通的，而且作用在阀芯上的液压力是由进口油液压力产生的，经溢流阀芯的泄漏油液经内泄漏通道进入回油口 T。

　　直动式溢流阀采取适当的措施也可用于高压大流量。例如，德国 Rexroth 公司开发的通径为 6~20mm 的压力为 40~63MPa；通径为 25~30mm 的压力为 31.5MPa 的直动式溢流阀，最大流量可达到 330L/min，其中较为典型的锥阀型结构如图 6-53 所示。图 6-53 为锥阀型结构的局部放大图，在锥阀的下部有一阻尼活塞 3，活塞的侧面铣扁，以便将压力油引到活塞底部，该活塞除了能增加运动阻尼以提高阀的工作稳定性外，还可以使锥阀导向而在开启后不会倾斜。此外，锥阀上部有一个偏流盘 1，盘上的环形槽用来改变液流方向，一方面以补偿锥阀 2 的液动力；另一方面由于液流方向的改变，产生一个与弹簧力相反方向的射流力，当通过溢流阀的流量增加时，虽然因锥阀阀口增大引起弹簧力增加，但由于与弹簧力方向相反的射流力同时增加，结果抵消了弹簧力的增量，有利于提高阀的通流流量和工作压力。

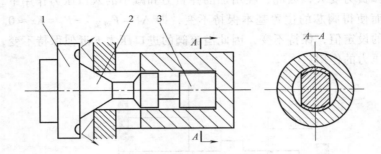

图 6-53 锥阀型直动式溢流阀

1—偏流盘 2—锥阀 3—阻尼活塞

2. 性能分析

如图 6-54 所示，假设溢流阀为垂直安装，溢流时阀芯的受力方程为

$$pA = F_s + F_g + F_{bs} \pm F_f \tag{6-2}$$

溢流阀的阀芯质量很小（10 通径溢流阀的阀芯质量约为 50g），忽略其重力 F_g。稳态液动力可表示为

$$F_{bs} = 2C_d W x_R p \cos\phi \tag{6-3}$$

则式（6-2）可简化为

$$pA = F_s + 2C_d W x_R p \cos\phi \pm F_f \tag{6-4}$$

溢流阀的入口压力 p 表示为

$$p = \frac{F_s \pm F_f}{A - 2C_d W x_R \cos\phi} = \frac{k(x_c + x_R) \pm F_f}{A - 2C_d W x_R \cos\phi} \tag{6-5}$$

式中　k——弹簧刚度；

x_c——弹簧的预压缩量；

x_R——阀口开度（阀芯位移，即增加的压缩量）；

F_s——弹簧力；

F_f——阀芯受到的摩擦力；

F_{bs}——稳态液动力；

F_g——重力。

阀口将开未开时：$x_R = 0$

此时的压力称之为开启压力：

$$p_c = \frac{kx_c}{A} \tag{6-6}$$

$x_R = x_{Rmax}$ 为通过额定流量时阀芯的位移。

通过额定流量时的压力称之为调定压力或全流压力:

$$p_\mathrm{T} = \frac{k(x_\mathrm{c} + x_\mathrm{Rmax})}{A - 2C_\mathrm{d}Wx_\mathrm{Rmax}\cos\phi} \tag{6-7}$$

根据式 (6-7) 画出图 6-55 所示的特性曲线, 由图 6-55 看出:

1) 调压弹簧一定的预压缩量 x_c, 阀的进口压力 p 基本为一定值。

2) $\Delta p = p_\mathrm{T} - p_\mathrm{c}$ 被称为调压偏差; 对于用户来说, 希望溢流压力取决于调压弹簧, 而不希望溢流流量发生变化时, 溢流压力也跟着发生变化, 因此, 理想的溢流阀的溢流压力和溢流流量的曲线为一水平曲线。那么造成溢流阀产生调压偏差的主要原因如下。

① 附加弹簧力的影响。溢流流量增大时, 阀开口大小 x_R 增大, 调压弹簧会进一步被压缩, 弹簧力也会变大, 因此阀的进口压力会变大; 为了降低调压偏差, 一般在设计溢流阀的弹簧时, 在保证弹簧稳定性的前提下, 尽可能降低弹簧的

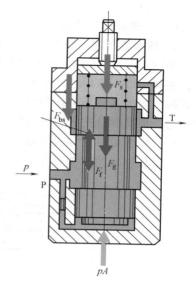

图 6-54　直动式溢流阀的受力分析

刚度, 增大预压缩量, 使得阀芯运动过程中导致的附加弹簧力和弹簧的预紧力相比较小。

② 稳态液动力 F_bs 的影响。溢流阀的阀口流量变大时, 稳态液动力也会变大, 而且稳态液动力的方向是使阀趋于关闭, 和弹簧力的方向一致, 相当于弹簧力变大了, 因此阀的进口压力也变大。降低稳态液动力主要从阀口结构优化出发。

3) 阀打开和闭合特性不同, 这主要是由于在开启和关闭过程中, 阀芯所受到的摩擦力的方向不同引起; 在开启过程中, 摩擦力方向和弹簧力方向相同, 近似增大了弹簧力; 而在关闭时, 摩擦力方向和弹簧力方向相反, 近似减小了弹簧力; 因此, 溢流阀在开启过程中在某个流量对应的压力大于在关闭过程中在相同流量对应的压力。

4) 对于高压大流量的压力阀, 要求调压弹簧具有很大的弹簧力, 若增大弹簧刚度会使阀的调节性能变差, 若增大弹簧压缩量则不仅会影响弹簧的稳定性而且在结构上也难以实现。此外高压大流量时, 稳态液动力也会变大, 使溢流阀的调压偏差较大。因此, 对于高压

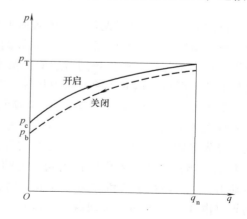

图 6-55　直动式溢流阀的特性曲线

大流量的溢流阀，为了减小压力波动，宜采用先导阀。

5）直动式溢流阀的特点是反应快，但压力波动较大。

（三）先导式溢流阀

1. 基本结构方案和工作原理

如图 6-56 和图 6-57 所示的先导式溢流阀，其先导级是锥阀形式的直动式溢流阀，主阀采取两节同心或三节同心。由于溢流阀能够稳定入口压力，因此可以将先导式溢流阀的入口压力作为指令力提供给主阀，从而使主阀的入口压力近似等于设定压力，而达到稳定入口压力的目的。先导型溢流阀的主要特点是：由主阀负责控制系统的溢流量，先导级负责向主阀提供指令力，作用在主阀芯上的主油路液压力与先导级所输出的"指令压力"相平衡，即系统压力由先导级设定。

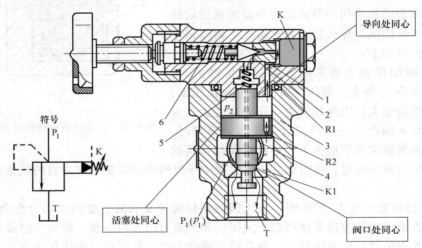

图 6-56　三节同心先导式溢流阀

1—先导阀芯　2—先导阀座　3—主阀体　4—主阀芯　5—主阀复位弹簧
6—先导阀弹簧　R1、R2—阻尼孔　K—远程控制口　K1—主阀口

以图 6-57 为例说明先导式溢流阀的工作过程。在图中压力油从 P_1 口进入，通过阻尼孔 R1 和阻尼孔 R3 后作用在先导阀芯 4 上，当进油口压力较低，导阀上的液压作用力不足以克服先导阀右边的弹簧 5 的作用力时，先导阀关闭，没有油液流过阻尼孔，所以主阀芯 1 两端压力相等，在较软的主阀复位弹簧 6 作用下主阀芯 1 处于最下端位置，溢流阀阀口 P_1 和 T 隔断，没有溢流。当进油口压力升高到作用在先导阀上的液压力大于先导阀弹簧作用力时，先导阀打开，压力油就可通过阻尼孔、经先导阀流回油箱，由于阻尼孔的作用，使主阀芯上端的液压力 p_3 小于下端压力 p_1，当这个压力差作用在主阀芯上的力等于或超过主阀弹簧力 F_s、轴向稳态液动力 F_{bs}、摩擦力 F_f 和主阀芯自重 G 时，主阀芯开启，油液从 P_1 口流入，经主阀阀口由 T 流回油箱，实现溢流，即有：

$$\Delta p = p_1 - p_3 \geq (F_s + F_{bs} + G \pm F_f)/A \qquad (6-8)$$

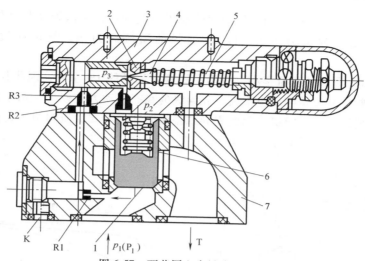

图 6-57　两节同心先导式溢流阀

1—主阀芯　2—先导阀座　3—先导阀体　4—先导阀芯　5—先导弹簧　6—主阀复位弹簧　7—主阀体

R1、R2、R3—阻尼孔　K—远程控制口

由式（6-8）可知，由于油液通过阻尼孔而产生的 p_1 与 p_3 之间的压差值不太大，所以主阀芯只需一个小刚度的软弹簧即可；而作用在先导阀 4 上的液压力 p_3 与其先导阀阀芯面积的乘积即为先导阀弹簧 5 的调压弹簧力，由于先导阀阀芯一般为锥阀，受压面积较小，所以用一个刚度不太大的弹簧即可调整较高的开启压 p_3，用螺钉调节导阀弹簧的预紧力，就可调节溢流阀的溢流压力。

先导式溢流阀有一个远程控制口 K，如果将 K 口用油管接到另一个远程调压阀（远程调压阀的结构和溢流阀的先导控制部分一样），调节远程调压阀的弹簧力，即可调节溢流阀主阀芯上端的液压力，从而对溢流阀的溢流压力实现远程调压。但是，远程调压阀所能调节的最高压力不得超过溢流阀本身先导阀的调整压力。当远程控制口 K 通过二位二通阀接通油箱时，主阀芯上端的压力接近于零，主阀芯上移到最高位置，阀口开得很大。由于主阀弹簧较软，这时溢流阀 P_1 口处压力很低，系统的油液在低压下通过溢流阀流回油箱，实现卸荷。

2. 性能分析

图 6-58 是图 6-57 所示先导式溢流阀的等效原理图，根据原理可知，先导式溢流阀的入口压力可表示为：

$$p_1 = \frac{F_s + p_3 A \pm F_f}{A - 2C_d W x_R \cos\phi} \tag{6-9}$$

式中　p_3——主阀芯上端的压力。

先导式溢流阀的主要性能如下。

1）先导阀和主阀阀芯分别处于受力平衡，其阀口都满足压力流量方程。阀的进口压力由两次比较得到，反应慢，因此先导式溢流阀一般不用做安全阀。

2）压力值主要由先导阀调压弹簧的预压缩量确定，主阀弹簧起复位作用，一般主阀芯的复位弹簧力不大。以 20 通径的溢流阀为例，复位弹簧力大约为 40~70N。

3）通过先导阀的流量很小，仅为主阀额定流量的 1% 左右，因此其尺寸很小，即使是高压阀，其弹簧刚度也不大，先导级的稳态液动力也较小。先导式溢流阀的调节性能主要取决于先导级，因此先导式溢流阀和直动式溢流阀相比其调压偏差较小，稳定性好，压力波动小（图 6-59）。

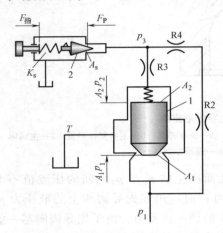

图 6-58　先导式溢流阀的等效原理图
1—主阀芯　2—先导阀芯
R2、R3、R4—阻尼孔

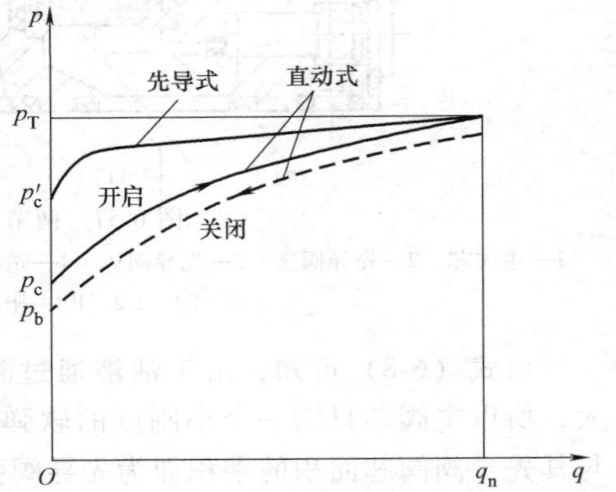

图 6-59　先导式和直动式溢流阀的特性曲线

4）阻尼孔的结构和作用如下。

① 阻尼孔的结构：阻尼孔一般为细长孔，孔径很小 $\phi = 0.8 \sim 1.2$ mm，孔长 $l = 8 \sim 12$ mm，因此工作时易堵塞，一旦堵塞则导致主阀口常开无法调压。因此较长的阻尼孔一般分成多个安装在不同的位置。比如图 6-58 所示的阻尼孔 R2 和阻尼孔 R4。

② 阻尼孔的作用：图 6-58 中有三个阻尼孔，分别是阻尼孔 R2、R3、R4。其中阻尼孔 R2 和 R4 的作用相同可以等效成一个阻尼孔，其主要作用是利用液流流经阻尼孔形成压差，该压差作用在主阀芯上下两腔产生一个不平衡的液压推力与复位弹簧力相对抗，因此，阻尼孔 R2 和 R4 可以称为压差阻尼。而阻尼孔 R3 的作用是当主阀芯从一个稳定状态过渡到另一个稳定状态时，主阀芯的位移发生变化，进而导致主阀芯上腔的弹簧腔的体积发生变化，导致部分液压油经过阻尼孔 R3 而产生一个压差，对主阀芯的运动起到的一个阻尼的作用。同理从图 6-58 可以看出当主阀芯已经处于一个稳定状态时，主阀芯的上腔的弹簧腔的体积并不发生变化，理论上没有液压油经过阻尼孔 R3，不能起到阻尼作用。因此，阻尼孔 R3 也被称为动态阻尼。

5）调压范围：在规定的范围内调节时，阀的输出压力能平稳的升降，无突跳或迟滞现象。为改善高压溢流阀的调节性能，往往通过更换四根刚度不同的弹簧 0.6～8MPa、4～16MPa、8～20MPa、16～32MPa 实现四级调压。如图 6-60 所示，图 6-60a 中溢流阀的压力等级为 21.5MPa，其对应的弹簧刚度为 656N/cm，而图 6-60b 中溢流阀的压力等级大约为 10.0MPa，其弹簧刚度为 225 N/cm。再从图 6-60 中可以看出，不论是哪种压力等级的溢流阀，在接近其压力等级的设定压力附近工作时，其调压偏差较小，在远低于其压力等级时，由于弹簧刚度较大引起的附加弹簧力较大，从而导致调压偏差较大。

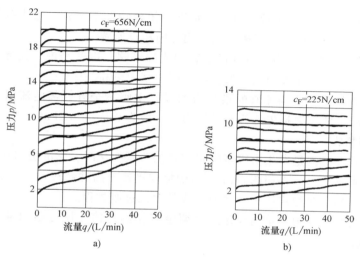

图 6-60　不同压力等级溢流阀对应的弹簧刚度
a）压力等级 21.5MPa　b）压力等级 10.0MPa

（四）溢流阀的性能

静态特性是指阀在稳态工况时的特性，动态特性是指阀在瞬态工况时的特性。

1. 静态性能

（1）压力调节范围　压力调节范围是指调压弹簧在规定的范围内调节时，系统压力能平稳地上升或下降，且压力无突跳及迟滞现象时的最大和最小调定压力。溢流阀的最大允许流量为其额定流量，在额定流量下工作时，溢流阀应无噪声、溢流阀的最小稳定流量取决于它的压力平稳性要求，一般规定为额定流量的 15%。

（2）启闭特性　启闭特性是指溢流阀在稳态情况下从开启到闭合的过程中，被控压力与通过溢流阀的溢流流量之间的关系。它是衡量溢流阀定压精度的一个重要指标，一般用溢流阀处于额定流量、调定压力 p_T 时，开始溢流的开启压力 p_c 及停止溢流的闭合压力 p_b 分别与 p_s 的百分比来衡量，前者称为开启比 $\bar{p}_k$，后者称为闭合比 $\bar{p}_b$，即

$$\overline{p_k} = \frac{p_c}{p_s} \times 100\% \tag{6-10}$$

$$\overline{p_b} = \frac{p_b}{p_s} \times 100\% \tag{6-11}$$

式中，p_s为溢流阀调压范围内的任何一个值，显然上述两个百分比越大，则两者越接近，溢流阀的启闭特性就越好，一般应使 $\overline{p_k} \geqslant 90\%$，$\overline{p_b} \geqslant 85\%$。

直动式和先导式溢流阀的启闭特性曲线如图 6-59 所示，由此图能看出以下两点。

1）对同一个溢流阀来说，其开启特性与闭合特性不重合。这主要是由于在开启和闭合两种运动过程中，摩擦力的作用方向相反所致。

2）先导式溢流阀的启闭特性优于直动式溢流阀。也就是说，先导式溢流阀的调压偏差比直动式溢流阀的调压偏差小，调压精度更高。

（3）卸荷压力 当溢流阀的指令力为零，主阀芯全开，额定流量经过溢流阀时在阀口上产生的压力损失称为卸荷压力，一般为 0.7~1.0MPa。

2. 动态特性

当溢流阀在溢流量发生由零至额定流量的阶跃变化时，它的进口压力，也就是它所控制的系统压力，将如图 6-61 所示的那样迅速升高并超过额定压力的调定值，然后逐步衰减到最终稳定压力，从而完成其动态过渡过程。

定义最高瞬时压力峰值与额定压力调定值 p_s 的差值为压力超调量 Δp，则压力超调率 $\Delta \overline{p}$为

$$\Delta \overline{p} = \frac{\Delta p}{p_s} \times 100\% \tag{6-12}$$

它是衡量溢流阀动态定压误差的一个性能指标。一个性能良好的溢流阀，其 $\Delta \overline{p} \leqslant 10\% \sim 30\%$。图 6-61 中所示 t_1 称之为响应时间；t_2 称之为过渡过程时间。显然，t_1 越小，溢流阀的响应越快；t_2 越小，溢流阀的动态过渡过程时间越短。

思考：溢流阀的动态响应越快，其进口压力建立时间一定越短吗？

（五）溢流阀的应用

除了图 6-49a 所示作溢流阀用在回路中起溢流调压作用、图 6-49b 所示起安全阀作用外，在液压系统中可有其他用途。

1. 远程压力控制回路

从较远距离的地方来控制泵工作压力的回路，图 6-62 所示的回路压力调定是由遥控/远程溢流阀（Remote control relief valve）控制的，控制压力维持在 3MPa。遥控/远程溢流阀的调定压力一定要低于主溢流阀调定压力，否则等于将主溢流阀遥控口堵塞。

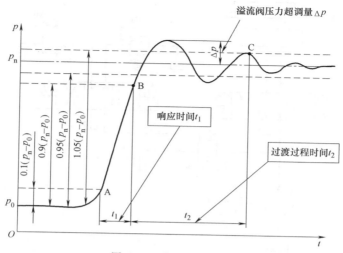

图 6-61　阶跃响应曲线

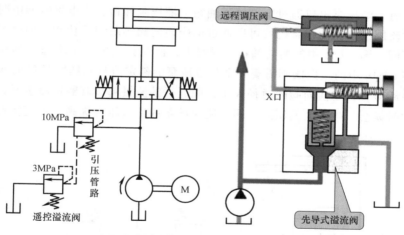

图 6-62　远程调压

2. 多级压力切换回路

图 6-63 利用电磁换向阀可调出三种回路压力。当换向阀处于中位时，系统压力由主溢流阀设定为 10MPa，当左侧电磁铁通电时，主溢流阀的遥控口通 7MPa 的溢流阀，则系统压力由遥控级压力确定为 7MPa，同理当右侧电磁铁通电时，系统压力为 3MPa。注意最大压力一定要在主溢流阀上设定。

3. 远程控制口 K 的应用——系统卸荷

如图 6-64 所示的两个系统均能使液压泵卸荷。图 6-64a 中，一个小通径的电磁换向阀连接在先导式溢流阀的遥控口上，当电磁铁断电时，系统压力由溢流阀设定；而当电磁铁通电时，由于遥控口通油箱，此时液压泵卸荷。图 6-64b 中，当电

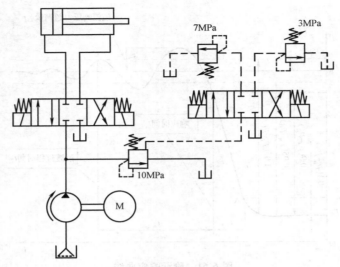

图 6-63　多级调压示意图

磁铁断电时，液压泵出口通过电磁阀通油箱，液压泵卸荷；当电磁铁通电时，系统压力由溢流阀设定。两个系统均可以通过电磁换向阀实现卸荷功能，但是对电磁阀的要求不同，图 6-64a 中的换向阀在先导级上，因此只需要一个小通径的换向阀即可；而图 6-64b 中的换向阀则需要一个与液压泵的额定流量相匹配的换向阀才能实现液压泵卸荷，否则换向阀的通径太小，则通过的流量超过其额定流量时，液压油流经它的时候会产生较大的压降，即会使液压泵的出口压力提高，不能实现液压泵卸荷。

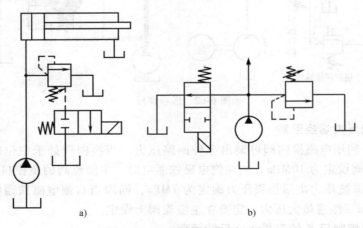

图 6-64　两种系统卸荷原理图

【例 6-1】　如图 6-65 所示的三个溢流阀的设定压力分别是：$p_{Y1} = 4MPa$，$p_{Y2} = 3MPa$，$p_{Y3} = 2MPa$。问当系统外负载趋于无穷大时，液压泵的出口压力为多少？

【解】　如图 6-65 所示，系统是三个溢流阀的串联，当系统压力无穷大时，液压泵输出的液压油要依次流通三个阀才能流回油箱。要使 p_{Y3} 工作，其入口压力要为 2MPa，这个压力同时作用在溢流阀 p_{Y2} 的回油口和弹簧腔上，即溢流阀 p_{Y2} 一方面要克服自身的弹簧力 3MPa，另一方面还要克服弹簧腔的背压 2MPa，即 p_{Y2} 的入口压力是（3+2）MPa=5MPa；同理 p_{Y1} 的入口压力为（4+3+2）MPa=9MPa。即液压泵的出口压力为 9MPa。

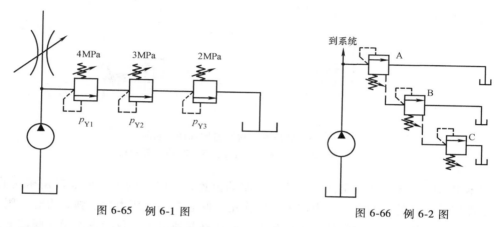

图 6-65　例 6-1 图　　　　　　　　　　图 6-66　例 6-2 图

【例 6-2】　如图 6-66 所示，各溢流阀的调整压力分别是：$p_A = 3MPa$，$p_B = 2MPa$，$p_C = 4MPa$。问在系统外负载趋于无穷大时，该系统的压力各多少？

【解】　图示三个溢流阀中，溢流阀 C 和 B 分别连接在溢流阀 B 和 A 的遥控口上，作为先导级，因此系统压力由最小的溢流阀设定，即溢流阀 B。

所以液压泵的出口压力 $p_s = 2MPa$。

二、减压阀

当回路内有两个以上液压缸，其中之一需要较低的工作压力，同时其他的液压缸仍需高压运作时，此刻就需用到减压阀来提供一较系统压力低的压力给低压缸。减压阀在各种液压设备的夹紧系统、润滑系统和控制系统中应用较多。此外，当油液压力不稳定时，在回路中串入一减压阀可得到一个稳定的较低的压力。

根据减压阀所控制的压力不同，它可分为定值减压阀、定差减压阀和定比减压阀。本书重点介绍定值减压阀。从功能特点来看，分为二通型和三通型。从结构特点分类，减压阀亦有直动型（图 6-67a）和先导型（图 6-67b），其中，先导型减压阀也是由主阀和先导阀组成的，先导阀负责调定压力，主阀负责减压作用。图 6-67c、d 分别是直动式减压阀和先导式减压阀的图形符号。

（一）二通减压阀

1. 定值输出减压阀

图 6-67a 所示为直动式减压阀的结构示意图。P_1 口是进油口，P_2 口是出油口，

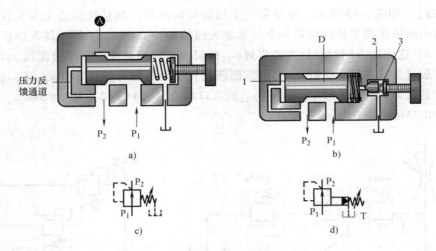

图 6-67　减压阀结构示意图和图形符号
1—主阀　2—先导阀　3—先导弹簧　D—轴向阻尼孔

阀不工作时，阀芯在弹簧作用下处于最左端位置，此时阀的进、出油口是相通的，亦即阀是常开的。若出口压力增大，使作用在阀芯左端的压力大于弹簧力时，阀芯右移，关小阀口，这时阀处于工作状态。若忽略其他阻力，仅考虑作用在阀芯上的液压力和弹簧力相平衡的条件，则可以认为出口压力基本上维持在某一定值——调定值上。这时如出口压力减小，阀芯左移，开大阀口，阀口处阻力减小，压降减小，使出口压力回升到调定值；反之，若出口压力增大，则阀芯右移，关小阀口，阀口处阻力加大，压降增大，使出口压力下降到调定值。从而达到稳定出口压力的作用。

图 6-67b 为先导式减压阀结构示意图，可仿前述先导式溢流阀来推演，这里不再赘述。

将该类型的先导式减压阀和先导式溢流阀进行比较，它们之间有如下几点不同点。

1）减压阀保持出口压力基本不变，从控制角度来看，其反馈来源于出口；而溢流阀保持进口处压力基本不变，其反馈来源于进口。

2）在不工作时，减压阀进、出油口互通，而溢流阀进出油口不通，即减压阀阀口一般常开（改进型的减压阀可以为常闭，一旦工作后，阀口就全开）；溢流阀阀口常闭。

3）为保证减压阀出口压力调定值恒定，它的先导阀弹簧腔需通过泄油口单独外接油箱；而溢流阀的出油口是通油箱的，所以它的先导阀的弹簧腔和泄漏油可通过阀体上的通道和出油口相通，不必单独外接油箱。

4）稳态工作时，溢流阀的流量可以从最小流量一直到最大流量。而减压阀的主流量近似为零。

理想的减压阀在进口压力、流量发生变化或出口负载增加时，其出口压力 p_2 总是恒定不变。但实际上，p_2 是随 p_1、q 变化的，或负载的变化而有所变化。由图 6-67a 可知，当忽略阀芯的自重和摩擦力，稳态液动力为 F_{bs} 时，阀芯上的力平衡方程为

$$p_2 A + F_{bs} = k_s (x_c + x_R) \tag{6-13}$$

式中 k_s——弹簧刚度；

x_c——阀芯开口 $x_R = 0$ 时弹簧的预压缩量。

亦即

$$p_2 = \frac{k_s(x_c + x_R) - F_{bs}}{A} \tag{6-14}$$

若忽略液动力 F_{bs}，且 $x_R \leqslant x_c$ 时，则有

$$p_2 = k_s x_c / A \tag{6-15}$$

这就是减压阀出口压力可基本上保持定值的原因。

在图 6-67b 中的先导式减压阀中，出油口压力的压力调整值越低，它受流量变化的影响就越大。当减压阀的出油口不输出油液时，它的出口压力基本上仍能保持恒定，此时有少量的油液通过减压阀阀口经先导阀和泄油口流回油箱，保持该阀处于工作状态。

如图 6-68a 所示，减压阀输出压力要稳定在设定值时的工作前提是其进口压力要大于设定压力。当进口压力小于设定压力，阀芯的出口压力反馈作用在阀芯的力肯定小于弹簧力，阀口全开，不起减压作用。

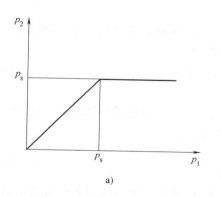
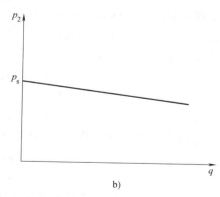

图 6-68　减压阀的特性曲线

a）出口压力和进口压力的关系　b）出口压力和流量的关系

如图 6-68b 所示，减压阀的出口压力与流量的特性曲线 p_2-q。当减压阀进油口压力 p_1 基本恒定且大于设定压力时，若通过的流量 q 增加，则阀口缝隙 x_R 加大，出口压力 p_2 略微下降，和溢流阀的压力流量曲线的变化趋势相反，这是由于流量

变大，阀芯位移变大，弹簧的压缩量反而减少，导致弹簧力变小。此外，稳态液动力的方向也是和弹簧力方向相反。

2. 定差减压阀

定差减压阀是使进、出油口之间的压差等于或近似于不变的减压阀，主要用在压力补偿器，比如与节流阀串联构成调速阀。

工作原理如图 6-69 所示。高压油 p_1 经节流口 x_R 减压后以低压 p_2 流出，同时，低压油经阀芯中心孔将压力传至阀芯上腔，则其进、出油液压力在阀芯有效作用面积上的压差与弹簧力相平衡。

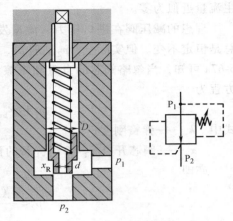

图 6-69　定差减压阀

$$\Delta p = p_1 - p_2 = \frac{k_s(x_c + x_R)}{\frac{\pi}{4}(D^2 - d^2)} \qquad (6\text{-}16)$$

式中　x_c——当阀芯开口 $x_R = 0$ 时弹簧（其弹簧刚度为 k_s）的预压缩量。

由式（6-16）可知，只要尽量减小弹簧刚度 k_s 和阀口开度 x_R，就可使压力差 Δp 近似地保持为定值。

3. 定比减压阀

定比减压阀能使进、出油口压力的比值维持恒定。定比减压阀，比较少见，曾作为串联双极叶片泵的级间压力分配器。

图 6-70 所示为其工作原理图，在稳态时，忽略阀芯所受到的稳态液动力、阀芯的质量和摩擦力，可得到阀芯的力平衡方程为

$$p_1 A_1 + k_s(x_c + x_R) = p_2 A_2 \qquad (6\text{-}17)$$

式中　k_s——阀芯下端弹簧刚度；

x_c——阀口开度为 $x_R = 0$ 时的弹簧的预压缩量；其他符号如图 6-70 所示。

若忽略弹簧力（刚度较小），则有（减压比）：

$$\frac{p_2}{p_1} = \frac{A_1}{A_2} \qquad (6\text{-}18)$$

由式（6-18）可见，选择阀芯的作用面积 A_1 和 A_2，便可得到所要求的压力比，且比值近似恒定。

（二）三通减压阀

二通减压阀在实际应用中存在一个主要问题是无法处理负载腔压力高于调定压力值时的压力冲击。这个缺陷正是三通减压阀引出的主要原因。三通式减压阀也分为直动式和先导式。下面以直动式三通减压阀为例，阐述其工作原理。参考

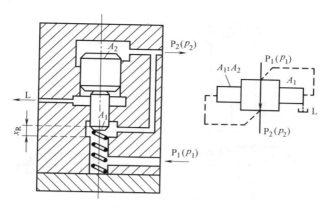

图 6-70　定比减压阀

图 6-71，三通减压阀的三个油口分别是进油口 P、出油口 A、回油口 T。从功能上看，P 到 A 为减压阀功能，A 到 T 为溢流阀功能。主要优势是 A 到 T 的泄压功能，因此具有抗出口压力冲击的能力。

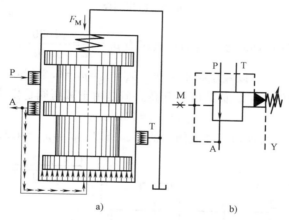

图 6-71　直动式三通减压阀

a）原理图　b）图形符号

（三）减压阀的应用

减压阀在液压系统中主要起减压、稳压和单向减压作用。图 6-72 为减压回路，不管主回路压力多高，A 缸压力决不会超过 3MPa。

【例 6-3】　如图 6-73 所示，溢流阀调定压力 $p_{s1} = 4.5\text{MPa}$，减压阀的调定压力 $p_{s2} = 3\text{MPa}$，活塞前进时，负载 $F = 1000\text{N}$，活塞面积 $A = 20 \times 10^{-4}\text{m}^2$，减压阀全开时的压力损失及管路损失忽略不计，求：

1）活塞在运动时和到达尽头时，A、B 两点的压力。

2）当负载 $F = 7000\text{N}$ 时，A、B 两点的压力是多少？

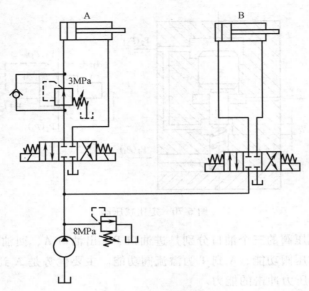

图 6-72　减压回路

【解】 1）活塞运动时液压缸的负载压力 $p_L = \dfrac{F}{A} = \dfrac{1000}{20 \times 10^{-4}}\text{Pa} = 0.5\text{MPa}$

因为 $p_L < p_{s2} < p_{s1}$，所以减压阀不工作，$p_A = p_B = p_L = 0.5\text{MPa}$。

当活塞运动到终点时，负载压力升高。但是由于减压阀稳定出口压力，故

$$p_B = p_{s2} = 3\text{MPa}$$

液压泵输出的压力油通过溢流阀回油箱，所以：$p_A = p_{s1} = 4.5\text{MPa}$。

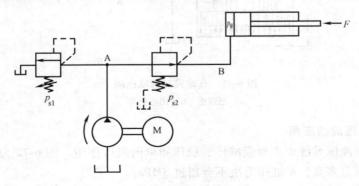

图 6-73　例 6-3 图

2）当负载增大到 7000N 时，此时液压缸的负载压力为

$$p_L = \dfrac{F}{A} = \dfrac{7000}{20 \times 10^{-4}}\text{Pa} = 3.5\text{MPa}$$

由于 $p_L > p_{s2}$，减压阀稳定的出口压力不足以推动负载工作，因此液压缸不工

作，此时与活塞运动到终点时的情况一样，即

$$p_B = p_{s2} = 3\text{MPa}$$

$$p_A = p_{s1} = 4.5\text{MPa}$$

三、顺序阀

顺序阀是使用在一个液压泵要供给两个以上液压缸按照一定顺序动作场合的一种压力阀。依控制压力的不同，顺序阀又可分为内控式和外控式两种。前者用阀的进口压力控制阀芯的启闭，后者用外来的控制压力油控制阀芯的启闭（即液控顺序阀）。顺序阀也有直动式和先导式两种，前者一般用于低压系统，后者用于中高压系统。顺序阀的构造及其动作原理类似溢流阀。顺序阀与溢流阀不同的是：出口直接接执行元件，另外有专门的泄油口。它不稳定入口压力，只是当入口压力高于设定压力时，保证油液能够流通，因此相当于一个液压开关。

（一）直动式顺序阀

图 6-74 所示为直动式顺序阀的工作原理图和图形符号。当进油口压力 p_1 较低时，阀芯在弹簧作用下处于最下端位置，进油口和出油口不相通。当作用在阀芯下端的液压力大于弹簧的预紧力时，阀芯向上移动，阀口打开，油液便经阀口从出油口流出，从而操纵另一执行元件或其他元件动作。由图 6-74 可见，顺序阀和溢流阀的结构基本相似，不同的只是顺序阀的出油口通向系统的另一压力油路，而溢流阀的出油口通油箱。此外，由于顺序阀的进、出油口均为压力油，所以它的泄油口 L 必须单独外接油箱。

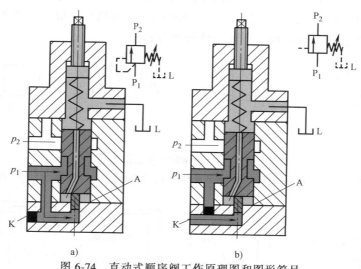

图 6-74   直动式顺序阀工作原理图和图形符号

a）内控   b）外控

直动式外控顺序阀与内控顺序阀的区别是其控制油路来自于进油口还是单独的

控制油路，图 6-74b 所示其下部有一控制油口 K，阀芯的启闭是利用通入控制油口 K 的外部控制油来控制的。

（二）先导式顺序阀

图 6-75 所示为先导式顺序阀的工作原理图和图形符号，其工作原理可仿前述先导式溢流阀推演，在此不再重复。

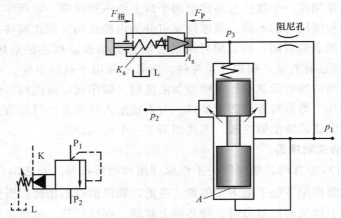

图 6-75　先导式顺序阀工作原理图及图形符号

（三）顺序阀的应用

通过改变顺序阀上盖或底盖的装配位置可以获得如图 6-76 所示的内控外泄、外控外泄、内控内泄及外控内泄等四种类型的顺序阀。通过与单向阀的组合又可获得如图 6-77 所示的新型结构图形符号，其中就有工程机械中应用广泛的平衡阀。

顺序阀的使用非常广泛，下面具体进行分析。

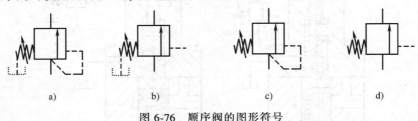

图 6-76　顺序阀的图形符号

a）顺序阀（内控外泄）　b）外控顺序阀（外控外泄）　c）背压阀（内控内泄）　d）卸荷阀（外控内泄）

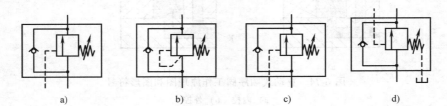

图 6-77　顺序阀与单向阀联合组成的图形符号

a）外控单向顺序阀　b）内控平衡阀　c）外控平衡阀　d）内控单向顺序阀

1. 内控外泄式顺序阀用于顺序动作回路

图6-78为利用顺序阀的定位与夹紧的顺序动作回路，其前进的动作顺序是先定位后夹紧，后退则是同时退后。当电磁铁不通电，换向阀处于右位工作时，由于定位缸运动时的压力很低，因此液压泵供给的液压油经过减压阀后流入定位缸推动定位缸运动，而顺序阀的设定压力高于定位缸的工作压力，顺序阀不工作，因此夹紧缸保持不动；当定位缸运动到位后，压力升高，高于顺序阀的设定压力后，顺序阀打开，液压油流入到夹紧缸推动夹紧缸夹紧工件。当电磁铁得到信号通电，换向阀左位工作，液压油同时流入定位缸和夹紧缸的有杆腔，定位缸的无杆腔的液压油通过换向阀直接回油箱；夹紧缸无杆腔的压力油通过与顺序阀并联的单向阀后经换向阀回油箱。从而实现了先定位后夹紧及同步退后的工作循环。

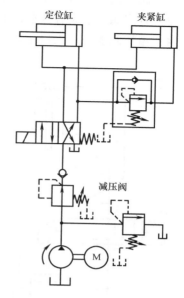

图6-78 利用顺序阀的定位与
夹紧顺序动作回路

2. 外控式顺序阀起平衡阀的作用

图6-79所示是利用顺序阀起平衡作用的回路，用在大型压床上。由于压柱及上模很重，当换向阀处于中位时，为防止因自重而产生的自走现象，必须加装平衡阀（顺序阀）。图6-79所示的顺序阀是外控式顺序阀，其与单向阀组合即为图6-77中所示的外控平衡阀。当活塞由于自重而缓慢下降时，此时由于油路封闭，液压缸的无杆腔容积增大，压力降低到低于顺序阀的设定压力时顺序阀关死，液压缸有杆腔的液压油被封闭，压力升高克服活塞自重，使其可靠停止。当需要活塞上行时，液压油经过单向阀流入液压缸的有杆腔。

3. 内控内泄式顺序阀用做背压阀

图6-80所示的阀4即是内控内泄式顺序阀用做背压阀的典型应用，连接在液压缸的回油腔，提供一定的背压，使液压缸运动平稳。

4. 外控内泄式顺序阀用作卸荷阀

图6-81是外控内泄式顺序阀用作卸荷阀。当液压缸空载运行时，换向阀6不通电，负载压力小而运动速度高，此时泵1和泵2同时给液压缸供油；当换向阀6通电，液压泵输出的液压油只能经过节流阀7流入液压缸，油液压力升高，当高于顺序阀3的设定压力时，顺序阀3打开，液压泵1的液压油经过阀3回油箱卸荷，仅有液压泵2为液压缸供油。

（四）顺序阀与溢流阀的区别

1）溢流阀（图6-82a）出口接油箱。

2）顺序阀（图 6-82b）出口一般有压力，接二次回路。

3）顺序阀一般设有外泄口 L。

4）溢流阀能稳定入口压力，顺序阀相当于压力开关。

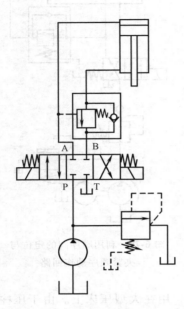

图 6-79　利用顺序阀起平衡作用的回路

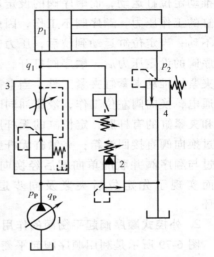

图 6-80　内控内泄式顺序阀用做背压阀

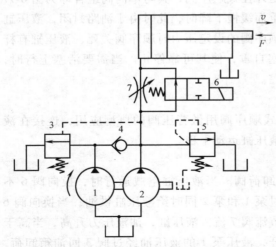

图 6-81　外控内泄式顺序阀用作卸荷阀

1—低压大流量泵　2—高压小流量泵　3—外控

内泄式顺序阀（卸荷阀）　4—单向阀

5—溢流阀　6—二位二通电磁换向阀　7—节流阀

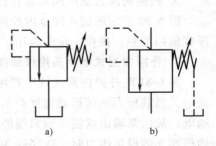

图 6-82　顺序阀与溢流阀的图形符号对比

a）溢流阀　b）顺序阀

【例 6-4】　　如图 6-83 所示回路，顺序阀调整压力为 $p_X = 3\text{MPa}$，溢流阀调整压力为 $p_Y = 5\text{MPa}$，试求在下列情况下，A、B 两点的压力各是多少？

1）液压缸运动时，负载压力 $p_L = 4\text{MPa}$。

2）负载压力 $p_L = 1\text{MPa}$。

3）活塞运动到右端不动时。

【解】　1）当负载压力为 $p_L = 4\text{MPa}$ 时，$p_Y > p_L > p_X$，顺序阀打开，溢流阀不工作，因此：$p_A = p_B = 4\text{MPa}$。

2）当负载压力为 $p_L = 1\text{MPa}$ 时，$p_L < p_X$，顺序阀打开，溢流阀不工作，因此：$p_A = p_L = 1\text{MPa}$，$p_B = p_X = 3\text{MPa}$。

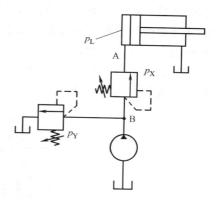

图 6-83　例 6-4 图

3）当停止不动时，负载压力 $p_L = \infty$，此时油液只能从溢流阀回油箱，此时 $p_A = p_B = p_Y = 5\text{MPa}$。

四、平衡阀

（1）内控式平衡阀　图 6-84 是内控式平衡阀的结构示意图和图形符号，一般放在执行元件的回油路上，平衡重物。

与顺序阀的区别：没有单独的回油口，弹簧较硬。

特点：内部控制，内部泄油。

如图 6-85 所示，内控式平衡阀安装在回油路上，当活塞下行时，由于自重及

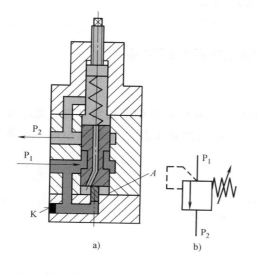

图 6-84　内控式平衡阀

a）结构示意图　b）图形符号

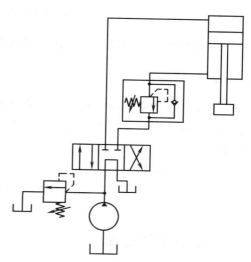

图 6-85　作背压阀使用的平衡阀

重物的重量使液压缸的有杆腔压力升高到平衡阀的设定压力时，平衡阀打开，有杆腔的液压油经过平衡阀回油箱。由于平衡阀的弹簧较硬，因此可以提供与活塞及重物平衡的力，从而保证活塞带动重物平稳下行。

（2）外控式平衡阀　图 6-86 是外控式平衡阀的结构示意图和图形符号，其特点是外部控制，内部泄油。

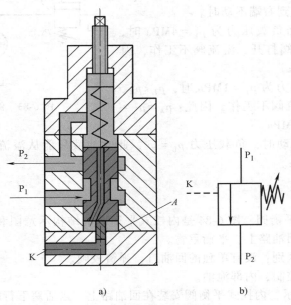

图 6-86　外控式平衡阀

a）结构示意图　b）图形符号

图 6-79 所示回路即是外控式平衡阀用来限制重物的下降速度。

五、卸荷阀

图 6-87 是卸荷阀的结构示意图和图形符号，其作用是使液压泵卸荷，减小功率消耗。其结构特点是出口接油箱，控制口 K 接卸荷油压。即外部控制，内部泄油。

其工作原理是：

$$p_K < p_s，阀口不开$$

$$p_K > p_s，阀打开，泵卸荷$$

六、压力继电器

压力继电器是一种将液压系统的压力信号转换为电信号输出的元件。其作用是根据液压系统压力的变化，通过压力继电器内的微动开关，自动接通或断开电气线

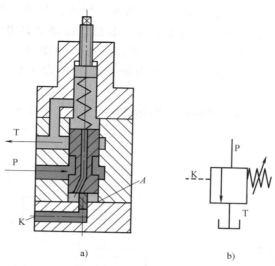

图 6-87 卸荷阀的结构示意图及图形符号

a）结构示意图　b）图形符号

路，实现执行元件的顺序控制或安全保护。

　　压力继电器按结构特点可分为柱塞式、弹簧管式和膜片式等。图 6-88 为单触点柱塞式压力继电器，主要零件包括柱塞 1、调节螺母 2 和电气微动开关 3。如图 6-88 所示，压力油作用在柱塞的下端，液压力直接与上端弹簧力相比较。当液压

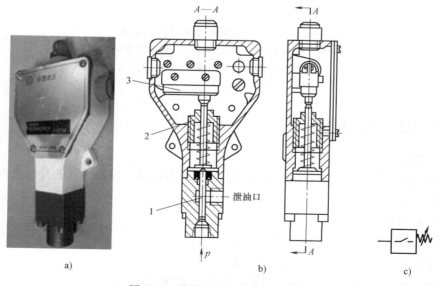

图 6-88 单触点柱塞式压力继电器

a）外形图　b）结构原理图　c）图形符号

1—柱塞　2—调节螺母　3—微动开关

力大于或等于弹簧力时，柱塞上移压下微动开关触头，接通或断开电气线路。当液压力小于弹簧力时，微动开关触头复位。显然，柱塞上移将引起弹簧的压缩量增加，因此压下微动开关触头的压力（开启压力）与微动开关复位的压力（闭合压力）存在一个差值，此差值对压力继电器的正常工作是必要的，但不易过大。

图6-89是管式压力继电器的外形图和结构示意图，其工作原理与柱塞式相同，不再赘述。

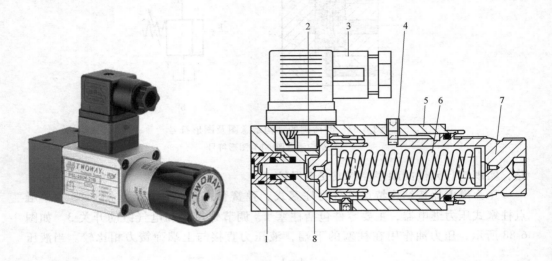

图6-89 管式压力继电器的结构示意图
1—伺服柱塞 2—微动开关 3—电器插头 4—调整螺母固定螺钉
5—主体 6—弹簧 7—调节螺母 8—开关执行器

七、压力阀的比较

1. 共性
控制液压系统中的压力；利用液压力和弹簧力比较，控制阀口的开与关或控制开口的大小。

2. 差异性
溢流阀：控制进口压力，阀口常闭。

减压阀：控制出口压力，阀口常开。

顺序阀：控制阀口的通断，进而控制执行元件的顺序动作。

平衡阀：装在执行器的回油路上，平衡重物。

卸荷阀：使液压泵卸荷。

3. 三种常用压力控制阀的比较（表6-3）

表6-3　三种常用压力控制阀的比较

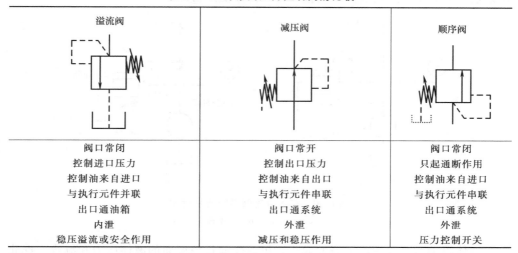

溢流阀	减压阀	顺序阀
阀口常闭	阀口常开	阀口常闭
控制进口压力	控制出口压力	只起通断作用
控制油来自进口	控制油来自出口	控制油来自进口
与执行元件并联	与执行元件串联	与执行元件串联
出口通油箱	出口通系统	出口通系统
内泄	外泄	外泄
稳压溢流或安全作用	减压和稳压作用	压力控制开关

第四节　流量控制阀及其应用

液压系统在工作时，常需随工作状态的不同而以不同的速度工作，只要控制流量就控制了速度；无论哪一种流量控制阀，内部一定有节流阀的构造，因此节流阀是最基本的流量控制阀。

一、流量控制原理及节流孔的节流特性

（一）流量控制阀的功能

对液压执行元件而言，控制"流入执行元件的流量"或"流出执行元件的流量"都可控制执行元件的速度。

液压缸活塞移动速度：$v = \dfrac{q}{A}$

液压马达的转速：$n = \dfrac{q}{V}$

式中　q——流入或流出执行元件的流量；

　　　A——液压缸的有效工作面积；

　　　V——液压马达的排量。

任何液压系统都要有液压泵，不管执行元件的推力、速度如何变化，在不考虑电动机转速波动和内泄漏的情况下，定量泵的输出流量是不变的。所谓速度控制或流量控制只是使流入执行元件的流量小于液压泵的输出流量而已，故常将其称为节流调速。如图6-90a所示系统，输出到负载的流量保持为 50L/min，则执行元件的

速度保持不变；而图 6-90b 中由于节流阀的存在，使得流向执行元件的流量小于液压泵输出的流量，从而起到了调整执行元件速度的目的。

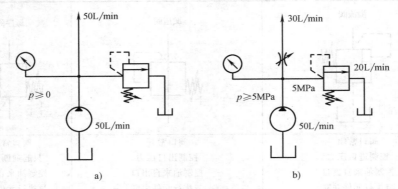

图 6-90　有无节流阀系统流量对比

a）无节流　b）有节流

液体流动时，改变流通截面面积，可改变通过该截面的液体压力和流量，据此可作出节流阀。节流阀的节流口形式可归纳为三种基本形式：孔口、阻流管及介于两者之间的节流孔。根据实验，通过节流口的流量可用下式计算：

$$q = kA\Delta p^{m} \tag{6-19}$$

式中　m——节流阀指数，取为 0.5。

如图 6-91 所示，当 $l/d \leqslant 0.5$ 时称为薄壁小孔，亦称之为孔口，流量满足式 (6-19)，而当为 $l/d > 4$ 时为细长孔，亦称之为阻流管，此时流量压力满足：$q = \dfrac{\pi d^{4} \Delta p}{128\mu l}$。亦可写成式 (6-19) 的通用写法，此时 $m = 1$；亦有介于两者之间的节流孔，此时 m 值介于 $0.5 \sim 1$ 之间。

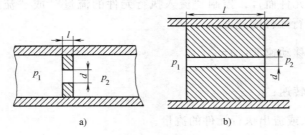

图 6-91　孔口形式

a）薄壁小孔　b）细长孔

由式 (6-19) 可知，当 k、Δp、m 不变时，改变节流阀的节流面积 A 可改变通过的流量大小，又当 k、A、m 不变时，节流阀进出口压差 Δp 有变化时，通过的流量也会发生变化。

当液压缸所推动的负载变化时，使得节流阀进出口压力差变化，通过的流量也有变化，从而导致活塞的速度不稳定。为使活塞运动速度不会因负载的变化而变化，应该采用调速阀。对于用户来说，理想的曲线应该为一条水平曲线，如图 6-92 所示。

（二）节流口的形式

节流口是流量阀的关键部位，节流口形式及其特性在很大程度上决定着流量控制阀的性能。

1. 直角凸肩节流口

图 6-93 是直角凸肩节流口，本结构的特点是过流面积和开口量呈线性关系，结构简单，工艺性好。但流量的调节范围较小，小流量时流量不稳定，一般节流阀较少使用这种结构。

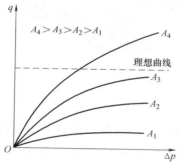

图 6-92　节流阀流量-压差曲线

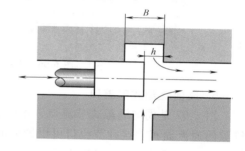

图 6-93　直角凸肩节流口
B—阀体沉割槽宽度　$h \leqslant B$

2. 针阀式（锥形凸肩）节流口

图 6-94 是针阀（锥形）节流口，本节流口结构简单，可当截止阀使用，调节范围较大。但由于过流断面是同心环状间隙，水力半径较小，小流量时易堵塞，温度对流量的影响较大。故一般用于液压系统要求较低的场合。

3. 偏心式节流口

图 6-95 是偏心式节流口，本结构的节流口由偏心的三角沟槽组成。当阀芯有

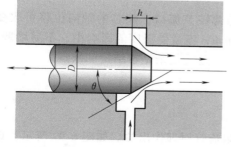

图 6-94　针阀（锥形）节流口

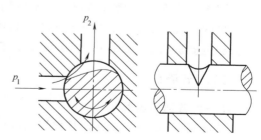

图 6-95　偏心式节流口

转角时，节流口过流断面面积即发生变化，小流量调节容易。但制造略显得麻烦，阀芯易受不平衡的径向力作用，只宜用在低压场合。

4. 轴向三角槽式节流口

图 6-96 是轴向三角槽式节流口，该结构中，沿阀芯的轴向开若干个三角槽。当阀芯做轴向运动时，即可改变开口量 h，从而改变过流断面面积。本节流口结构简单，水力半径大，调节范围较大。小流量时稳定性好，最低的稳定流量为 50mL/min，是目前应用较广的一种节流口。

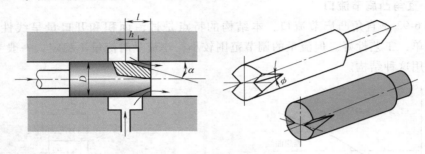

图 6-96　轴向三角槽式节流口

5. 周向缝隙式节流口

图 6-97 是周向缝隙式节流口，本结构的阀芯上开有狭缝，旋转阀芯可以改变缝隙的通流面积。这种节流口可以做成薄刃结构，从而获得较小的稳定流量，但是阀芯受径向不平衡力，只适于低压节流阀中。

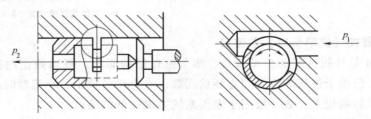

图 6-97　周向缝隙式节流口

6. 轴向缝隙式节流口

图 6-98 是轴向缝隙式节流口，本结构为薄壁节流口，阀芯的轴向位移可改变节流口的过流断面面积，壁厚约 0.07~0.09mm，流量受温度的影响小、不易堵塞、最低稳定流量约 20mL/min。但节流口易变形，工艺复杂是本结构的缺点。

二、节流阀

（一）普通节流阀

节流阀（Throttle valve）是根据孔口与阻流管原理作出的。如图 6-99 所示，该节流阀可以实现双向节流，液压油经过侧孔 B 进入阀体 2 和调节套 1 构成节流口

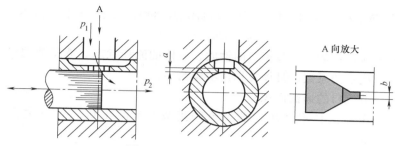

图 6-98 轴向缝隙式节流口

A。旋转调节套 1 可以无级调节节流口 A 的过流面积。

在定量泵液压系统中，节流阀和溢流阀配合，可组成三种节流调速系统，即进油路节流调速系统、回油路节流调速系统和旁路节流调速系统。节流阀没有流量负反馈功能，不能补偿由负载变化所造成的速度不稳定，一般仅用于负载变化不大或对速度稳定性要求不高的场合。

（二）单向节流阀

图 6-100 是将节流阀和单向阀并联组合成的单向节流阀结构示意图。节流阀和单向节流阀是简易的流量控制阀，使油液在正反向流通时经过不同的阀，以获得不同的控制特性。液体正向流动时，液压油和弹簧 3 将阀芯 1 压在阀座上，封闭连通，液压油通过侧孔 B 进入阀体 4 和调节套 2 构成的节流口 A。当流体反向流动时，压力作用于阀芯 1 的锥面上，打开阀口，使液压油无节流的通过单向阀。此外，部分液压油通过环型槽达到自我清洁效应。

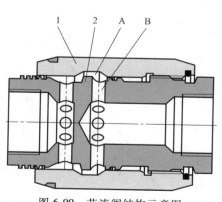

图 6-99 节流阀结构示意图

1—调节套 2—阀体 A—节流口 B—侧孔

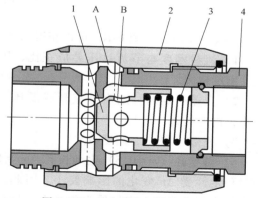

图 6-100 单向节流阀结构示意图

1—阀芯 2—调节套 3—弹簧 4—阀体
A—节流口 B—侧孔

（三）静态特性

1. 流量特性

节流阀的流量特性主要取决于节流口的结构形式。由于实际使用的节流口都不能完全做到薄壁小孔或细长孔，因此节流阀的流量特性经常用下式描述：

$$q_T = CA_T(p_1 - p_2)^m \qquad (6\text{-}20)$$

式中　C——流量系数，由节流口的性质、液体的流动状态、液压油的性质等因素决定的系数，具体数据由实验给出；

　　　A_T——节流口的通流面积；

　　　m——由节流口形状决定的节流阀指数，其值在 0.5～1.0 之间，由实验获取。

液压系统在工作时，希望节流口大小调节好后，流量 q 稳定不变。但实际上流量总会有变化，特别是小流量时，影响流量稳定性与节流口形状、节流压差以及油液温度等因素有关。

（1）压差变化对流量稳定性的影响　当节流口前后压差变化时，通过节流口的流量将随之改变，节流口的这种特性可用流量刚度 T 来表征。

$$T = 1 \Big/ \left(\frac{\partial q}{\partial \Delta p} \right) = \frac{1}{m} \frac{\Delta p}{q} \qquad (6\text{-}21)$$

流量刚度的物理意义如下：当 Δp 有某一增量时，q 值相应的也有某一增量，q 的增量值越大，说明流量的变化也就越大，从式（6-21）看，流量刚度就越小；反之，流量刚度就越大。

根据式（6-20）的流量与节流阀前后的压差可以画出图 6-101 的流量-压差曲线，相应地，流量刚度 T 可表示为

$$T = \frac{1}{\dfrac{\partial \Delta q}{\partial \Delta p}} = \frac{\partial \Delta p}{\partial q} = \frac{1}{\tan\alpha} \qquad (6\text{-}22)$$

从式（6-22）和图 6-101 可以获得以下结论。

1）流量刚度与节流口压差成正比，压差越大，刚度越大。

2）压差一定时，刚度与流量成反比，流量越小，刚度越大。

3）系数 m 越小，刚度越大。

4）薄壁孔（$m=0.5$）比细长孔（$m=1$）的流量稳定性受 Δp 变化的影响要小。因此，为了获得较小的系数 m，应尽量避免采用细长孔形式的节流口，应使节流口形式接近于薄壁孔口，以获得较好的流量稳定性。

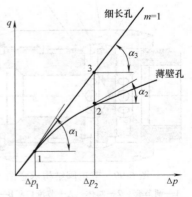

图 6-101　节流阀的流量-压差曲线

（2）油温变化对流量稳定性的影响　油温升高，油液黏度降低。对于细长孔，当油温升高使油的黏度降低时，流量 q 就会增加。所以节流通道长时温度对流量的稳定性影响大。

对于薄壁孔，油的温度对流量的影响较小，这是由于流体流过薄刃式节流口时为紊流状态，其流量与雷诺数无关，即不受油液黏度变化的影响；节流口形式越接近于薄壁孔，流量稳定性就越好。

2. 最小稳定流量和流量调节范围

一般节流阀，只要保持油液足够清洁，一般不会出现阻塞。有的系统要求液压缸的运动速度极慢，节流阀的开口只能很小，在保持所有因素不变的情况下，通过节流口的流量出现周期性的脉动，时大时小，甚至出现断流的情况，这就是节流阀的阻塞现象。节流口的阻塞会使液压系统中的执行元件的速度不均匀。因此每个节流阀都有一个能正常工作的最小流量限制，称为节流阀的最小稳定流量。流量稳定性与油液的性质和节流口的结构有关。

产生堵塞的主要原因如下。

1）油液中的杂质或因氧化析出的胶质等污物堆积在节流缝隙处。

2）由于油液老化或受到挤压后产生带电的极化分子，被吸附到缝隙表面，形成牢固的边界吸附层，因而影响了节流缝隙的大小。以上堆积、吸附物增长到一定厚度时，会被液流冲刷掉，随后又重新附在阀口上。这样周而复始，就形成流量的脉动。

3）阀口压差较大时容易产生堵塞现象。

减轻堵塞现象的措施如下。

1）采用大水力半径的薄刃式节流口。一般通流面积越大、节流通道越短以及水力半径越大时，节流口越不易堵塞。

2）适当选择节流口前后的压差，用多个节流口串联。一般取 $\Delta p = 0.2 \sim 0.3$MPa。

3）精密过滤并定期更换油液。在节流阀前设置单独的精滤装置，为了除去铁屑和磨料，可采用磁性过滤器。

4）节流口零件的材料应尽量选用电位差较小的金属，选用抗氧化稳定性好的油液、减小节流口表面粗糙度，以减小吸附层的厚度。

流量调节范围指的是通过阀的最大流量与最小稳定流量之比，一般应在 50 以上。

3. 调节特性

节流阀的调节应尽可能的简便、快捷、准确。在小流量调节时，如通流截面相对于阀芯位移的变化率较小，则调节的精确性就高。

节流阀一般应用于定量泵系统中，与溢流阀一起完成对执行元件的调速。调节节流阀的开口，便可以调节执行元件运动速度的大小。节流阀也可以用作模拟负载，对实验系统进行加载，例如在液压泵的性能测试中即是通过调节节流阀的开口大小实现液压泵出口压力大小的调节。

三、调速阀

调速阀的主要作用是通过调整其开口大小来实现对执行元件运动速度的精确控

制，因此对调速阀的主要性能要求如下。

1）阀的压差变化时，通过阀的流量变化小。

2）油温变化时，流量变化小。

3）流量调节范围大，在小流量时不易堵塞，能得到很小的稳定流量。

4）当阀全开时，通过阀的压力损失要小。

5）阀的泄漏量要小。对于高压阀来说，还希望其调节力矩要小。

图 6-101 所示的节流阀的特性曲线不能保证压差变化时流量的稳定，因此在一些对速度控制要求严格的场合，一般选用调速阀。

（一）二通调速阀

1. 工作原理

二通调速阀（又称二通流量控制阀）能在负载变化的状况下，保持进口、出口压力差恒定。图 6-102a 所示是二通调速阀（即通常所说的调速阀）的结构，它是由一定差减压阀和一节流阀串联而成的。它主要由阀体 1、旋钮 2、节流阀 3、定差减压阀 4 组成。油口 A 到 B 的流量在节流位置 D 处被节流，旋转旋钮 2 可改变起节流作用的过流面积。为了保证流量近似恒定，且与阀口前后压差无关，须要在节流位置 D 的下游的出口处 B 安装一个定差减压阀 4 作为压力补偿器。压缩弹簧 5 将节流阀 3 和定差减压阀 4 分别压至限制位置。当没有流量通过该阀时，定差减压阀 4 保持在开启位置。当有流量通过该阀时，A 口的压力经节流孔 C 作用在定差减压阀 4 上，并使定差减压阀 4 移动到补偿位置直至达到力平衡。此时如果 A 口

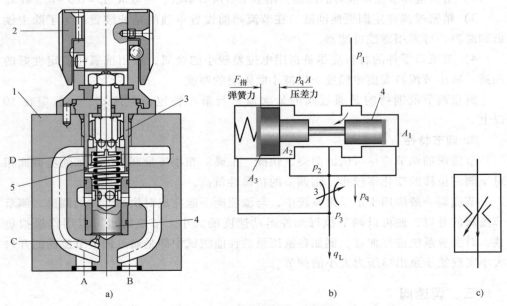

a)　　　　　　　　　　　　　b)　　　　　　　　　c)

图 6-102　二通调速阀的工作原理

1—阀体　2—旋钮　3—节流阀（流量传感器）　4—定差减压阀　5—压缩弹簧　C—节流孔　D—节流位置

的压力增加，定差减压阀 4 的阀芯则向关闭方向移动，直至再达到力平衡。

工作原理如图 6-102b 所示。压力油 p_1 进入调速阀后，先经过定差减压阀的阀口 x（压力由 p_1 减至 p_2），然后经过节流阀阀口流出，出口压力为 p_3。从图 6-102 中可以看到，节流阀进出口压力 p_2、p_3 经过阀体上的流道被引到定差减压阀阀芯的两端（p_3 引到阀芯弹簧端，p_2 引到阀芯无弹簧端），作用在定差减压阀芯上的力包括液压力、弹簧力 F_s。调速阀工作时的静态方程为：$F_s + A_3 p_3 = (A_1 + A_2) p_2$。在设计时确定：$A_3 = A_1 + A_2 = A$，则有：

$$p_2 - p_3 = \frac{F_s}{A_3} \tag{6-23}$$

此时只要将弹簧力固定，则在油温基本不变时，输出流量即可固定。另外，要使阀能在工作区正常动作，进、出口间压差要在 0.5~1MPa 之间。

以上讲的调速阀是压力补偿调速阀，即不管负载如何变化，通过调速阀内部的活塞和弹簧来使主节流口的前后压差保持固定，从而控制通过的流量维持不变。

图 6-102c 为二通调速阀的图形符号。

2. 稳态特性

图 6-103 是调速阀安装在液压缸进油口的回路图及调速阀的特性曲线。由曲线看出，调速阀在正常工作范围内（第二段）流量基本稳定。

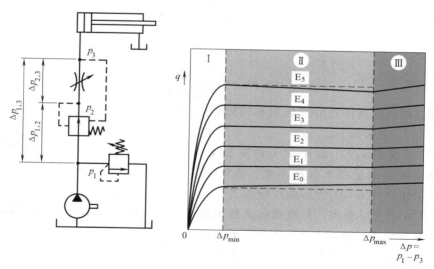

图 6-103　调速阀的回路图及流量-压差特性曲线

基本设定：R 代表减压阀，T 代表节流阀，则调速阀流量特性可以推导如下。

当忽略减压阀阀芯的自重和摩擦力时，阀芯上的受力平衡方程为

$$k_s(x_c - x_R) = 2C_{dR} w_R x_R (p_1 - p_m) \cos\phi + (p_m - p_2) A_R \tag{6-24}$$

式中 x_c——当阀芯开口 $x_R = 0$ 时弹簧的预压缩量；

x_R——阀芯开口量；

C_{dR}——阀口流量系数；

w_R——节流阀口的周向开度；

A_R——减压阀芯的有效作用面积；

p_1、p_2 和 p_3——如图 6-103 所示；

ϕ——阀内液压油的射流角。

减压阀和节流阀的开口都为薄壁小孔，则经过减压阀和节流阀的流量分别为

$$q_R = C_{dR} w_R x_R \sqrt{\frac{2}{\rho}(p_1 - p_m)} \tag{6-25}$$

$$q_T = C_{dT} w_T x_T \sqrt{\frac{2}{\rho}(p_m - p_2)} \tag{6-26}$$

于是，$$q_T = C_{dT} w_T x_T \sqrt{\frac{2k_s x_c}{\rho A_R}\left[\frac{1 - \dfrac{x_R}{x_c}}{1 + \dfrac{2C_{dT}^2 w_T^2 x_T^2}{A_R C_{dR} w_R x_R}\cos\phi}\right]^{\frac{1}{2}}}$$

由于 $$\frac{x_R}{x_c} \ll 1, \quad \frac{2C_{dT}^2 w_T^2 x_T^2}{A_R C_{dR} w_R x_R}\cos\phi \ll 1$$

因此

$$q_T \approx C_{dT} w_T x_T \sqrt{\frac{2k_s x_c}{\rho A_R}} \tag{6-27}$$

调速阀的流量压差曲线如图 6-103 和图 6-104 所示，说明如下。

1）当满足 x_R/x_c 远小于 1 的前提下，通过调速阀的流量基本保持不变，流量-压差曲线工作在图 6-103 所示曲线阶段 II。但从图 6-104 中可以看出，节流阀的流量很难在变压差时保持恒定，主要原因是节流阀口的工作压差很难稳定在目标值。为改善调速阀的稳态负载特性（等流量特性），可采取以下措施。

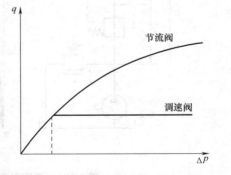

图 6-104 调速阀的流量-压差曲线

① 在保证弹簧的稳定性的同时，增加定差减压阀的弹簧预压缩量，进而降低阀口前后压差变化时导致的阀芯位移发生变化时产生的附件弹簧力的影响。

② 采用液动力补偿结构，减小液动力的影响。

③ 增大定差减压阀的阀芯有效作用面积。在相同的附加弹簧力和液动力时，

作用面积增大，可以降低压差的变化量，但会增大整个阀的体积，这也是调速阀的外形尺寸比较大的原因。

2）由于二通调速阀是减压阀与节流阀的串联，因此即存在两个液阻的串联，因此在正常工作时，存在 0.4~0.5MPa 的压降。故在压差小于这个范围时，在弹簧力的作用下减压阀阀芯处于最下端，阀口全开，输出流量随着前后压差的增大而增大，不能起到稳定流量的作用。因此调速阀在正常使用时，要保证其最小压差在正常工作的范围内。如果小于其最小压差，则和节流阀的曲线一致，工作在图 6-103 所示曲线阶段 I 。

3）当调速阀的前后压差较大时，定差减压阀需要补偿一个较大的压差，此时弹簧的压缩量较大，液动力也较大，等效于节流阀口的压差也较大，此时工作在图 6-103 所示曲线阶段 III 。

二通调速阀与节流阀一样，可以用于液压执行元件的速度调整，尤其是执行元件负载变化大且对运动速度要求稳定的系统中。

3. 动态特性

调速阀的阶跃响应和稳态特性一样，主要取决于压力补偿作用的定差减压阀。

图 6-105 是调速阀的测试回路及流量曲线。开始时，换向阀断电，液压泵的输出流量全部经过换向阀回油箱。当换向阀通电时，切断了液压泵的回油通路，只能

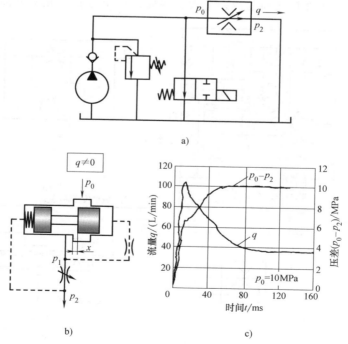

图 6-105　调速阀的测试回路及流量曲线

a）测试回路　b）调速阀工作原理图　c）流量初始突变现象

通过调速阀回油箱。从图 6-105c 中可以看出，调速阀在开始工作时出现流量突变或超调，主要原因如下。

1）由于换向前进口压力 p_0 为零，减压阀芯在弹簧力作用下处于右端（图 6-105b），减压阀口最大。而减压阀是一个典型的质量-弹簧-阻尼系统，减压阀的阀芯响应滞后，并不能马上稳定节流阀口两端的压差，因此当换向后，节流阀口两端压差远高于目标设定值，因而造成通过的流量急剧上升，其超调量峰值可达到额定值的 100% 以上。这是进口压力阶跃响应引起的流量阶跃。同样，当负载压力阶跃响应时，如负载压力突然下降时，也会产生类似的流量阶跃。

2）泵控效应。定差减压阀起作用时，如图 6-102b 中的减压阀的阀芯向左边移动，其弹簧腔被压缩，原有的弹簧腔的液压油也会汇集到出油口，进一步增大了流量突变或超调。

为此，调速阀不能为了保证稳定性而使得定差减压阀的响应太慢，此外，减压阀的预开口量不能太大，以免加剧泵控效应。

（二）三通调速阀

三通调速阀又称溢流节流阀或旁通式调速阀，如图 6-106 所示，是节流阀与定差溢流阀并联而成。当负载压力 p_2 变化时，例如负载压力变大，溢流阀的平衡被破坏，使得溢流阀的弹簧腔压力升高推动溢流阀阀芯向下运动，溢流阀口通流面积减小，进出油口之间的压差变大，因此进口压力 p_1 也相应升高，当重新达

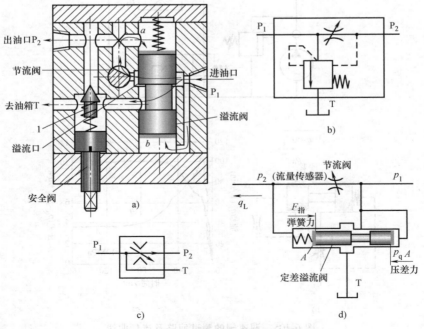

图 6-106　溢流节流阀结构示意图

到：$p_1 - p_2 = \dfrac{F_s}{A}$ 时达到新的平衡，只要弹簧力 F_s 近似不变，即保证了节流阀两端的压差基本保持恒定，从而保证了通过的流量基本不变。由于该阀具有进油口 P_1，出油口 P_2 和去油箱的 T 口共三个连接口，因此又被称为三通调速阀。

当调节节流阀的开度 x_T 时，例如增大开度，通过节流阀的流量增加，在进口流量不变的情况下，则通过溢流阀的流量减小，溢流阀的开度 x_Y 将减小，但溢流阀阀芯受力仍满足上面的平衡关系，即 $p_1 - p_2$ 仍保持不变。

与二通调速阀类似，受到定差溢流阀的附加弹簧力和液动力影响，其流量稳定也只能近似稳定。

图 6-107 是溢流节流阀在液压系统中的应用示例，当负载压力超过调速阀的设定压力时，图 6-106 中的安全阀将打开，流过安全阀的流量在节流阀上产生的压差增大，从而使溢流阀阀芯克服弹簧力向上运动，

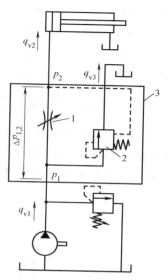

图 6-107　溢流节流阀在
液压系统中的应用
1—节流阀　2—定差溢流阀

溢流阀的开口变大，泵通过溢流阀阀口的溢流量加大，从而使进口压力 p_1 得到限制。

（三）二通调速阀与三通调速阀的比较

二通调速阀（图 6-108a）常应用于液压泵和溢流阀组成的定压源供油的节流调速系统中，可安装在执行元件的进油路、回油路或旁油路。

三通调速阀（图 6-108b）即溢流节流阀，只用于进油口，泵的供油压力将随负载压力而改变，系统的功率损失小，效率高，发热量小；三通调速阀具有溢流和

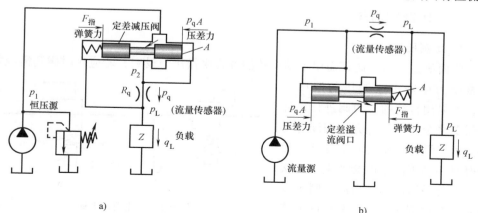

图 6-108　二通调速阀和三通调速阀的比较

安全功能，进油口不必单独设置溢流阀。但三通调速阀流过的流量比二通调速阀大（一般为系统的全部流量），阀芯运动时阻力较大，弹簧较硬，使节流阀前后压差加大（0.3~0.5MPa），流量稳定性稍差，一般用于速度稳定性要求不太高而功率较大的场合。一套液压系统只能采用一个三通调速阀去控制执行器。

四、温度补偿调速阀

温度补偿调速阀的减压阀部分的原理和普通调速阀相同，差别在于节流阀芯杆2由热膨胀系数较大的材料制成。当油温升高时，芯杆热膨胀使节流阀口关小，能抵消由于黏性降低使流量增加的影响。

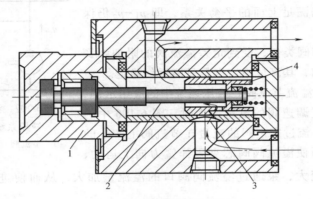

图 6-109　温度补偿调速阀

1—阀体　2—节流阀芯杆　3—节流阀口　4—阀套

第五节　其他控制阀

一、比例控制阀

1. 比例压力阀

前面所述的压力阀都需用手动调整的方式来做压力设定，若应用时碰到需经常调整压力或需多级调压的液压系统，如果用传统的压力阀进行设计则需要多个压力阀与方向阀配合使用，回路设计将变得非常复杂，操作时只要稍不注意就会产生失控状态。但若采用比例压力阀，则可以使用一个比例压力阀及其控制电路即可实现多段压力的调节和控制。

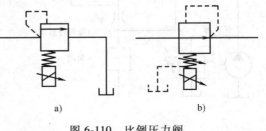

图 6-110　比例压力阀

a）比例溢流阀　b）比例减压阀

比例压力阀是以电磁线圈所产生的电磁力，来取代传统压力阀上的弹簧设定压力，由于电磁线圈产生的电磁力是和电流的大小成正比的，所以控制线圈电流就能得到所要的压力；可以实现无级调压，而一般的压力阀仅能调出特定的压力。

2. 比例流量控制阀

前面所述之流量阀都需用手动调整的方式来做流量设定，在需要经常调整流量或要做精密流量控制的液压系统中，就需要用到比例流量阀。根据受控物理量的不同，一般意义上的比例流量阀分为比例节流阀和比例调速阀。与传统的调速阀不同的是，比例调速阀包括了压差补偿型和流量反馈型，具体分类如图 6-111 所示。

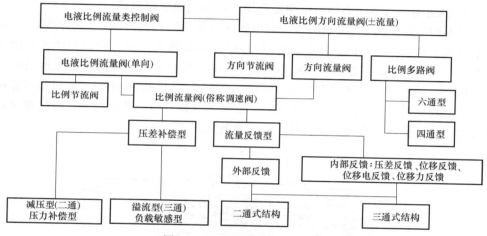

图 6-111　比例流量阀分类简图

电比例节流阀是由比例电磁线圈所产生的电磁力来控制流量阀的开口大小，由于电磁线圈有良好的线性度，故其产生的电磁力和电流的大小成正比，在应用时可产生连续变化的流量，从而可任意控制电比例节流阀的开口大小。电比例节流阀也有附加单向阀的，电比例节流阀的图形符号如图 6-112 所示。

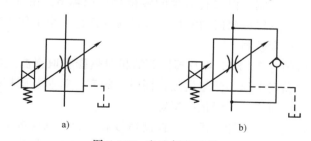

图 6-112　电比例节流阀

3. 比例方向阀

比例方向阀和开关型方向阀的最大差别在于，前者能按输入信号的正负和数值大小，同时实现液流方向控制和流量的比例控制。其结构形式，特别是滑阀式往往又与开关型方向阀相似。

二、数字控制阀

用数字信息直接控制油液的压力、方向和流量的阀称之为数字控制阀，简称数字阀。数字阀可以直接与计算机接口相联，不需要 D/A 转换器。数字阀主要有两种：采用步进电动机做 D/A 转换器，用增量方式进行控制的数字阀和采用脉宽调制原理控制的高速开关数字阀。数字阀由于结构简单，具有较好的工艺性；抗污染能力好，重复性好，工作稳定可靠，功耗小。

1. 步进电动机直接驱动的数字流量阀（增量式数字流量阀）

图 6-113 是由步进电动机直接控制的数字流量阀结构示意图，其结构紧凑。由于节流阀中油液流入方向为轴向，如图 6-113 中左端箭头所示，出口的油液与轴线垂直，如图 6-113 中下方箭头所示。当阀开启时有向左关闭的液动力，可抵消部分压力油向右的作用力。该阀有两个节流口，两个节流口的周长不同，可根据需要设计。阀芯移动时首先打开右边的节流口，它是非全周开口，流量较小；继续移动后打开第二个节流口，它是全周节流口，流量较大。

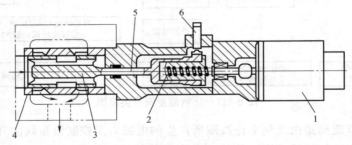

图 6-113　步进电动机直接驱动的数字流量阀
1—步进电动机　2—滚珠丝杠　3—阀芯　4—阀套　5—阀杆　6—传感器

这种阀属于开环控制，但装有单独的零位移传感器 6，在每个控制周期终了，阀芯 3 可由零位移传感器控制回到零位，这样就保证每一个工作周期都从相同的位置开始，阀的重复精度较高。

该阀的流量由阀芯 3、阀套 4 及阀杆 5 的相对热膨胀取得温度补偿。当油液温度升高时，油液的黏度下降，流量增加，同时，阀套、阀芯及阀杆的不同方向的热膨胀使阀口变小，从而维持了流量的恒定。

该阀的工作过程是，当计算机给出控制信号后，步进电动机 1 转动，带动滚珠丝杠 2 将旋转角度转化为轴向位移，带动节流阀芯 3 移动，阀芯开启。步进电动机转动一定的步数，相当于阀芯移动一定的开度，从而实现流量的精确控制。

图 6-114 是增量式数字阀在数控系统中应用的控制框图。另外，数字阀还可以有数字溢流阀、数字换向阀等类型。

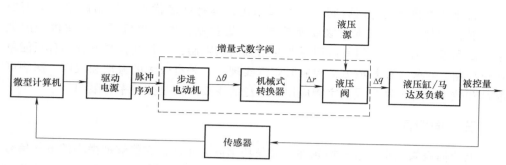

图 6-114 增量式数字阀在数控系统中应用的控制框图

2. 脉宽调制式数字阀

脉宽调制式数字阀可以直接用计算机进行控制，控制数字阀的开关及开关的时间间隔（即脉宽）就可以控制油液的方向、流量及压力。

这种阀的阀芯多为锥阀、球阀或喷嘴挡板阀，可以快速切换，且只有开关两个位置，所以又称之为开关型数字阀。

图 6-115 所示的二位二通高速开关阀，当线圈 5 不通电时，衔铁 3 在右端弹簧的作用下使锥阀关闭；当线圈有信号通过时，线圈产生磁力，电磁力使衔铁带动左端的阀开启，液压油从 P 流向 C。

图 6-116 脉宽调制式数字阀在数控系统中应用的控制框图。

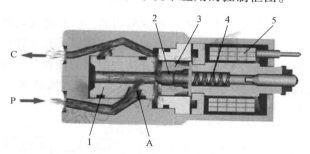

图 6-115 二位二通高速开关阀

1—阀套 2—锥阀 3—衔铁 4—弹簧 5—线圈 A—阻尼孔

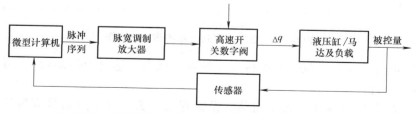

图 6-116 脉宽调制式数字阀在数控系统中应用的控制框图

高速开关数字阀与伺服阀、比例阀相比，具有许多优点：控制简单，不需要A/D转换元件，极易实现无级变速控制、位置控制，如工程机械、运输机械的数字控制和远距离控制。但其应用主要受两方面的限制：一是其控制流量小且只能单通道控制，在较大流量或方向控制时难以实现；二是有较大的振动和噪声，影响可靠性和使用环境。增量式数字阀应用不广泛的主要原因是分辨率有限制。

三、伺服阀

电液伺服阀既是电液转换元件，又是功率放大元件，它能够把微小的电气信号转换成大功率的液压能（流量和压力）输出。从而实现了一些重型机械设备的伺服控制。

液压伺服系统是使系统的输出量，如位移、速度或力等，能自动地、快速而准确地跟随输入量的变化而变化，与此同时，输出功率被大幅度地放大。

伺服阀输入信号是由电气元件来完成的。电气元件在传输、运算和参量的转换等方面既快速又简便，而且可以把各种物理量转换成为电量。所以在自动控制系统中广泛使用电气装置作为电信号的比较、放大、反馈检测等元件；而液压元件具有体积小、结构紧凑、功率放大倍率高、线性度好、死区小、灵敏度高、动态性能好、响应速度快等优点，可作为电液转换功率放大元件。因此，在一控制系统中常以电气为"神经"，以机械为"骨架"，以液压控制为"肌肉"最大限度地发挥机、电、液的长处。

由于电液伺服阀的种类很多，但各种伺服阀的工作原理又基本相似，其分析研究的方法也大体相同，故以常用的力反馈两级电液伺服阀和位置反馈的双级滑阀式伺服阀为重点，介绍其工作原理，同时也介绍伺服阀的性能参数及其测试方法。

电液伺服阀包括电力转换器、力-位移转换器、前置级放大器和功率放大器等四部分，如图6-117所示。

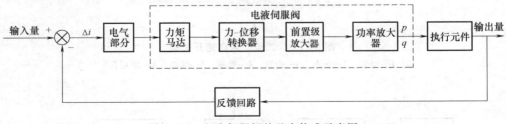

图6-117 电液伺服阀的基本构成示意图

（1）电力转换器 包括力矩马达（转动）或力马达（直线运动），可把电气信号转换为力信号。

（2）力-位移转换器 包括扭簧、弹簧管或弹簧，可把力信号变为位移信号输出。

（3）前置级放大器 包括滑阀放大器、喷嘴挡板放大器、射流管放大器。

（4）功率放大器 由功率放大器输出的具有一定压力的液体，驱动执行元件进行工作。

电液伺服阀的种类很多，根据它的结构和机能可做如下分类。

1）按液压放大级数，可分为单级伺服阀、两级伺服阀和三级伺服阀，其中两级伺服阀应用较广。

2）按液压前置级的结构形式，可分为单喷嘴挡板式、双喷嘴挡板式、滑阀式、射流管式和偏转板射流式。

3）按反馈形式可分为位置反馈、流量反馈和压力反馈。

4）按电-机械转换装置可分为动铁式和动圈式。

5）按输出量形式可分为流量伺服阀和压力控制伺服阀。

6）按输入信号形式可分为连续控制式和脉宽调制式。

以力反馈式喷嘴挡板伺服阀为例进行介绍，如图 6-118 所示。图 6-118a 是处于中位时，由于挡板与两侧的喷嘴之间的距离相同，此时为对外不输出的情况。图 6-118b 是当力矩马达通电产生偏转力矩，带动挡板发生偏转，假设按图 6-118b 所示左偏，挡板带动阀芯向左运动，此时 P、A 互通，B、T 互通；同时左侧的喷嘴与挡板之间的间距减小，而右侧的间距增大，从而引起左侧喷嘴流出的压力油的压差增大，右侧减小，从而作用在主阀芯左侧的压力高于右侧的压力，在压差的作用下，阀芯右移，同时带动挡板右移，当挡板也回到了两喷嘴中间时，主阀芯两侧的压差相等，阀芯又回到中位，此时主阀芯停止运动。这就是伺服阀的工作过程，根据输入的信号输出一定的量后重新回到平衡位置。从上面的工作过程可以看出，伺服阀是一个闭环控制系统。

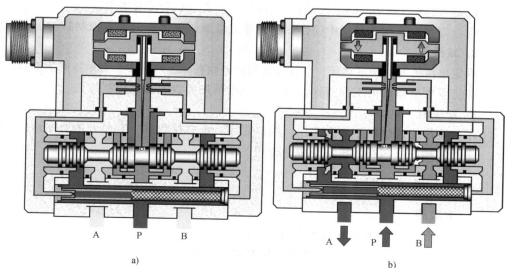

a) b)

图 6-118 喷嘴挡板式伺服阀结构

a）双喷嘴挡板阀结构 b）挡板偏转输出流量

由于采用了力反馈，力矩马达基本上在零位附近工作，只要求其输出电磁力矩与输入电流成正比，因此线性度易于达到。另外滑阀的位移量在电磁力矩一定的情况下，取决于反馈弹簧的刚度，滑阀位移量便于调节，这给设计带来了方便。

采用了衔铁式力矩马达和喷嘴挡板使伺服阀结构极为紧凑，并且动特性好。但这种伺服阀工艺要求高，造价高，对油的过滤精度要求也较高。所以这种伺服阀适用于要求结构紧凑，动特性好的场合。

小　结

本章主要介绍了液压系统的三大类控制元件：方向控制阀、压力控制阀和流量控制阀，并对其他的比例阀、数字阀、伺服阀等进行了简单介绍。

一、方向控制阀（按照国内习惯分类包括单向阀）

1. 单向阀
仅允许液体单方向流动，有普通单向阀和液控单向阀之分。
重点掌握单向阀在液压系统中的作用，学会分析各种具有单向阀回路的功能。

2. 换向阀
重点掌握换向阀的中位机能，不同中位机能的特点、应用。

二、压力控制阀

1. 溢流阀
稳定入口压力；阀口常闭；出口接油箱，一般与执行元件并联。
重点掌握溢流阀在系统中的作用，先导式溢流阀先导级的远程控制特性。

2. 减压阀
稳定出口压力；阀口常开；出口接负载；串联在减压回路中；有单独的泄油口。
重点掌握减压阀的工作特性，先导式减压阀先导级的远程控制特性。

3. 顺序阀
不稳定压力，仅做液压开关用；阀口常闭；出口接负载；有单独的泄油口。
重点掌握顺序阀在液压系统中的作用。

三、流量控制阀

1. 节流阀
调节流量，但输出流量随压差的变化而变化。

2. 调速阀（二通流量控制阀和三通流量控制阀）
有二通和三通之分，原理、区别和应用。
调节流量，超过最小调整压差后，输出流量不随压差的变化而变化。

习　题

6-1　试写出图 6-25 中各单向阀的作用。

6-2　从 M、H、P、Y 和 O 等几种中位机能选择合适的填空：

1. 有一液压系统，负载处于静止的时间约占总工作时间的 70%，为降低能耗，应该选择（　　）中位机能的换向阀。

2. 为简化系统，又要实现工作台的快进-工进-快退工作循环，应选择（　　）中位机能的换向阀。

3. 一工作台，要求启动平稳，应选择（　　）中位机能的换向阀。

4. 一工作台惯量较大，运动速度较快，为减小制动时的冲击，应选择（　　）中位机能的换向阀。

5. 两液压缸并联运行时，为保证两缸互不干涉运动，其中位机能不能是（　　）。

6-3　针对图 6-29、图 6-30、图 6-31 和图 6-32 所示的液压系统，说明中位机能 O、M、Y 和 P 的特点。

6-4　要对系统压力进行调整和稳定，需要将控制压力进行（　　）反馈。

6-5　如图 6-119 所示的三个阀，哪些能得到稳定的压力？

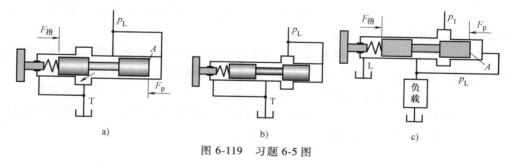

图 6-119　习题 6-5 图

6-6　请使用"进""出""闭""开""通断"填空。

1. 溢流阀是利用作用于阀芯（　　）口压力与弹簧力平衡的原理来工作的，其（　　）口压力基本不变，阀口处于常（　　）状态。

2. 减压阀是利用液流通过阀口缝隙所形成的液阻使（　　）口压力低于（　　）口压力，并使（　　）口压力基本不变的压力控制阀，阀口处于常（　　）状态。

3. 顺序阀不控制压力，而是利用压力作为信号来控制油路的（　　），阀口处于常（　　）状态。

6-7　针对压力阀的填空。

1. 在先导型溢流阀中：压力由（　　）确定，通过的流量由（　　）确定。

2. 直动式和先导式溢流阀相比，（　　　）的反应快，（　　　）压力稳定性好。

3. 先导式溢流阀中，（　　　）阀的弹簧刚度比较小。

4. 不论是先导式还是直动式，只要是溢流阀，其稳定的压力是（　　　）口压力，在不工作时，阀口处于常（　　　）状态。

5. 溢流阀串联时，系统压力为（　　　），并联时，系统压力由（　　　）压力决定。

6. 先导式减压阀，先导级负责调定系统（　　　），主阀负责完成（　　　）作用。

7. 减压阀与负载相（　　　）联，调压弹簧腔有外接泄油口，采用（　　　）口压力负反馈，不工作时阀口常（　　　）。

8. 当减压阀出口压力 p_2 小于减压阀设定压力 p_N 时，此时进口压力 p_1（　）p_2；当入口压力 p_1 大于减压阀设定压力 p_N 时，此时进出口压力 p_1（　）p_2。

6-8　试在图 6-59 上标出两种阀的调压偏差，并说明：①溢流阀开启和关闭的特性为什么不重合？②哪种阀的调压偏差更小，为什么？

6-9　如图 6-56 和图 6-57 所示的先导式溢流阀中，将入口压力引入到先导级时，会经过阻尼孔，阻尼孔的作用是什么？

6-10　从图 6-55 的流量-压力曲线看，溢流阀入口压力在不断发生变化，这是否与溢流阀能稳定入口压力相矛盾？

6-11　如图 6-120 所示液压系统，试分析液压泵的出口压力。其中，p_A = 4MPa，p_B = 3MPa，p_C = 2MPa。

6-12　如图 6-121 所示液压系统，完成夹紧缸的快速运动到夹紧工件的工作过程。其中，溢流阀的设定压力为 6MPa，减压阀的设定压力为 3MPa 试分析：

1）在夹紧缸快速运动和夹紧工件的情况下 A、B、C 三点压力分别为多少？

2）在工件被夹紧后，由于主系统的工作液压缸的快速运动，导致液压泵出口压力变为 1MPa，请问此时 A、B、C 压力各位多少？

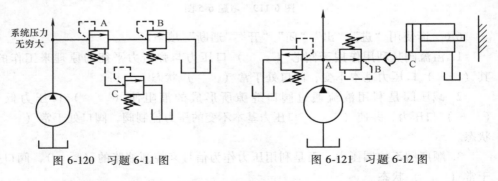

图 6-120　习题 6-11 图　　　　　　　　图 6-121　习题 6-12 图

6-13　如图 6-122 所示的液压系统，两液压缸的无杆腔和有杆腔面积分别为：$100 \times 10^{-4} m^2$ 和 $50 \times 10^{-4} m^2$，最大负载力 F_1 = 14kN，F_2 = 4.25kN，缸 2 的背压阀压

力为 $p_背 = 0.15\text{MPa}$，节流阀压差 $\Delta p = 0.2\text{MPa}$。试求：

1）A、B、C 三点压力分别为多少？

2）缸 1 和缸 2 的运动顺序？

3）如果两缸的运动速度分别为 $v_1 = 3.5 \times 10^{-2} \text{m/s}$ 和 $v_2 = 4 \times 10^{-2} \text{m/s}$，试问此时液压泵的输出流量至少应该是多少？

6-14 试说明图 6-123 所示回路中顺序阀的作用。

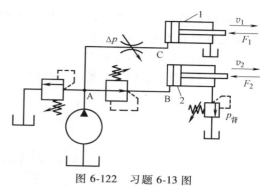

图 6-122 习题 6-13 图

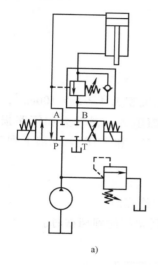

a)

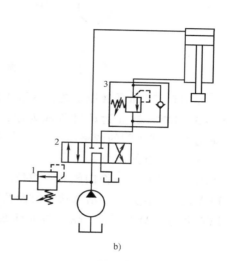

b)

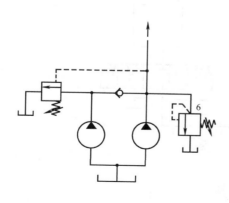

c)

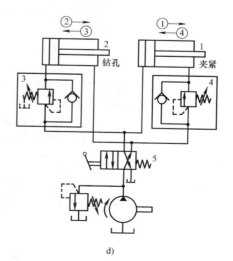

d)

图 6-123 习题 6-14 图

6-15 如图 6-124 所示回路，顺序阀和溢流阀串联，调整压力分别为 p_X 和 p_Y，当系统外负载无穷大时，问：

1）泵的出口压力是多少？

2）若把两阀的位置互换，泵的出口压力又是多少？

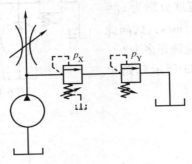

图 6-124　习题 6-15 图

6-16 如图 6-125 所示液压系统，两液压缸的有效面积为 $A_1 = A_2 = 100\text{cm}^2$，缸 I 的负载 $F_L = 35000\text{N}$，缸 II 运动时负载为零，不计摩擦阻力、惯性力和管路损失。溢流阀、顺序阀和减压阀的调整压力分别为 4MPa、3MPa 和 2MPa。试求下列三种情况下 A、B、C 三点的压力。

1）液压泵起动后，两换向阀处于中位。

2）1YA 通电，液压缸 I 活塞移动时及活塞运动到终点时。

3）1YA 断电，2YA 通电，液压缸 II 活塞移动及活塞杆碰到挡铁时。

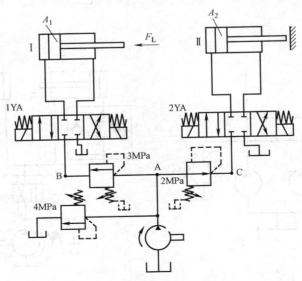

图 6-125　习题 6-16 图

6-17 如图 6-126a、b 所示回路的参数相同，液压缸无杆腔的面积 $A = 50\mathrm{cm}^2$，负载 $F_L = 10000\mathrm{N}$，各阀的设定压力分别如图所示，试分别确定两回路在活塞运动时和活塞运动到终点停止时，A、B 两处的压力。

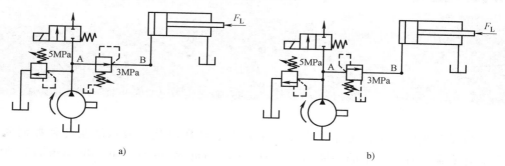

图 6-126 习题 6-17 图

6-18 说明图 6-127 中溢流阀的作用，并计算液压泵的出口压力。

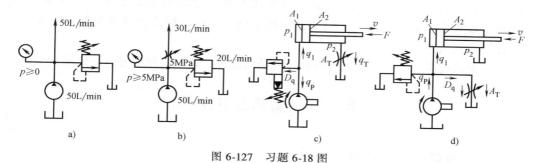

图 6-127 习题 6-18 图

第七章

液压辅件

液压系统中除了前面章节介绍的液压泵、液压马达、液压缸及各种控制阀外，还有需要许多其他的辅助元件（Auxiliary components for hydraulic systems）才能保证液压系统可靠的工作，如液压蓄能器（Accumulator）、过滤器（Filter）、油箱（Reservoir）、冷热交换器（Heat exchanger）、管件（Pipe）等。它们对系统的动态性能、稳定性、工作寿命、噪声和温升等的影响不亚于液压元件本身，必须予以重视。除油箱外，其他辅助元件都已经进行了标准化和系列化，可根据设计要求进行选用。

要求通过本章学习，掌握液压辅件的结构原理，熟知其使用方法及适用场合。

第一节　油箱及其配件

一、油箱的主要作用

液压油箱的主要作用是储存油液，此外还起着散发油液中热量、分离混在油液中的气体、沉淀油液中杂质等作用。另外，它还可以作为液压元件和阀块的安装台。具体作用如下。

1. 储存油液

油箱最为重要作用就是储存液压液，为液压系统提供足够的工作介质。

2. 散热

液压系统的容积损失和机械损失导致油液温度升高。油液从系统中带回来的热量有很大一部分靠油箱壁散发到周围空气中。这就要求油箱有足够大的尺寸，尽量设置在通风良好的位置上，必要时油箱外壁要设置翅片或设置专门的散热器来增加散热能力。

3. 促进油液中空气的分离

液压系统低压区压力低于饱和蒸汽压、吸油管漏气或液位过低时由旋涡作用引起泵吸入空气、回油的搅动作用等都是形成气泡的原因。油液泡沫会导致噪声和损坏液压装置，尤其在液压泵中会引起气蚀。未溶解的空气可在油箱中逸出，因此希望有尽可能大的油液面积，并应使油液在油箱里逗留较长的时间。

4. 沉淀油液中的污垢

未被过滤器捕获的细小污染物，如磨损屑或油液老化生成物，可以沉落到油箱底部并在清洗油箱时加以清除。

5. 分离水分

由于温度变化，空气中的水蒸气在油箱内壁上凝结成水滴而落入油液中，其中只有很少量溶解在油液里，未溶解的水会使油液乳化变质。油箱则能提供油水分离的机会，使这些游离水聚积在油箱中的最低点，以备清除。

6. 为系统中的液压元件提供安装位置

在中小型设备的液压系统中，往往把液压泵组和一些阀或整个液压控制装置直接安装在油箱顶盖上。油箱必须制造得足够牢固以支撑这些元件。一个牢固的油箱还在降低噪声方面发挥作用。

油箱的容积必须能够储存停机时由重力而返回油箱的油液。并且要求油箱中的油液本身是达到一定清洁度等级的油液，并以这样清洁的油液提供给液压泵和整个系统的工作回路。

二、油箱的结构和分类

整体式油箱是指在液压系统或机器的构件体内形成的油箱。以最小的空间提供最大的性能，并且通常提供特别整洁的外观；但是必须细心设计以克服可能存在的局部发热和噪声。两用油箱是指液压液与机器中的其他用油的公用油箱。最大优点是节省空间，但是有以下局限性：①油液必须满足液压系统对传动介质的要求。②油液温度控制困难，对于总量减少了的油液来说存在着两个热源。

独立油箱是应用最为广泛的一类油箱，常用于工业生产设备，一般做成矩形的，也有圆柱形的或油罐形的。独立油箱的热量主要通过油箱壁靠辐射和对流作用散发，因此油箱应该是尽可能窄而高的形状。液压泵吸油管在液面以下或以上穿过油箱侧壁进入油箱。

按油面是否与大气相通，可分为开式油箱与闭式油箱。开式油箱广泛用于一般的液压系统；闭式油箱则用于水下和高空无稳定气压的场合。开式油箱，箱中液面与大气相通，在油箱盖上装有空气过滤器。开式油箱结构简单，安装维护方便，液压系统普遍采用这种形式。闭式油箱一般用于压力油箱，内充一定压力的惰性气体，充气压力可达 0.05MPa。

按油箱的形状来分，还可分为矩形油箱和圆罐形油箱。矩形油箱制造容易，箱上易于安放液压器件，所以被广泛采用；圆罐形油箱强度高，重量轻，易于清扫，但制造较难，占地空间较大，在大型冶金设备中经常采用。

图 7-1 为矩形结构的开式油箱及其基本组成的结构布局示意图。

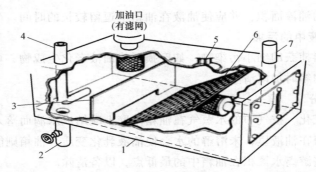

图 7-1　矩形结构的开式油箱及其基本组成的结构布局示意图
1—倾斜底板　2—排污管　3—隔板　4—回油管（出口在液面之下）
5—空气过滤器（带油过滤器）　6—隔网　7—吸油管（有滤网）

三、油箱的设计

1. 容积的设计

（1）工业用油箱　油箱必须有足够大的容积。一方面尽可能地满足散热的要求，另一方面在液压系统停止工作时应能容纳系统中的所有工作介质；而工作时又能保持适当的液位。

在初步设计时，油箱的有效容量可按下述经验公式确定。

$$V = mq_p \tag{7-1}$$

式中　V——油箱的有效容量（Effective Volume）；

　　　q_p——液压泵的流量；

　　　m——经验系数（Empirical coefficient），低压系统 $m = 2 \sim 4$；中压系统 $m = 5 \sim 7$；中高压或高压系统 $m = 6 \sim 12$。

对功率较大且连续工作的液压系统，必要时还要进行热平衡计算，以确定油箱容量。

（2）移动机械用油箱　以工程机械为例，应当考虑工程机械爬坡时最低和最高油位需要同时满足在上坡和下坡时吸油过滤器不能外露，回油过滤器和空气过滤清端盖处不能全部在油内；重量的平衡，保持整车合适的重心；良好的散热，确保油温不太高，因此要考虑安装的位置，整车的通风道设计；要考虑工况，防止油液漏出或者外界恶劣环境中脏物的进入，比普通工业用油箱的要求更苛刻；充分考虑布局，形状不一定规则，和相邻的部件要协调；内壁防锈处理，一般采用酸洗磷化的方式。

对行走机械的油箱容积的设计计算，一般采用如下经验公式：

$$V = (1.2 \sim 1.25) \times [(0.2 \sim 0.33)q_p + q_c] \tag{7-2}$$

式中　q_p——泵的流量；

　　　q_c——液压缸的容量。

2. 钢板厚度设计

大多数油箱都是焊接而成，油箱钢板可以采用碳钢，也可以采用不锈钢。分离式油箱一般用 2.5~4mm 钢板焊成。箱壁愈薄，散热愈快；建议 100L 容量的油箱箱壁厚度取 1.5mm，400L 以下的取 3mm，400L 以上的取 6mm；箱底厚度大于箱壁，箱盖厚度应为箱壁的 4 倍。大尺寸油箱要加焊角板、筋条，以增加刚性。当液压泵及其驱动电动机和其他液压件都要装在油箱上时，油箱顶盖要相应地加厚。

3. 油箱配管安装和尺寸设计

如图 7-2 所示，液压油箱的各个油口的布置和尺寸需要遵循以下准则。

1）泵的吸油管与系统回油管之间的距离应尽可能远些，管口都应插于最低液面以下，但离油箱底要大于管径的 2~3 倍，以免吸空和飞溅起泡。吸油管端部所安装的过滤器，离箱壁要有 3 倍管径的距离，以便四面进油。

2）回油管口应截成 45° 斜角，以增大回流截面，并使斜面对着箱壁，以利散热和沉淀杂质。

3）系统中泄油管应尽量单独接入油箱。各类控制阀的泄油管端部应在液面以上，以免产生背压；泵和马达的外泄油管其端部应在液面之下以免吸入空气。

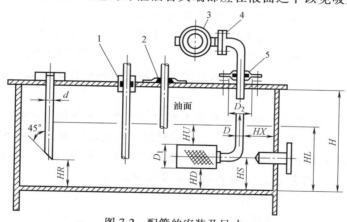

图 7-2 配管的安装及尺寸

回油管：$HR \geqslant 2d$；吸油膏：$D_2 > D_1$；吸入位置：$HS = 0.25H$ 为基准；HD、HU 在 50~100mm 左右；

$$HX \geqslant 3D；HL = HD + D_1 + HU \ 或 \ HL = HS + D_1/2 + HU$$

1—O 形环 2—衬垫 3—泵 4—凸缘 5—承板

4. 其他设计注意事项

1）在油箱中设置隔板，以便将吸、回油隔开，迫使油液循环流动，利于散热和沉淀，如图 7-3 所示。

2）设置空气过滤器与液位计。为防止灰尘进入油箱，通常在油箱的上方通气孔安装空气过滤器。有的油箱利用此通气孔当注油口。图 7-4 所示为带注油口的空气过滤器。空气过滤器的容量必须使液压

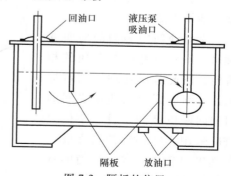

图 7-3 隔板的位置

系统即使达到最大负荷状态时，仍能保持液面上的大气压力，其容量至少应为液压泵额定流量的 2 倍。它一般布置在顶盖上靠近油箱边缘的位置。

3）设置放油口与清洗窗口。将油箱底面做成斜面，在最低处设放油口，平时用螺塞或放油阀堵住，换油时将其打开放走油污。为了便于换油时清洗油箱，大容量的油箱一般均在侧壁设置清洗窗口。

4）工业用油箱正常工作温度应为 15 ~ 65℃，必要时应安装温度控制系统，或设置加热器和冷却器。

5）最高油面只允许达到油箱高度的 80%。为了易于散热和便于对油箱进行搬移及维护保养，40 L 以上的箱底离地在 150mm 以上。油箱四周要有吊耳，以便吊装搬运。

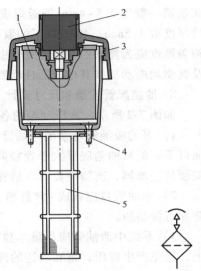

图 7-4　带注油口的空气过滤器
1—滤芯　2—阻塞指示器　3—盖
4—安装螺纹　5—过滤网

6）油箱内回油集中部分及清污口附近宜装设一些磁性块，以去除油液中的铁屑和带磁性颗粒。

7）对油箱内表面的防腐处理要给予充分的注意。常用的方法有：

① 酸洗后磷化。适用于所有介质，但受酸洗磷化槽限制，油箱不能太大。

② 喷丸后直接涂防锈油。适用于一般矿物油和合成液压液，不适合含水液压液。因不受处理条件限制，大型油箱较多采用此方法。

③ 喷砂后热喷涂氧化铝。适用于除水-乙二醇外的所有介质。

④ 喷砂后进行喷塑。适用于所有介质。但受烘干设备限制，油箱不能过大。

考虑油箱内表面的防腐处理时，不仅要考虑与介质的相容性，还要考虑处理后的可加工性、制造到投入使用之间的时间间隔以及经济性，条件允许时采用不锈钢制油箱无疑是最理想的选择。常用油箱的基本结构和配件如图 7-5 所示。

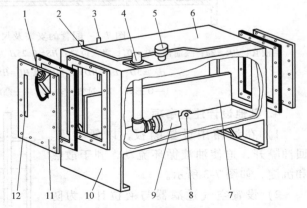

图 7-5　常用油箱的基本结构和配件
1—注油器　2—回油管　3—泄油管　4—吸油管
5—空气过滤器　6—安装板　7—隔板　8—螺塞
9—吸油过滤器　10—箱体　11—端盖　12—液位计

第二节　液压蓄能器

一、结构和分类

图 7-6 所示的蓄能器按照结构主要分为重力式、弹簧式、活塞式、囊式、隔膜式等，其符号图如表 7-1 所示。常用的是充气式，它利用气体的压缩和膨胀储存和释放压力能，在蓄能器中气体和油液被隔开，而根据隔离的方式不同，充气式又分为活塞式、囊式和气瓶式等三种。

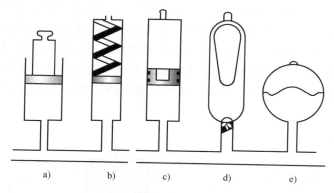

a)　　　　b)　　　　c)　　　　d)　　　　e)

图 7-6　液压蓄能器的种类

a）重力式（Weight loaded）　b）弹簧式（Spring loaded）　c）活塞式（Piston type）

d）囊式（Bladder type）　e）隔膜式（Diaphragm type）

表 7-1　蓄能器的图形符号

一般符号	囊式	隔膜式	活塞式	重力式	弹簧式

1. 重力式蓄能器

重力式蓄能器依靠重物的重力势能与液压能的相互转化来实现蓄能作用。这种蓄能器结构简单，压力稳定，但体积较大、笨重，运动惯性大，反应不灵敏，密封处易漏油且有摩擦损失，目前仅用在大型固定设备中，如在轧钢设备中用作轧辊平衡等。

2. 弹簧式蓄能器

弹簧式蓄能器通过改变弹簧的压缩量来使储油腔的液压液变成具有一定液

压能的压力油。这种蓄能器结构简单、容量小、反应较灵敏；但不宜用于高压和循环频率较高的场合，仅供小容量及低压（小于12MPa）系统作蓄能及缓冲使用。

3. 充气式蓄能器

利用密封气体的压缩膨胀来储存、释放能量，主要有以下几种。

（1）**气瓶式蓄能器** 这种蓄能器又叫直接接触式蓄能器（图7-7）。其特点是容量大，但由于气体混入油液中，影响系统工作的平稳性，而且耗气量大，需经常补气，因此仅适用于中、低压大流量的液压系统。

（2）**活塞式蓄能器** 活塞式蓄能器的原理是缸筒内的活塞将气体与油液隔开，气体经充气阀进入上腔，活塞的凹部面向气体，以增加气室的容积，如图7-8所示。具有油气隔离、工作可靠、寿命长、尺寸小、供油流量大、使用温度范围宽等优点，适用于大流量的液压系统。但由于活塞惯性和密封件的摩擦力影响，其反应不灵敏，缸体加工和活塞密封性能要求较高、活塞运动惯性大、磨损泄漏大、效率低，故其主要适用于压力低于21MPa的液压系统的储能，不太适合吸收压力脉动和冲击。

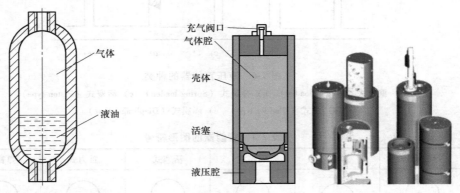

图 7-7　气瓶式蓄能器　　　　图 7-8　活塞式液压蓄能器的结构示意图和外形

（3）**囊式蓄能器** 如图7-9所示，囊式蓄能器通过改变气囊内的预充氮气的体积，从而使蓄能器储油腔内的液压液成为具有一定液压能的压力油。这种蓄能器虽然气囊及壳体制造较困难，但具有效率高、密封性好、结构紧凑、灵敏度高、质量轻、动作惯性小、易维护等优点，是目前液压系统中应用最为广泛的一种蓄能器，适用于储能和吸收压力冲击，工作压力可达32MPa。目前，限制囊式蓄能器在工程机械上应用的主要难点是，需要耐高温且可保证寿命的皮囊。

如图7-10示，某液压蓄能器的额定体积为50L，液压蓄能器的直径为230mm，长度为1930mm，质量为120kg。该液压蓄能器的最高工作压力设定在33MPa，充气压力为13MPa，理论上液压蓄能器充满油后液压液的体积为24L，可储存的能量为495kJ。

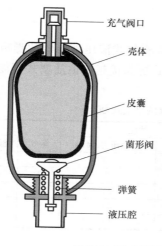

图 7-9　囊式液压蓄能器的结构示意图和外形

充气阀口
壳体
皮囊
菌形阀
弹簧
液压腔

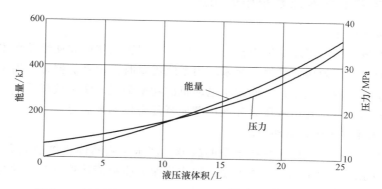

图 7-10　液压蓄能器液压液体积变化量和压力、储能的关系

（4）隔膜式蓄能器　隔膜式蓄能器的工作原理与前面两种类似，只是储气腔与储油腔通过隔膜隔离开来。如图 7-11 所示，这种蓄能器容量大、惯性小、反应灵敏、占地小、没有摩擦损失；但气体易混入油液内，影响液压系统运行的平稳性，因此必须经常灌注新气，附属设备多，一次性投入大。此类传统的蓄能器适用于需要大流量的中、低压回路的蓄能。随着技术的发展，隔膜式液压蓄能器的工作压力已经实现高压化。

图 7-11　隔膜式液压蓄能器的结构示意图和外形

二、典型液压蓄能器的性能对比

典型液压蓄能器的性能比较如表 7-2 所示，充气式液压蓄能器的噪声相对重力式和弹簧式更小，动态响应性能上囊式和隔膜式更为优越，但活塞式蓄能器在容量限制方面具有明显的优势。

表 7-2　典型液压蓄能器的性能比较

类型		性能				
		响应	噪声	容量限制	最大压力/MPa	漏气	温度范围/℃
充气式	囊式	良好	无	有（480 L 左右）	35	无	−10~+120
	隔膜式	良好	无	有（0.95~11.4L）	7	无	−10~+120
	活塞式	不太好	有	可做成较大容量	21	小量	−50~+120
重力式		不好	有	可做成较大容量	45	—	−50~+120
弹簧式		良好	有	有	12	—	−50~+120

三、蓄能器在液压系统中的用途

1. 辅助动力源

蓄能器最常见的用途是作为辅助动力源。在间歇工作或周期性动作中，蓄能器可以把泵输出的多余压力油储存起来。当系统需要时，由蓄能器释放出来。这样可以减少液压泵的额定流量，从而减小电动机的功率消耗。实际液压系统中，超大流量的液压泵站基本都是由液压泵和液压蓄能器复合供油来满足。

2. 系统保压或作紧急动力源

当液压系统工作时由于泵或电源的故障，液压泵突然停止供油而会引起事故。对于重要的系统，为了确保工作安全，要求当泵发生故障或停电时，执行元件应继续完成必要的动作，就需用一适当容量的蓄能器作为应急动力源；对于执行元件长时间不动作，而又要保持恒定压力的系统，可用蓄能器来补偿泄漏，从而使压力恒定。此时液压泵驱动电动机可以停机以降低能耗。

3. 吸收系统脉动，缓冲和液压冲击

蓄能器能吸收系统压力突变时的冲击，也能吸收液压泵工作时的流量脉动所引起的压力脉动。

蓄能器的各种工作状态如图 7-12 所示。

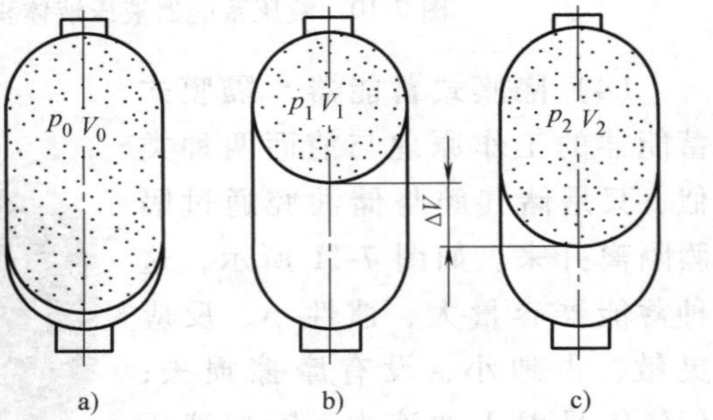

图 7-12　蓄能器的各种工作状态
a）充气　b）蓄液　c）放液

四、蓄能器的容量计算

容量是选用蓄能器的主要依据，其大小视用途而异。现以囊式蓄能器为例加以说明。

1. 做辅助动力源时的容量计算

当蓄能器作动力源时，蓄能器储存和释放的压力油容量和气囊中气体体积的变化量相等，而气体状态的变化遵守玻义耳定律，即

$$p_0 V_0^n = p_1 V_1^n = p_2 V_2^n \tag{7-3}$$

式中　p_0——气囊的充气压力（Precharging pressure）；

$\quad\quad V_0$——气囊充气体积，此时皮囊充满壳体内腔，故亦即蓄能器容量；

$\quad\quad p_1$——系统最高工作压力，即泵对蓄能器充油结束时的压力；

$\quad\quad V_1$——气囊被压缩后相应于此时的气体体积；

$\quad\quad p_2$——系统最低工作压力，即蓄能器向系统供油结束时的压力；

$\quad\quad V_2$——气体膨胀后相应于此时的气体体积。

体积差 $\Delta V = V_2 - V_1$ 为供给系统油液的有效体积，将它代入式（7-3），便可求得蓄能器的容量 V_0，即

$$V_0 = \left(\frac{p_2}{p_0}\right)^{1/n} V_2 = \left(\frac{p_2}{p_0}\right)^{1/n}(V_1 + \Delta V) = \left(\frac{p_2}{p_0}\right)^{1/n}\left[\left(\frac{p_2}{p_0}\right)^{1/n} V_0 + \Delta V\right] \tag{7-4}$$

解由上式得

$$V_0 = \frac{\Delta V \left(\dfrac{p_2}{p_0}\right)^{1/n}}{1 - \left(\dfrac{p_2}{p_1}\right)^{1/n}} \tag{7-5}$$

充气压力 p_0 在理论上可与 p_2 相等，但是为保证在 p_2 时蓄能器仍有能力补偿系统泄漏，则应使 $p_0 < p_2$，一般取 $p_0 = (0.8 \sim 0.85)p_2$，则

$$\Delta V = V_0 p_0^{1/n}\left[\left(\frac{1}{p_2}\right)^{1/n} - \left(\frac{1}{p_1}\right)^{1/n}\right] \tag{7-6}$$

用于保压时，气体压缩过程缓慢，与外界热交换得以充分进行，可认为是等温变化过程，这时取 $n = 1$。

做辅助或应急动力源时，释放液体的时间短，热交换不充分，这时可视为绝热过程，取 $n = 1.4$。

2. 用来吸收冲击时的容量计算

当蓄能器用于吸收冲击时，一般按经验公式计算缓冲最大冲击压力时所需要的蓄能器最小容量，即

$$V_0 = \frac{0.004 q p_1 (0.0164L - t)}{p_1 - p_2} \tag{7-7}$$

式中　p_1——允许的最大冲击压力（MPa）；

$\quad\quad p_2$——阀口关闭前管内压力（MPa）；

$\quad\quad V_0$——用于冲击的蓄能器的最小容量（L）；

L——发生冲击的管长，即压力油源到阀口的管道长度（m）；

t——阀口关闭的时间（s），突然关闭时取 $t=0$。

第三节 过 滤 器

一、过滤器的主要作用及基本要求

液压液中往往含有杂质，会造成液压元件相对运动表面的磨损、滑阀卡滞、节流孔口堵塞等。因此液压系统的大多数故障是由于介质被污染而造成的。在系统中安装一定精度的过滤器（也称之为滤油器），是保证液压系统正常工作的必要手段。

过滤器的功能就是过滤杂质，防止液压液被污染。过滤器的主要性能指标是过滤精度。过滤器的过滤精度是指滤芯能够滤除的最小杂质颗粒的大小，以直径 d 作为公称尺寸表示。按精度可分为粗过滤器（$d<100\mu m$）、普通过滤器（$d<10\mu m$）、精过滤器（$d<5\mu m$）、特精过滤器（$d<1\mu m$）。

一般对过滤器的基本要求是：

1）能满足液压系统对过滤精度的要求，即能阻挡一定尺寸的杂质进入系统。

2）滤芯应有足够强度，不会因压力而损坏。

3）通流能力大，压力损失小。

4）易于清洗或更换滤芯。

表 7-3 不同系统的过滤精度

系统类别	润滑系统	传动系统			伺服系统
工作压力/MPa	0~2.5	<14	14~32	>32	≤21
过滤精度 $d/\mu m$	≤100	25~50	≤25	≤10	≤5

二、过滤器的基本结构

过滤器一般由滤芯（或滤网）和壳体构成，其滤芯上无数个微小间隙或小孔构成通流面积。当混入油中的污物（杂质）大于微小间隙或小孔时，杂质被阻隔而滤清出来。若滤芯使用磁性材料时，可吸附油中能被磁化的铁粉杂质。过滤器可分成液压管路中使用和油箱中使用两种。油箱内部使用的过滤器亦称为滤清器和粗滤器，用来过滤掉一些太大的、容易造成泵损坏的杂质（在 0.1mm 以上）。按滤芯的材料和结构形式，过滤器可分为网式过滤器（Mesh filter）、线隙式过滤器（Wire-wound filter）、纸质滤芯式过滤器（Pleated paper filter）、烧结式过滤器（Sintered metal filter）及磁性过滤器（Magnetic filter）等。按过滤器安放的位置不同，还可以分为吸油过滤器、压油过滤器和回油过滤器，考虑到泵的自吸性能，吸油过滤器多为粗滤器。按过滤器的连接方式可分为：管式、法兰式和板式等。

1.网式过滤器

过滤精度与铜丝网层数及网孔大小有关。在压力管路上常用 100 目、150 目、200 目（每英寸长度上的孔数）的铜丝网，在液压泵吸油管路上常采用 20~40 目铜丝网。压力损失不超过 0.004MPa；结构简单，通流能力大，清洗方便，但过滤精度低。

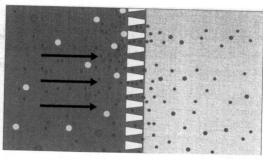

图 7-13　网式过滤器的结构

2.线隙式过滤器

线隙式过滤器如图 7-14 所示，滤芯由绕在芯架上的一层金属线组成，依靠线间微小间隙来挡住油液中杂质的通过；压力损失约为 0.03~0.06MPa；结构简单，通流能力大，过滤精度高，但滤芯材料强度低，不易清洗，用于低压管道中，多为回油过滤器。

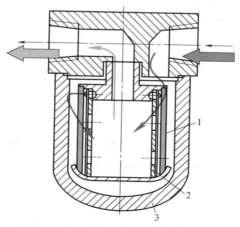

图 7-14　线隙式过滤器
1—金属线　2—芯架　3—壳体

3. 纸质过滤器

结构与线隙式相同，但滤芯为平纹或波纹的酚醛树脂或木浆微孔滤纸制成的纸芯。为了增大过滤面积，纸芯常制成折叠形；压力损失约为 0.01～0.04MPa，过滤精度高，但堵塞后无法清洗，必须更换纸芯，通常用于精过滤。

为了增强滤芯的强度，一般滤芯分为三层，如图 7-15 所示。外层采用粗眼钢板网，中层为折叠式 W 形滤纸，里层由金属丝网与滤纸折叠在一起，滤芯中央还安装有支撑弹簧。为了保证纸质过滤器能够正常工作，不至于因杂质逐渐聚集在滤芯上引起压差增大而压破纸芯，纸质过滤器的上端装有堵塞状态发信装置。

4. 烧结式过滤器

滤芯由金属粉末烧结而成，其结构如图 7-16 所示，它利用金属颗粒间的微孔来挡住油液中的杂质通过。改变金属粉末的颗粒大小，就可以制出不同过滤精度的滤芯；压力损失约为 0.03～0.2MPa；过滤精度高，滤芯能承受高压，但金属颗粒易脱落，堵塞后不易清洗；适用于精过滤。

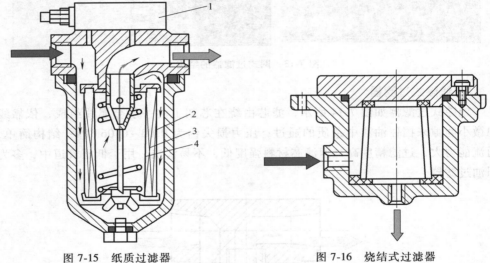

图 7-15　纸质过滤器　　　　　　　图 7-16　烧结式过滤器

1—堵塞状态发信装置　2—粗眼钢板网
3—折叠式 W 形滤纸　4—金属丝网与滤纸

5. 磁性过滤器

磁性过滤器的工作原理是利用磁铁吸附油液中的铁质微粒。但一般结构的磁性过滤器对其他污染物不起作用，通常用作回流过滤器。它常被用作复式过滤器的一部分。

6. 复式过滤器

复式过滤器即上述几类过滤器的组合。复式过滤器的性能更为完善，一般设有多种结构原理的堵塞状态发信装置，有的还设有安全阀。当过滤杂质逐渐将滤芯堵塞时，滤芯进出油口的压力差增大。若超过所调定的发讯压力，发信装置便会发出堵塞信号。如不及时清洗或更换滤芯，当压差达到所调定的安全压力时，类似于直动式溢流阀的安全阀便会打开，以保护滤芯免遭损坏。

表 7-4 是各种常用过滤器的图形符号。

表 7-4　常用过滤器的图形符号

一般符号	磁性过滤器	带污染指示的过滤器

三、过滤器的关键参数

1. 过滤精度

它表示过滤器对各种不同尺寸的污染颗粒的滤除能力，用绝对过滤精度、过滤比和过滤效率等指标来评定。

1）绝对过滤精度是指通过滤芯的最大坚硬球状颗粒的尺寸（y），它反映了过滤材料中最大通孔尺寸，由试验方法测定。

2）过滤比（β_x）是指过滤器上游油液单位容积中大于某给定尺寸 x 的颗粒数与下游油液单位容积中大于同一尺寸的颗粒数之比：$\beta_x = N_u/N_d$；式中，N_u 和 N_d 分别为上、下游油液中大于某一尺寸 x 的颗粒浓度。β_x 愈大，过滤精度愈高。当过滤比的数值达到 75 时，y 即被认为是过滤器的绝对过滤精度。过滤比能确切地反映过滤器对不同尺寸颗粒污染物的过滤能力，它已被国际标准化组织采纳作为评定过滤器过滤精度的性能指标。一般要求系统的过滤精度要小于运动副间隙的一半。压力越高，对过滤精度要求越高。过滤器过滤粒子尺寸与过滤粒子数的关系如图 7-17 所示。

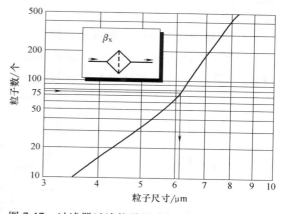

图 7-17　过滤器过滤粒子尺寸与过滤粒子数的关系

3）过滤效率：$E_c = (N_u - N_d)/N_u = 1 - 1/\beta_x$。

2. 压降特性

液压回路中的过滤器对油液流动来说是一种阻力，因而油液通过滤芯时必然要出现压力降。在滤芯尺寸和流量一定的情况下，滤芯的过滤精度愈高，压力降愈大；在流量一定的情况下，滤芯的有效过滤面积愈大，压力降愈小；油液的粘度愈大，流经滤芯的压力降也愈大。滤芯所允许的最大压力降，应以不致使滤芯元件发生结构性破坏为原则。在高压系统中，滤芯在稳定状态下工作时承受到的仅仅是它那里的压力降，这就是为什么纸质滤芯亦能在高压系统中使用的道理。

3. 纳垢容量

纳垢容量指过滤器在压力降达到其规定限值之前可以滤除并容纳的污染物数量，这项性能指标可以用多次通过性试验来确定。过滤器的纳垢容量愈大，使用寿命愈长，所以它是反映过滤器寿命的重要指标。一般来说，滤芯尺寸愈大，即过滤面积愈大，纳垢容量就愈大。增大过滤面积，可以使纳垢容量至少成比例地增加。

四、过滤器的安装部位

1. 泵入口——吸油粗过滤器

吸油粗过滤器（Suction filter）用来保护泵，使其不致吸入较大的机械杂质。为了不影响泵的吸油性能，防止发生气穴现象，粗过滤器的过滤能力应为泵流量的2倍以上，压力损失不得超过 $0.01 \sim 0.035 MPa$。

2. 泵出口油路上——高压过滤器

高压过滤器（High pressure filter）主要用来滤除进入液压系统的污染杂质，一般采用过滤精度 $10 \sim 15 \mu m$ 的过滤器。它应能承受油路上的工作压力和冲击压力，其压力降应小于 $0.35 MPa$，并有安全阀或堵塞状态发信装置，以防泵过载和滤芯损坏。

3. 系统回油路上——低压过滤器

因回油路压力很低，可采用滤芯强度不高的低压过滤器（Low pressure filter）（精过滤器），并允许过滤器有较大的压力降。

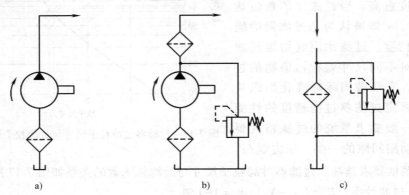

a)   b)   c)

图 7-18   过滤器的安装位置

a) 吸油管路上   b) 泵的压油管上   c) 回油管路上

4. 安装在系统以外——旁路过滤系统

旁路过滤系统（Bypass line filter）也称单独过滤系统（图 7-19），是由专用液压泵和过滤器单独组成一个独立于液压系统之外的过滤回路，用于滤除油液中的杂质，以保护主系统。过滤系统连续运转，可以滤掉油箱中油液的杂质，适用于大型机械设备中的液压系统。

5. 在系统的分支油路上

当泵流量较大时，若仍采用上述各种油路过滤，过滤器可能过大。为此可在只有泵流量 20%～30% 左右的支路上安装一小规格过滤器（图 7-20）。

注意：一般过滤器只能单向使用，即进、出口不可互换。

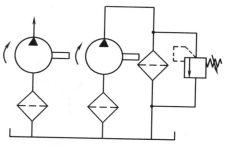

图 7-19　单独过滤系统

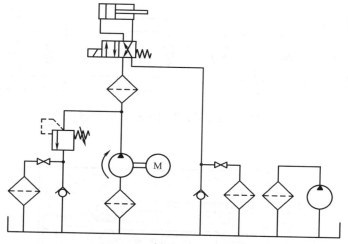

图 7-20　各分支油路上的过滤器

五、过滤器的组合单元

如图 7-21 所示，为了满足不同的应用场合和使用功能，过滤器会和压力表、单向阀、压力继电器等组合在一起，实现不同的功能组合。比如，为了防止过滤器滤芯堵塞时影响工作，过滤器一般会和一个单向阀并联使用。

过滤器发信装置与过滤器并联，如图 7-22 所示。它的工作原理是 P_1 口与过滤器进油口相通，P_2 口与出油口相通。过滤器进、出油口两端的压力差 Δp 与发讯装置的活塞 2 上的作用力与弹簧 5 的弹簧力相平衡。油液杂质逐渐堵塞过滤器，使 P_1 压力上升，当压力差 Δp 达到一定数值时，压力差作用力推动活塞及永久磁铁 4 右移。这时，感簧管 6 受磁性作用吸合触点，接通电路，使接线柱 1 连接的电路报警。

六、过滤器的选用

不同的液压系统有不同的过滤精度要求。过滤器的选用应考虑下列因素。

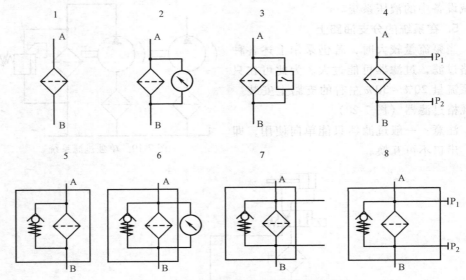

图 7-21　过滤器和不同功能要求的组合

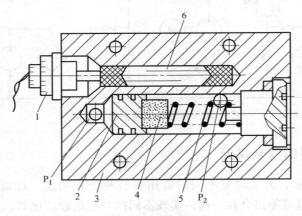

图 7-22　过滤器发信装置

1—接线柱　2—活塞　3—阀体　4—永久磁铁　5—弹簧　6—感簧管

（1）过滤精度　原则上大于滤芯网目的污染物就不能通过滤芯。过滤器上的过滤精度常用能被过滤掉的杂质颗粒的公称尺寸大小来表示。系统压力越高，过滤精度越低，表 7-5 为液压系统中建议采用的过滤精度。

表 7-5　液压系统中建议采用的过滤精度

使用场所	提高换向阀 操作可靠度	保持微小 流量控制	一般液压机器 操作可靠度	保持伺服阀 可靠度
建议采用的 过滤精度/μm	10 左右	10	25 左右	5~10

（2）通油能力的选择　液压液通过的流量大小和滤芯的通流面积有关。一般可根据要求通过的流量选用相对应规格的过滤器。（为降低阻力，过滤器的容量为泵流量的 2 倍以上）。

（3）耐压　选用过滤器时须注意系统中冲击压力的发生。而过滤器的耐压包含滤芯的耐压和壳体的耐压。一般滤芯的耐压为 0.01～0.1MPa，这主要靠滤芯有足够的通流面积，使其压降小，以避免滤芯被破坏。滤芯被堵塞，压降便增加。必须注意滤芯的耐压和过滤器的使用压力是不同的，当提高使用压力时，要考虑壳体是否承受得了而和滤芯的耐压无关。

（4）清洗和更换　过滤器滤芯应易于清洗和更换。

（5）耐久性　在一定的温度下，过滤器应有足够的耐久性。

第四节　热交换器

工业液压用液压系统的工作温度一般希望保持在 30～50℃的范围之内，最高不超过 65℃，最低不低于 15℃。而移动液压的液压液的温度可能会超过 90℃。如果液压系统靠自然冷却仍不能使油温控制在上述范围内时，就须安装冷却器（Cooler）；反之，如环境温度太低，无法使液压泵起动或正常运转时，就须安装加热器（Heater）。

一、冷却器

油箱散热面积不够，必须采用冷却器来抑制油温的原因有如下三种。

1）因机械整体的体积和空间使油箱的大小受到限制。比如移动机械用油箱。

2）因经济上的原因，需要限制油箱的大小。

3）要把液压液的温度控制得更低。

油冷却器可分成水冷式和气冷式。也有一些新型的冷却器如冷媒式、电制冷式等。

1. 水冷冷却器

水冷冷却器（图 7-23）基本都是壳管式油冷器，一般都采用直管形油冷却器。把直管形冷却管装在一外壳内，使液压液产生垂直于冷却管流动以加强热的传导。冷却管通常由小直径管子组成，材料可用铝、钢、不锈钢等支撑的无缝钢管，但为增加热传效果，一般采用铜管并在铜管上滚牙以增进散热面积。

2. 风冷冷却器

风冷冷却器构造如图 7-24 所示，由风扇和许多带散热片的管子构成。油在冷却管中流动，风扇使空气穿过管子和散热片表面，使液压液冷却。其冷却效率较水冷低，但如果冷却水取得不易或在水冷式冷却器不易安装的场所，必须采用气冷式，尤以行走机械的液压系统使用较多。风扇的驱动可以采用电动机、发动机或液压马达。

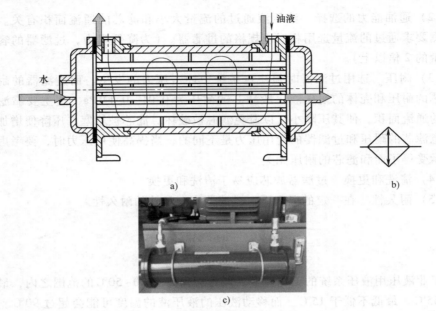

图 7-23　对流式多管头水冷冷却器
a）结构原理　b）图形符号　c）实物图片

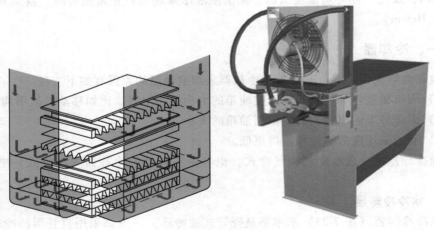

图 7-24　风冷冷却器构造

3. 冷却器的安装位置

　　油冷却器安装在热发生体附近，且液压液流经油冷却器时，压力不得大于1MPa。有时必须以安全阀来保护，以使它免于高压的冲击而造成损坏。一般情况下，冷却器安装在液压系统的回油路上，如图 7-25 所示。

二、加热器

　　当液压系统在冬季或北方地区使用时，为避免温度太低导致液压液的黏度过高而造成液压系统的故障，尤其是液压泵吸油口产生气穴现象，则需要在液压系统起动前加热液压液使其温度升高到最低工作温度。液压系统的加热一般采用电加热器，它用法兰盘水平安装在油箱侧壁上，发热部分全部浸在油液内，如图 7-26 所示。

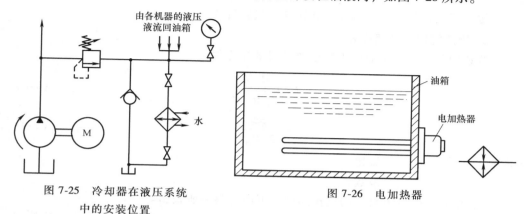

图 7-25　冷却器在液压系统
中的安装位置

图 7-26　电加热器

在一些对液压液的温度要求较高的场合，一般采用油温自动控制回路，详见图 7-27。溢流阀排出的油和系统回油均经过冷却器 1 回油箱，温度传感器 2 检测到温度信号后和温度调定值比较，再经放大和处理控制水阀 3 的开度，从而改变水的流量。当油温达到调定值时，水阀 3 保持一定开度。由于其他原因油温偏离调定值时，水阀 3 可自动加大或减小开度，使油温基本上保持调定值。若将水阀 3 关死，则控制系统不起作用，可用人工操纵水阀 4 控制油温。

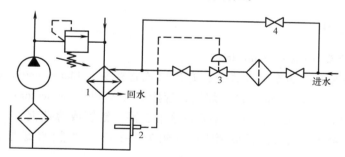

图 7-27　油温自动控制回路
1—冷却器　2—温度传感器　3、4—水阀

第五节　管　　件

在液压系统中所有的元件，包括辅件在内，全靠管道（Pipes）和管接头（Fittings or Connectors）连接而成，管道和管接头的重量约占液压系统总重量的 1/3，它们的分布遍及整个系统。

一、管道

1. 种类

按照所用材料，分为钢管、紫铜管、橡胶管等。

2. 管道的内径 d 壁厚 δ

管道内径的选择主要考虑降低流动时的压力损失。

$$d = 2\sqrt{\frac{q}{\pi[v]}} \tag{7-8}$$

$$\delta = \frac{pdn}{2[R_m]} \tag{7-9}$$

式中　　$[v]$——允许流速；

　　　　n——安全系数；

　　$[R_m]$——管道材料的抗拉强度，可由材料手册查出。

实践生产中，选用管道直径经常不需要计算，因为管道尺寸主要由系统中所用元件连接口径的大小来决定的。

3. 管道的布置

管道应尽量短，最好横平竖直，拐弯少。为避免管道皱折，减少压力损失，管道装配的弯曲半径要足够大，管道悬伸较长时要适当设置管夹。

管道尽量避免交叉，平行管距要大于 100mm，以防接触振动，并便于安装管接头。

二、管接头

1. 硬管接头（Rigid connectors）

按管接头和管道的连接方式分，有扩口式管接头（Flared connector）、卡套式管接头（Compression connector）、焊接式管接头（Welded connector）等。

（1）扩口式管接头　扩口式管接头适用于铜、铝管或薄壁钢管。如图 7-28 所示，连接管 1 穿入套管 2 后扩成喇叭口（约 74°~90°）。当旋紧螺母 3 时，通过套

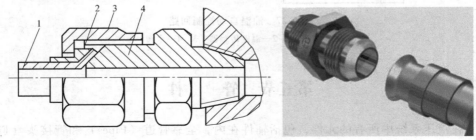

图 7-28　扩口式管接头

1—连接管　2—套管　3—螺母　4—接头体

管 2 使被连接管 1 端部的扩口压紧在接头体 4 的锥面上。被扩口的连接管只能是由塑性良好的材料制成的薄壁管，如铜管。密封性能靠扩口锥面的几何精度和适当的装配拧紧力矩保证，难以实现高压密封，其额定压力主要取决于管材的许用压力值，一般为 3.5~16MPa。

（2）卡套式管接头 卡套式管接头由接头体 4、卡套 3 和螺母 2 这三个基本零件组成。拧紧接头螺母 2 后，卡套 3 发生弹性变形将连接管 1 夹紧。这种管接头轴向尺寸要求不严、拆装方便，不需焊接或扩口；但对油管的径向尺寸精度要求较高，采用冷拔无缝钢管制成。可用于高压，许用压力可达 40MPa，不需要密封件，工作可靠，安装拆卸方便，避免了焊接，但卡套的制作工艺要求较高，而且对被连接油管的尺寸精度要求也较高。

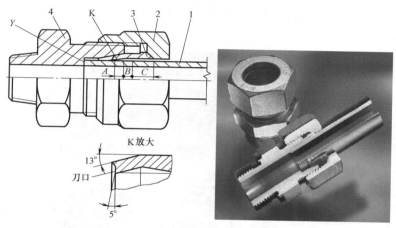

图 7-29 卡套式管接头

1—连接管 2—螺母 3—卡套 4—接头体

（3）焊接式管接头 如图 7-30 所示，焊接式管接头是把相连管子的一端与管接头的接管 1 焊接在一起，将 O 形密封圈 3 放在接头体 4 的端面处，通过螺母 2 将接管 1 与接头体 4 压紧，防止从元件中外漏。焊接管接头制造工艺简单，工作可

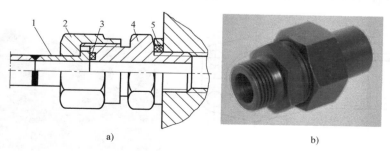

a)　　　　　　　　　　b)

图 7-30 焊接式管接头

1—接管 2—螺母 3—O 形密封圈 4—接头体 5—组合密封圈

靠，安装方便，对被连接的油管尺寸精度及表面粗糙度要求不高；缺点是对焊接质量要求较高。工作压力可达 32MPa 以上，是目前应用最广泛的一种连接形式。

2. 扣压式胶管接头（Crimped hose connectors）

扣压式胶管接头有 A、B、C 三种类型。随管径不同可用于工作压力在 6~40MPa 的系统。图 7-31 所示为 A 型扣压式胶管接头。图 7-32 为各种胶管接头及配套接头体的常用形式，其中，C 型喇叭口的胶管接头与 C 型接头体配合使用，D 型突头胶管接头与 D 型接头体配合使用，这两种依靠凹凸面的配合实现密封；A 型平口胶管接头与 A 型接头体配合使用，需要在端面放置 O 形密封圈来实现密封。

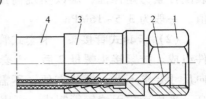

图 7-31　扣压式胶管接头

1—螺母　2—内锁式安全接头
3—扣压段　4—胶管

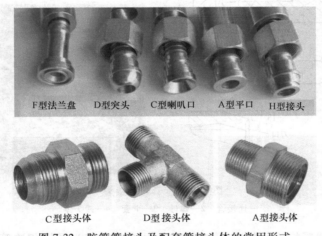

图 7-32　胶管管接头及配套管接头体的常用形式

3. 法兰接头（Flange connector）

法兰连接包括接头体和法兰两部分，其中法兰可以是整体式或分片式。一般是

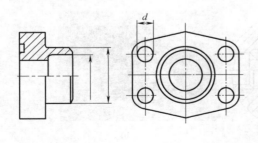

图 7-33　法兰接头

将管子固定于阀口等位置，一般用于流量较大的场合。其密封是依靠接头体端面上的 O 形密封圈在法兰锁紧力的作用下压紧在阀口端面实现的。

4. 快换接头（Quick-action coupling）

当系统中某一局部不需要经常供油时，或是执行元件的连接管路要经常拆卸时，往往采用快速接头与高压软管配合使用。

这种接头是一种既不需要使用工具，又能实现管路迅速装拆的接头，它有两端开闭式和两端开放式两种结构。

图 7-34 是两端开闭式快速接头，由接头体、单向阀阀芯、外套、钢球、弹簧和密封等组成。接头体的内腔各有一个单向阀，当两个接头体分开时，单向阀阀芯在各自的弹簧作用下外伸，并顶压在接头体的锥形孔上，使通路关闭，两边管子内的油被封闭在管中不能流出；当两个接头体连接时单向阀阀芯前端的两顶杆相碰，迫使阀芯离开接头体的锥形孔，使两边管子内的油相通，两个接头体用钢球锁紧，工作时，外套在弹簧作用下把钢球压在接头体的 U 形槽内，使接头体连接。

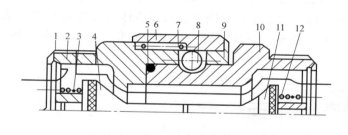

图 7-34　快换接头

1—挡圈　2、10—接头体　3、7、12—弹簧　4、11—单向阀
5—O 形密封圈　6—外套　8—钢球　9—弹簧卡圈

这种接头拆卸方便，但结构较复杂，局部阻力损失较大，适用于油、气为介质的管路系统。

两端开放式快速接头与两端开闭式的区别仅在于前者接头体内腔没有单向阀，当两个接头体分开时，不能封闭通路。接头的一端由三瓣式胶管接头与胶管相连，胶管接头的接头芯直接插入快速接头内。

图 7-35 是液压系统中常用到的各种管接头的形式。

图 7-35　液压系统中常用到的各种管接头形式

第六节　密封元件

　　密封的主要作用是防止液压液的泄漏，避免系统压力不能建立、油液外泄污染环境或外界污染物侵入液压系统等，是保证液压系统正常工作的重要组成部分。按照所密封的两个元件的相对运动关系可以分为静密封（Static seal）和动密封（Dynamic seal）两大类。按照所采用的密封形式，又可以分为间隙密封（Clearance gap seal）和密封件（Sealing element）密封。

一、静密封

　　相互配合的两个部件之间没有相对运动时，此时的密封称之为静密封。静密封由于不承受液压冲击力，受力环境较好，如液压缸的缸盖与缸筒之间的密封，管接头与阀块或管子之间的密封、液压阀端面与阀块安装面之间的密封等，均属于静密封。静密封一般使用 O 形密封圈，如图 7-36a、b 所示。还有一种用于管接头的静密封元件——组合垫圈，它是由橡胶圈和金属环整体粘合硫化而成，是用来密封螺纹和法兰连接的密封圆环，圆环包括一个金属环和一个橡胶密封垫，如图 7-36c 所示。

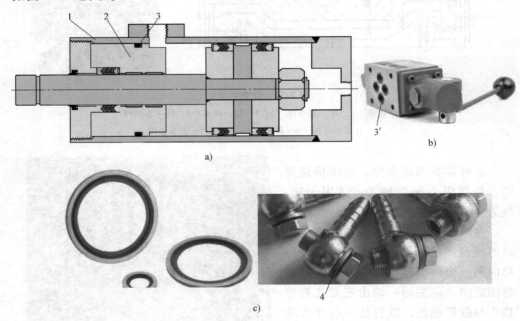

图 7-36　液压系统中的静密封实例

a）液压缸中的静密封　b）液压阀油口的静密封　c）管接头用组合垫圈

1—缸筒　2—缸盖　3、3′—O 形密封圈　4—组合垫圈

二、动密封

动密封由于所密封的两个部件之间有相对运动，同时承受高压，工况恶劣，一般采用组合密封件以获取较好的密封效果，在一些特殊场合也使用间隙密封。

1. 间隙密封

图 7-37 是间隙密封示意图，它是依靠运动部件间的微小间隙来防止泄漏。为了提高这种装置的密封能力，常在配合长度 l 的表面上制出几条细小的环形槽，以增大油液通过间隙时的阻力。这些环形槽称之为压力平衡槽，一般设置在面向承受高压的一侧，以降低由于压差而引起的间隙泄漏。它的结构简单，摩擦阻力小，可耐高温，但泄漏大，加工要求高，磨损后无法恢复原有能力，只有在尺寸较小、压力较低、相对运动速度较高的场合使用。如图 7-38 所示的伺服液压缸和滑阀阀芯大多采用间隙密封方式。

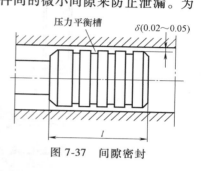

图 7-37　间隙密封

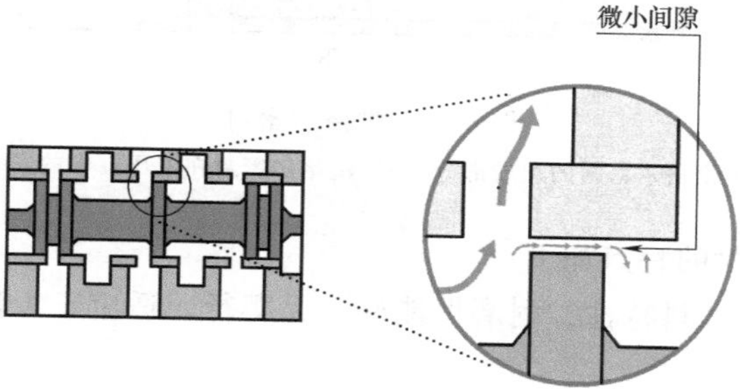

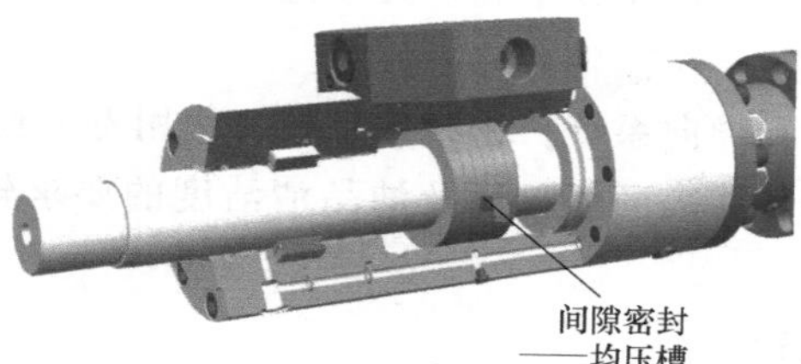

图 7-38　滑阀阀芯及液压缸活塞上的间隙密封
a) 滑阀阀芯与阀套间的间隙密封　b) 液压缸活塞上的间隙密封

2. 密封件密封

（1）洪格尔密封（Hunger seal）　图 7-39 是洪格尔密封的组成部分及其在液压缸中的应用。一般来说，洪格尔密封适用的工况条件如表 7-6 所示。

表 7-6　洪格尔密封适用的工况条件

工作压力	0~45MPa	工作温度	-35~+200℃
往复速度	0~1m/s	工作介质	液压油、水、乳化液
产品材质	PTFE、PA、NBR	设计标准	HUNGER、广研等

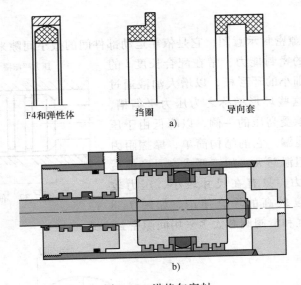

图 7-39　洪格尔密封

a）洪格尔密封的组成部分　b）洪格尔密封在液压缸中的安装

洪格尔组合密封的特点如下。

1）利用 PTFE 材料特性，耐磨性能好，无爬行，适应于工作压力较高的系统，双向密封。

2）摩擦阻力小，适用于动作频率高、运动速度快，定位、行程要求准确，如液压缸 AGC 等伺服液压缸。

3）具有坚实的支承和导向系统，密封效果好，使用寿命长，可靠性十分强。

4）对液压缸加工精度和表面粗糙度及油品清洁度的要求较为苛刻，反之，影响密封效果。

5）密封件占有空间较大。

（2）V 形组合密封　图 7-40 是 V 形组合密封的剖视图及其在液压缸中的应用。一般来说，V 形组合密封适用的工况条件如表 7-7 所示。

表 7-7　V 形密封适用的工况条件

工作压力	0~40MPa	工作温度	-35~+200℃
往复速度	0~0.5m/s	工作介质	液压油、水、乳化液
产品材质	PTFE、FKM（温度 120 ℃以上）	设计标准	MAERKEL、NOK、Parker、广研、国标

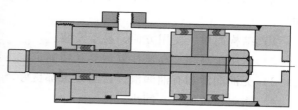

图 7-40　V 形组合密封的剖视图及在液压缸中的应用

由于 V 形组合密封利用了夹布材料特性，因此耐磨性能优异、强度高，具体特点如下。

1）密封效果好，使用寿命长。

2）有辅助导向的作用，对振动、偏心负载适应性好。

3）能承受高压及变化的压力。

4）过盈量可以适当调整；良好抗挤出性能。

5）对不良工作环境，适应能力较强，如油品清洁度差，滑动面表面粗糙度差等。

6）夹布摩擦阻力大，有时会出现爬行现象；不适于高速运动、高频往复和精确定位系统。

（3）PTFE 组合密封　图 7-41 是 PTFE 组合密封的剖视图及其在液压缸中的应用。PTFE 密封又称为格莱圈或斯特封，有轴用和孔用两种。一般来说，PTFE 组合密封适用的工况条件如表 7-8 所示。

表 7-8　PTFE 组合密封适用的工况条件

工作压力	0~40MPa	工作温度	−35~+200℃
往复速度	0~5m/s	工作介质	液压油、水、乳化液
产品材质	PTFE、FKM（温度 120℃ 以上）	设计标准	德国宝色霞板、MAERKEL、NOK、Parker、广研、国标

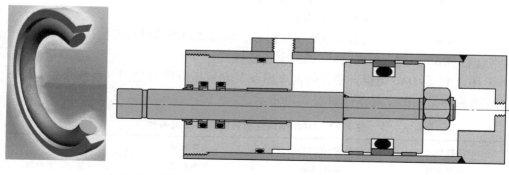

图 7-41　PTFE 组合密封的剖视图及其在液压缸中的应用

由于 PTFE 材料具有耐磨性好、无爬行、摩擦因数低等特性，因此其具体特点如下。

1）结构简单、使用方便，易于安装。

2）适用于高频、高速往复运动和精确定位，如 AGC 液压缸。

3）无油润滑和有油润滑，密封效果都良好。

4）密封系统所占空间小。

（4）Y 形密封　图 7-42 是 Y 形密封的截面剖视图及其在液压缸中的应用。一般来说，Y 形密封适用的工况条件如表 7-9 所示。

表 7-9　Y 形密封适用的工况条件

工作压力	0~32MPa（>16MPa，根部配挡圈）	工作温度	−35~+200℃
往复速度	0~0.5 m/s	工作介质	液压油、水、乳化液
产品材质	FKM、RP、PU（>120℃氟橡胶）	设计标准	NOK、Parker、Merkel、广研、国标

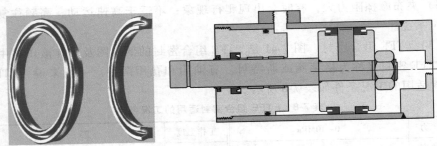

图 7-42　Y 形密封的截面剖视图及其在液压缸中的应用

Y 形密封的特点如下。

1）密封效果好，尤其用于解决低压、泄漏。

2）结构简单、成本低、空间小。

3）可靠性较差，关键部分要慎重选择，底部加挡圈可以提高抗压力。

（5）DAS 型组合密封——（德国宝色霞板）

图 7-43 是 DAS 型组合密封的剖视图及其在液压缸中的应用。一般来说，DAS 型组合密封适用的工况条件如表 7-10 所示。

表 7-10　DAS 型组合密封的适用工况条件

工作压力	0~35MPa	工作温度	−30~+120℃
往复速度	0~0.5m/s	工作介质	液压油、水、乳化液
产品材质	NBR、PA	设计标准	霞板、广研、国标

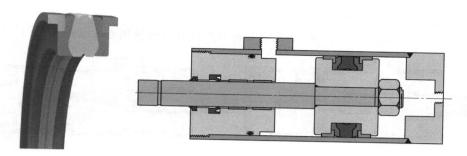

图 7-43　DAS 型密封的剖视图及其在液压缸中的应用

DAS 型密封的特点如下。

1）抗间隙挤出性能好。

2）所占空间小，安装方便。

3）单一闭式整体沟槽、单一产品，不须另配沟槽和导向套，成本低。

4）自紧双作用密封，压力增加效果好，低压无泄漏。

5）密封波纹储油，减小摩擦，提高耐磨性。

6）保压性能好，特别适合对保压性能要求高的场合。

（6）SPGW 型组合密封——NOK　图 7-44 是 SPGW 型组合密封在液压缸中的应用。一般来说，SPGW 型组合密封适用的工况条件如表 7-11 所示。

表 7-11　SPGW 型组合密封适用的工况条件

工作压力	0~40MPa		工作温度	−35~+120℃
往复速度	0~1 m/s		工作介质	液压油、水、乳化液
产品材质	PTFE　NBR　PA（<120℃）		设计标准	NOK

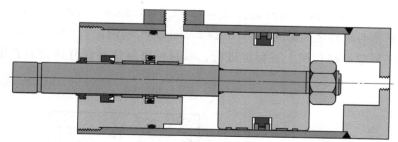

图 7-44　SPGW 型组合密封在液压缸中的应用

SPGW 型组合密封的特点如下。

1）利用了 PTFE 特性，因此耐磨性好，摩擦因数小、无爬行等。

2）安装空间小，易于安装。

3）抗间隙挤出，良好的导向性能。

4）适应工作压力较高系统。

5）整体式安装沟槽。

（7）混合型密封　图 7-45 是混合型密封的几种组合使用方式示例。

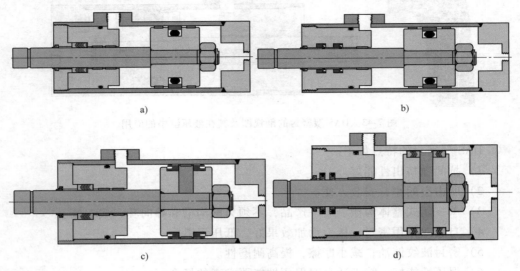

图 7-45　混合型密封

a）方形圈+V 形圈　b）方形圈+Y 形圈　c）Y 形圈+V 形圈　d）V 形圈+阶梯形圈

3. 密封件的安装

各种密封件按照要求安装到密封沟槽中。密封件并不是压缩量越大越好，而是有严格的安装标准。以图 7-46 所示的格莱圈为例，左侧是格莱圈的截面图，它是由一个 PTFE 材质与一个直径为 O 形密封圈的组合密封件，右侧是其安装沟槽，其安装沟槽尺寸表如表 7-12 所示。当液压缸用于标准工况，工作压力小于 20MPa，缸筒直径 D 为 15mm 时，沟槽内经 $d_1 = 15-7.5 = 7.5$mm，沟槽宽度 $L_1 = 3.2$mm$+0.2$mm，活塞与缸筒之间的间隙 $S = 0.8 \sim 0.5$mm，沟槽倒角 $r_1 = 0.5 \sim 0.8$mm。沟槽设计和加工时应严格按照上述标准进行，以保证密封件有良好的密封性能和耐磨性能。

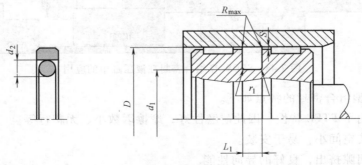

图 7-46　格莱圈安装尺寸

表 7-12　格莱圈孔用安装沟槽尺寸

缸筒直径 ϕD h9			沟槽内径	沟槽宽度	径向间隙 S		最大半径	O 形圈内径	O 形圈直径
重载	标准	轻载	ϕd_1 h9	$L_1+0.2$	0~20MPa	20~40MPa	R_{max}	d_1	d_2
—	8~14.9	15~39.9	$D-4.9$	2.2	0.6~0.4	0.4~0.3	0.3~0.5	$\phi B+0.1~0.2$	1.78
—	15~39.9	40~79.9	$D-7.5$	3.2	0.8~0.5	0.5~0.3	0.5~0.8	$\phi B+0.2~0.3$	2.62
15~39.9	40~79.9	80~132.9	$D-11.0$	4.2	0.8~0.5	0.5~0.3	0.8~1.2	$\phi B+0.3~0.4$	3.53
40~79.9	80~132.9	133~329.9	$D-15.5$	6.3	1.0~0.6	0.6~0.4	1.2~1.5	$\phi B+0.4~0.5$	5.33
80~132.9	133~329.9	330~669.9	$D-21.0$	8.1	1.0~0.6	0.6~0.4	1.5~2.0	$\phi B+0.5~0.6$	7.00
133~329.9	330~669.9	670~999.9	$D-24.5$	8.1	1.2~0.7	0.7~0.5	1.5~2.0	$\phi B+0.5~0.6$	7.00
330~669.9	670~999.9	—	$D-28.0$	9.5	1.4~0.8	0.8~0.6	2.0~3.0	$\phi B+0.6~0.7$	8.40

　　密封件进行安装时一般有专用工具，按照操作说明进行。对于临时需要更换的密封圈又无专用工具时，尤其是采用了 PTFE 等较硬材质的密封件时，一般需要对其一侧进行施压，使其内凹成半月形或心形（图 7-47），然后塞入密封沟槽，并用软胶棒将其逐渐推入密封槽中。尤其值得注意的是，对于许多组合形式的密封件，要注意各部分之间的位置关系，避免安装错误。

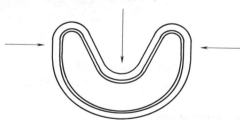

图 7-47　PTFE 等较硬材质密封圈安装示意图

第七节　液压参数测试传感器

一、压力测量仪表

1. 压力表

压力表是液压技术中应用最为普遍的一种测量仪器。压力指示表包括轴向压力表和径向压力表两类（图 7-48），其安装开孔尺寸一般分为 40mm、60mm、100mm、150mm、200mm、250mm。一般，压力指示表需要和专门的测压接头（图7-48）配合使用。测压接头内有自封阀，单独使用时由于弹簧的作用，自封阀关闭；与带顶针的测量软管或测量接头相接后就能将自封阀打开，使油液流入指示表从而指示压力。但压力表的耐压性较差，超量程时很容易把指针打坏。此外，压力表的动态性能不好，不能测试波动剧烈的压力。

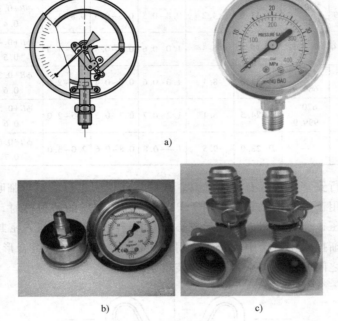

图 7-48　压力表和测压接头

a）径向压力表　b）轴向压力表　c）测压接头

2. 压力传感器（Pressure sensor）

压力传感器一般利用压敏电阻或压变元件，把压力的变化转换成电阻变化，再通过电桥，转换成电信号。压力传感器的响应速度高，可以用来测量波动剧烈的压力。现在的压力传感器的频响已经达到了10kHz。压力传感器的选型几乎不用考虑其频响，只需要考虑其压力测量范围、稳定性及线性度等。

图 7-49　压力传感器

二、流量测量仪表

流量测量仪表包括各种流量计（Flowmeter），是用来测量通过某一截面流量的计量元件，有差压式流量计、转子流量计、节流式流量计、细缝流量计、机械式指针流量计、逆止型指针流量计、容积流量计、电磁流量计、超声波流量计等。按介质分类又分为液体流量计和气体流量计。液压系统常用的流量计属于容积式流量计，主要有齿轮马达流量计和涡轮流量计，具有较高的测量精度。

1. 齿轮流量计

齿轮流量计是一种容积式流量计，工作原理与齿轮液压马达相似。相邻两齿和两侧板构成计量容积。在侧板上安装探头，当流量推动齿轮旋转时，经过探头的齿被触发对外输出脉冲，根据输出脉冲的频率便可以计算输出的流量。图 7-50 是齿轮流量计的端面视图和整体外观视图。

齿轮流量计的特点是：①可以测试的液体黏度范围为 $10 \sim 5000 \mathrm{mm}^2/\mathrm{s}$；②量程较大，最大最小流量比可达 100；③测量精度基本不受液体流动状态的影响，具有较好的一致性，精度可达到 $\pm(0.4\% \sim 1\%)$；④响应速度不如下面介绍的涡轮流量计，但价格高于涡轮流量计。

图 7-50　齿轮流量计

2. 涡轮流量计

涡轮流量计是利用液体流动使叶轮旋转，转速与管道平均流速成正比，根据旋转时叶片所触发的脉冲来计算流量，如图 7-51 所示。涡轮惯量很小，因此具有非常高的响应速度。如果能保证涡轮叶片的几何对称性，则根据脉冲的时间间隔来计算流量，仅需 $10 \sim 20 \mathrm{ms}$ 便可获得流量值。涡轮流量计具有重复性好、无零点漂移、高量程比等优点。但在使用涡轮流量计时，应注意以下事项：①涡轮流量计适用于测量黏度较低的液体，液体黏度范围一般为 $1 \sim 100 \mathrm{mm}^2/\mathrm{s}$，对液体温度较敏感；②为保证测量精度，一般要求前后加较长的导流管，保证通过涡轮流量计的流动状态；③由于其叶片具有一定的旋转角度，因此要注意液体流入的方向与其标志应一致；④其测量精度在 $\pm 2\%$ 左右，小于齿轮流量计的测量精度，且受上述因素的影响。

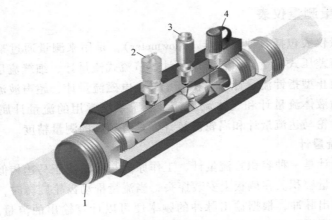

图 7-51　涡轮流量计

1—用于外部连接的接头　2—用于压力或温度测试的测温接头　3—信号输出放大器
4—用于压力测试的测压接头

3. 瞬态流量计

目前，动态流量的测量是一个难点。油液的运动黏度大、流速慢，机械式流量计自身的频响不高，一般只能进行稳态流量的检测，而不能用于瞬态流量的检测。动态流量的检测一般可以参考以下方法。

1）采用薄壁小孔的压差形式。

2）采用低摩擦、低惯性动态测试液压缸，通过检测液压缸的瞬时速度，间接检测动态流量。

以薄壁小孔为例介绍差压式瞬态流量计的工作原理。如图 7-52 所示，它是根据通过薄壁孔的流量与其前后压差的平方根成正比的原理设计的。由于通过薄壁小孔的流量不受黏度影响，因此测量环境不受限制。根据薄壁小孔原理，使用压差或压力传感器检测小孔前后压差，再根据计算公式即可计算通过薄壁小孔的流量。由于压力传感器的瞬态响应性能极佳，因此可以获取瞬时的流量变化。

三、油液品质传感器

液压液是液压系统的重要组成部分，不仅能传递动力与信号，还能对液压系统起润滑、冷却和防锈等作用。据研究表明，液压系统的故障约有 70% 是由于液压液的污染引起的。因此对液压液的油液品质进行检测，利用各种大数据提早甄别一些早期故障、预估设备的使用寿命等起着重要的作用。

1. 液压油液污染度检测仪

液压油液污染度检测可以分为质量污染度检测和颗粒污染度检测两类。下面分别进行说明。

质量污染度的测定是利用微孔滤膜将一定体积的液压液过滤，称取微孔滤膜过

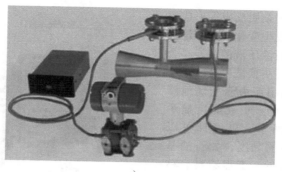

a)

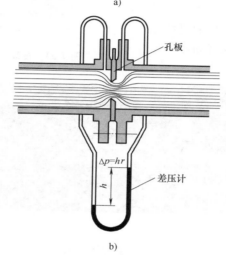

b)

图 7-52　差压式流量计

a）差压式流量计实物　b）差压式流量计原理图

滤前后的质量，滤膜的质量差与过滤液压液的体积之比便为液压液的质量污染度。国际标准 ISO 4405—1991 中规定了液压油液质量污染度的测定方法和步骤。

　　液压油液的污染度检测还可以使用颗粒污染度进行计量，常用的测定方法有显微镜计数法（测定方法和步骤详见 ISO 4407—2002）、自动颗粒计数器（测定方法和步骤详见 ISO 11171—2016）计数法两种定量方法，此外还有显微镜比较法、滤网堵塞法两种半定量方法。目前，中国市场上出现的自动颗粒计数器主要有在线式、便携式和实验室使用等三种类型，国外生产厂家主要有美国太平洋科学仪器公司、Klotz、Vikcers、Pall、Hydac 公司等。

　　图 7-53 是某型号在线污染度检测仪的示意图，它是一种颗粒度检测仪，串联在被监测点管路中，通过数显窗口实时显示液压油的污染状态。

2. 黏度传感器

　　液压液具有一定的黏度并在适当范围内保持，以便保持液压系统的稳定运行、避免泄漏。随着液压液使用时间的增加，由于液压系统发热而使液压液逐渐老化、各种添加剂与油液中的杂质反应等形成沉淀，从而导致黏度发生变化。根据油液黏度的变化情况进行液压液的更换是合理的，可以避免盲目更换液压液。

黏度传感器利用探头能准确地测量黏度，变送器能够及时将黏度显示出来，如图 7-54 所示。黏度计可以在线测量各种液体的黏度，如石油基矿物油、化纤、树脂、工程塑料、粘合剂等。黏度计测量探头没有可移动的活动部件，测量系统使用的是扭矩振荡原理，通过电流来维持固定的振幅，如图 7-55 所示。

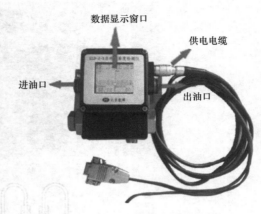

图 7-53 在线污染度检测仪

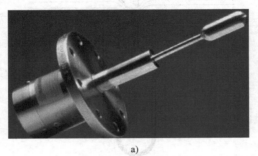

a)

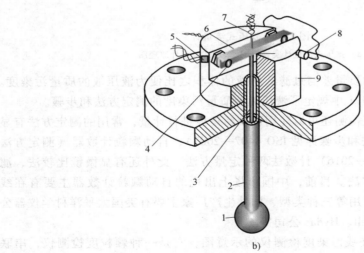

b)

图 7-54 扭矩微振荡原理黏度传感器

a) 外形图 b) 基本组成

1—传感器探头 2—保护套 3—驱动轴 4—极片；5—PT100 线圈

6—十字指令杆 7—伸出线 8—驱动线圈 9—封盖

驱动线圈 2 通电激励横梁产生共振，共振带动驱动轴来回扭动。驱动轴焊接固定在传感器探头 6 上扭动使探头表面产生微小的运动。传感器为完全密封的焊接构造。对于制程来说，驱动的机械装置也是完全密封的。传感器整体没任何可活动部件，振动可完全被感知。

扭矩微振荡原理黏度测定法是一种在液体和固体表面之间表面负荷方法测定黏度。工作时始终保持相同的振幅，随着测量时黏度的增大所需要的电流也会随之增大。

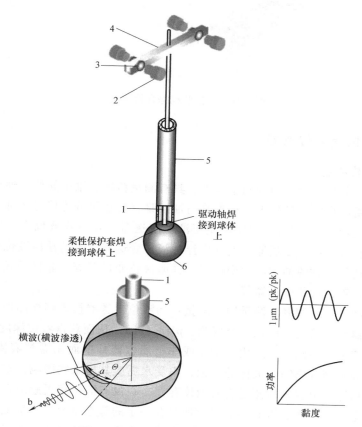

图 7-55　扭矩振荡黏度传感器测量原理

1—驱动轴　2—驱动线圈　3—极片　4—十字指令杆　5—保护套　6—探头

3. 油液状况综合检测

在不了解油液实际状况时，一般根据设备投入使用的时间确定半年或 1 年换一次油，其实是很不合理的。因为，有的设备一班制工作，有的则两班制；有的温升很高。液压液的老化速度，每升高 30℃，加快一倍。而更换液压液，代价不菲，1.5~4 万元/m³。因此，现在油液状况在线综合检测（电子鼻）越来越多。监测污染等级、温度、相对湿度、电导率、介电常数、黏度等。根据油液实际状况决定是否需要换油，进行预测性维护。图 7-56 所示是一种在线油液状况综合检测仪，可快速测量油液的污染度、黏度值、水分含量、温度等性能参数，及时发现油液是否遭受污染，工作效率高，可确保设备正常、安全运行。

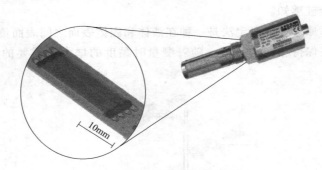

10mm

图 7-56　油液状况综合检测仪

四、液位液温传感器

1. 液位传感器

液位传感器是一种常用的测量仪器，具有测量精准、维护简便、使用灵活、可靠性高、耐用性强等多种优点。根据其与油液是否接触可分为接触式和非接触式两类。接触式包括单法兰静压/双法兰差压液位变送器，浮球式液位变送器，磁性液位变送器，投入式液位变送器，电动内浮球液位变送器，电动浮筒液位变送器，电容式液位变送器，磁致伸缩液位变送器，伺服液位变送器等。非接触式分为超声波液位变送器，雷达液位变送器等。

接触式液位计利用静压测量原理测量：当液位变送器投入到被测液体中某一深度时，传感器迎液面受到的压力公式为：$p = p_0 + \rho g h$，从而获得液位深度。

非接触式液位传感器，适用于金属或非金属容器外壁而无需与液体直接接触，不会受到强酸强碱等腐蚀性液体的腐蚀，不受水垢或其他杂物影响。非接触式液位感应器是利用感应电容来检测是否有液体存在，在没有液体接近感应器时，感应器上由于分布电容的存在，因此感应器对地存在一定的静态电容，当液面慢慢升高接近感应器时，液体的寄生电容将耦合到这个静态电容上，使感应器的最终电容值变大，该变化的电容信号再输入到控制 IC 进行信号转换，将变化的电容量转换成某种电信号的变化量，再由一定的算法来检测和判断这个变化量的程度，当这个变化量超过一定的阈值时就认为液位到达感应点。

2. 液温传感器

液温传感器可以采用热电阻、热电偶、热敏电阻等将被测液体的温度转换成电信号或可视信号，通过变送器放大后，用于温度显示或控制。图 7-57 是 NTC 热敏电阻温度传感器剖视图和外形图。

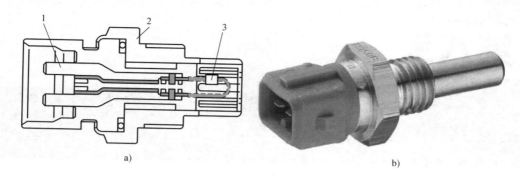

图 7-57　温度传感器、NTC 热敏电阻
a）剖视图　b）外形图
1—连接导线　2—紧固螺母　3—热敏电阻

习　　题

1. 简述油箱的功能？油箱内隔板的功能？
2. 油箱上装空气过滤器的目的是什么？
3. 根据经验，开式油箱有效容积为泵流量的多少倍？
4. 选择过滤器时应该注意哪些问题？
5. 简述液压系统中安装冷却器的原因。
6. 油冷却器依冷却方式分为哪两大类？
7. 简述蓄能器的功能。
8. 液压蓄能器种类有哪几类？常用的是哪一类？

第八章

液压基本回路

第一节　概　　述

液压系统都是由一个或多个基本液压回路（Hydraulic circuit）组成的。所谓液压基本回路就是指那些为了实现特定功能而把某些液压元件和管路按一定的组合方式连接起来的油路结构。例如，调节执行元件（液压缸或液压马达）运动速度的油路、控制系统整体或某一支路压力的油路、变更执行元件运动方向的油路等等，都是常见的液压基本回路。熟悉和掌握这些基本回路有利于更好地分析、设计和使用各种液压系统。

常见的液压基本回路包括速度控制回路（Speed control circuit）、压力控制回路（Pressure control circuit）、多缸工作回路（Multi-actuator control circuit）和其他回路等。其中，速度控制回路，又包括节流调速回路（Throttle speed-regulating circuit）、容积调速回路（Volume speed-regulating circuit）和容积节流调速回路（Volume-throttle speed-regulating circuit）等。压力控制回路包括调压回路、减压回路、平衡回路、增压回路及保压回路等等。压力速度复合控制回路主要适用于比例控制系统，不在本书讨论的范围之内。按执行机构的数量分为单泵单执行机构和单泵多执行机构回路。

下面对各种回路进行详细阐述。

第二节　速度控制回路

对液压系统而言，对执行元件的速度控制是其核心。速度控制回路是研究液压系统的速度调节和变换问题，常用的速度控制回路有调速回路、快速运动回路、速度换接回路等。

调速回路的调速特性、机械特性和功率特性基本上决定了该回路在液压系统中的选择、作用和特点，因此本节会对其重点讨论和分析。

从液压马达和液压缸的工作原理可知，液压马达的转速 n_M 由输入流量和液压

马达的排量 V_M 决定，即 $n_M = q/V_M$，液压缸的运动速度 v 由输入流量和液压缸的有效作用面积 A 决定，即 $v = q/A$。

通过上面的关系可以知道，要想调节液压马达的转速 n_M 或液压缸的运动速度 v，可通过改变输入流量 q、改变液压马达的排量 V_M 和改变液压缸的有效作用面积 A 等方法来实现。由于液压缸的有效面积 A 是定值，只有改变流量 q 的大小来调速，而改变输入流量 q，可以通过采用流量阀或变量泵来实现；改变液压马达的排量 V_M，可通过采用变量液压马达来实现，因此，调速回路主要有以下三种方式。

（1）节流调速回路　采用定量泵供油，通过改变回路中节流面积的大小来控制流量，以调节其速度。

（2）容积调速回路　通过改变回路中变量泵或变量马达的排量来调节执行元件的运动速度。

（3）容积节流调速回路　用限压变量泵供油，由流量阀调节进入执行机构的流量，并使变量泵的流量与调节阀的调节流量相适应来实现调速。此外还可采用几个定量泵并联，按不同速度需要，起动一个泵或几个泵供油实现分级调速。

一、节流调速回路

节流调速回路的工作原理，是通过改变回路中流量控制元件通流截面的大小来控制流入或流出执行元件的流量，从而达到调整执行元件运动速度的目的。这种回路按照系统压力是否随负载压力的变化而分成定压式节流调速回路和变压式节流调速回路。

图 8-1 所示回路虽然有节流阀，但由于液压泵输出的油液全部经节流阀流进液压缸，此时，改变节流阀节流口的大小，只能改变油液流经节流阀速度的大小，而总的流量不会改变，在这种情况下节流阀不能起调节流量的作用，液压缸的速度不会改变。从此处也可以看出，调速回路不是直接调整速度，而是调整流入或流出执行元件的流量，从而达到控制执行元件速度的目的。

（一）进口节流调速回路 (Inlet throttle speed-regulating circuit)

如图 8-2 所示的进口节流调速回路，节流阀串联在液压泵和液压缸之间，通过调节节流阀阀口面积，可改变进入液压缸的流量，即控制其运动速度，且必须和溢流阀联合使用。这种回路称之为进口节流调速回路。该回路中，液压泵的出口压力由溢流阀调定后，系统正常工作时基本上保持泵的出口压力恒定不变，故又称之为定压式节流调速回路。

在这种回路中，流入液压缸的流量由液压缸进油路上的节流阀调节，液压泵输出的多余流量经溢流阀回油箱，这是该回路能够正常工作的必要条件。

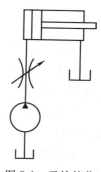

图 8-1　无效的节流调速回路

1. 速度负载特性（Speed-load performance）

图 8-2 所示的液压缸活塞的受力平衡方程为

$$p_1A_1 = p_2A_2 + F \tag{8-1}$$

活塞的运动速度为

$$v = \frac{q_1}{A_1} \tag{8-2}$$

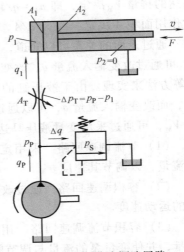

进入液压缸的流量即为流经节流阀的流量，即

$$q_1 = CA_T(\Delta p_T)^m = CA_T(p_P - p_1)^m \tag{8-3}$$

当液压缸回油口直接接油箱，且油箱压力与进口压力相比可以忽略时，则上述三式可简化成

$$v = \frac{q_1}{A_1} = \frac{CA_T}{A_1^{1+m}}(p_P A_1 - F)^m \tag{8-4}$$

图 8-2　进口节流调速回路

式中　C——与油液种类等有关的系数；

A_T——节流阀的开口面积；

Δp_T——节流阀前后的压差，$\Delta p_T = p_P - p_1$；其中 p_1 是液压缸的入口压力，p_P 是液压泵的出口压力；

F——负载力；

m——为节流阀的指数。当为薄壁孔口时，$m = 0.5$。

式（8-4）即为进油路节流调速回路的速度负载特性方程。以 v 为纵坐标，F 为横坐标，将式（8-4）按不同节流阀通流面积 A_T 作图，可得一组抛物线，称为进油路节流调速回路的速度负载特性曲线，如图 8-3 所示。

从图 8-3 可看出，节流阀通流面积越大，液压缸的运行速度越大。

为了表明速度受负载的影响程度，可用速度刚性 k_v 评定：

$$k_v = -\frac{\partial F}{\partial v} = -\frac{1}{\tan\theta} = \frac{A_1^{1+m}}{CA_T m(p_P A_1 - F)^{m-1}} \tag{8-5}$$

由上式可知：

当 F 一定时，A_T 减小，k_v 增大，即速度低时速度刚性大。

当 A_T 一定时，F 减小，k_v 增大，即轻载时速度刚性大。

从图 8-3 也可以看出，曲线斜率越小，负载对速度 v 的影响越小，速度刚性越大。反之，则速度刚性越小。

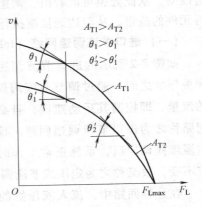

图 8-3　进油路节流调速回路的速度负载特性曲线

2. 功率特性

液压泵输出功率即为该回路的输入功率为

$$P_P = p_P q_P \qquad (8\text{-}6)$$

而液压缸的输出功率为

$$P_1 = Fv = F\frac{q_1}{A_1} = p_1 q_1 \qquad (8\text{-}7)$$

回路的功率损失为

$$\Delta P = P_P - P_1 = p_P q_P - p_1 q_1 = p_P(q_1 + \Delta q) - (p_P - \Delta p_T)q_1 = p_P \Delta q + \Delta p_T q_1 \qquad (8\text{-}8)$$

式中　Δq——溢流阀的溢流量，$\Delta q = q_P - q_1$。

进油路节流调速回路的功率损失由两部分组成：溢流功率损失 $\Delta P_1 = p_P \Delta q$ 和节流功率损失 $\Delta P_2 = \Delta p_T q_1$。

则该回路各部分的功率如图 8-4 所示，回路的效率可表示为

$$\eta = \frac{P_P - \Delta P}{P_P} = \frac{p_1 q_1}{p_P q_P} \qquad (8\text{-}9)$$

当液压缸带动恒定负载时，从式 (8-9) 看出，随着流入液压缸的流量增加或随着液压缸运动速度（进液压缸无杆腔 q_1 的增加）的增加，液压缸的输出功率、溢流损耗和节流损耗都随之线性增加，如图 8-5a 所示；而当负载变化时，液压缸的输出功率存在一个极大值，不再是线性增加，如图 8-5b 所示。

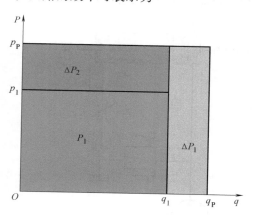

图 8-4　进口节流调速回路各部分功率

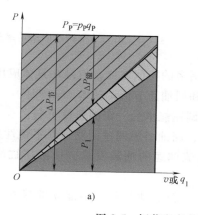

a)

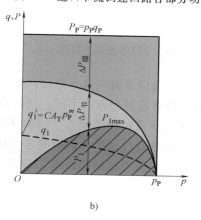

b)

图 8-5　恒载和变载情况下的功率特性图

a）恒载　b）变载

由于进口节流调速回路存在两部分功率损失，故这种调速回路效率较低，有资料表明，当负载恒定或变化较小时，$\eta = 0.2 \sim 0.6$，当负载变化很大时，$\eta_{max} = 0.385$。因此，这种回路宜应用于轻负载或负载变化不大时的低速或对速度稳定性要求不高的小功率液压系统。

（二）出口节流调速回路 （Outlet throttle speed-regulating circuit）

节流阀放在执行元件的出口即回油路上，通过调节流量控制元件的通流面积，从而实现速度调节，如图 8-6 所示。其速度特性方程为

$$v = \frac{CA_T}{A_2^{1+m}}(p_p A_1 - F)^m \tag{8-10}$$

从式（8-10）可看出，出口节流调速回路与进油调速回路具有相似的速度特性方程，故进、出口油路有同样的速度负载特性曲线，如图 8-3 所示。出口节流调速回路的各部分的功率分布如图 8-7 所示。

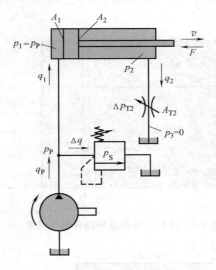

图 8-6　出口节流调速回路

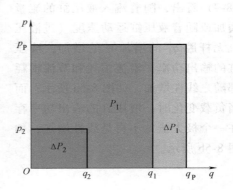

图 8-7　出口节流调速回路功率分布

虽然进、出口节流调速回路之间存在诸多的相似之处，但是在具体应用时由于它们的具体特性差异而有所不同，进油路和回油路节流调速的比较如下。

（1）承受负值负载的能力　回油节流调速能承受一定的负值负载。

（2）运动平稳性　节流阀有背压作用，回油节流调速回路运动平稳性好。

（3）油液发热对回路的影响　进油节流调速的油液发热会使液压缸的内外泄漏增加。

（4）起动性能　回油节流调速回路中重新起动时背压不能立即建立，会引起瞬间工作机构的前冲现象。

（5）调速范围　若回路使用单出杆缸，无杆腔进油量大于有杆腔回油流量，

故在缸径、缸速相同的情况下，进油节油调速回路的流量阀开口较大，低速时不易阻塞。因此，进油节流调速回路能获得更小的稳定速度，调速范围大。

因此，在实际应用中，为了提高回路综合性能，实践中采用进油节流调速回路+回油路上加背压阀，从而兼具了两回路的优点。进油路和回油路节流调速回路结构简单，但效率较低，只宜用在负载变化不大、低速、小功率场合，如某些机床的进给系统中。

（三）旁路节流调速回路（Bypass throttle orifice speed-regulating circuit）

节流阀装在与液压缸进油路并联的支路上，利用节流阀把液压泵输出流量的一部分排回油箱，从而实现调速，如图 8-8 所示。溢流阀作安全阀用，液压泵的供油压力 p_p 取决于负载。由于在工作过程中，液压泵的出口压力随着负载压力的变化而变化，压力不恒定，因此旁路节流调速回路也称之为变压式节流调速回路。

1. 速度负载特性

考虑到泵的工作压力随负载变化，泵的输出流量 q_P 应计入泵的泄漏量随压力的变化 Δq_P，采用与前述相同的分析方法可得活塞的速度表达式为

$$v = \frac{q_1}{A_1} = \frac{q_{Pt} - \Delta q_P - q_T}{A_1} = \frac{q_{Pt} - k\left(\dfrac{F}{A_1}\right) - CA_T\left(\dfrac{F}{A_1}\right)^m}{A_1} \qquad (8-11)$$

式中　q_{Pt}——泵的理论流量；

　　　q_T——通过节流阀的流量。

　　　k——泵的泄漏系数，其余符号意义同前。

根据式（8-11）可以获得旁路节流调速回路的速度随负载变化的特性曲线，如图 8-9 所示。由此图看出，本回路的速度负载特性很软，低速承载能力差。

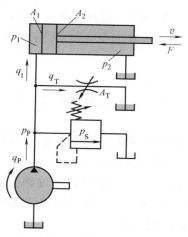

图 8-8　旁路节流调速回路

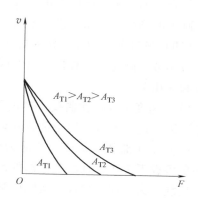

图 8-9　旁路节流调速回路的速度负载特性曲线

2. 功率特性

回路的输入功率为

$$P_P = p_1 q_P \tag{8-12}$$

回路的输出功率为

$$P_1 = Fv = p_1 A_1 v = p_1 q_1 \tag{8-13}$$

回路的功率损失为

$$\Delta P = P_P - P_1 = p_1 q_P - p_1 q_1 = p_1 \Delta q \tag{8-14}$$

旁路节流调速只有节流损失，无溢流损失，其各部分功率分布如图 8-10 所示。因此，功率损失较小，回路效率可表示为

$$\eta = \frac{P_1}{P_P} = \frac{p_1 q_1}{p_1 q_P} = \frac{q_1}{q_P} \tag{8-15}$$

3. 旁路节流调速回路特点

1）由于无背压，运动速度不稳定；又由于泵压随负载而变，负载增大，p_P 也增大。泵的泄漏量也随负载而变，从而使泵实际输出量 q_P 不稳定，增大了执行元件运动的不稳定性。

2）节流阀开口增大，最大负载将减小，而低速时承载能力小，与进、回路调速回路相比调速范围小。

3）泵压随负载而变，无溢流损耗，功率利用率比较高，效率高。

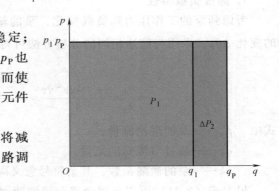

图 8-10　旁路节流调速回路的功率分布

因此，旁路节流调速回路适用于负载比较大，对运动平稳性要求不高的高速大功率场合。如牛头刨床的主传动系统。有时候也用于随着负载增大，要求进给速度自动减小的场合，如锯床进给系统。

（四）　三种节流调速回路的对比

应用节流阀对液压缸进行速度调整的三种回路方式的特点归纳汇总如下，便于比较和应用。

（1）速度负载特性曲线　速度随负载而变是三种回路的共同特点，尤以旁路最差，因此进、出口多用于负载变化不大的场合，而旁路用得较少。

（2）工作部件承受负负载能力和运动平稳性　出口调速回路回油路有背压，能在负负载下工作，且使工作部件运动平稳性大大改善。进、旁路调速回路不能承受负负载，为增加平稳性，实际中常在回路中增加背压阀。

（4）调速范围　进、出口调速回路调速范围大，旁路调速范围小。

（5）功率损耗　进、出口调速回路功率损耗大，旁路功率损耗小。

（6）停车后的起动冲击 出口、旁路调速回路有冲击，进口调速回路启动时，只要把节流阀开口减小就可避免冲击现象。

（五） 调速阀节流调速回路（Speed-regulating circuit with regulating speed valve）

以上三种调速回路，负载的变化都会引起执行元件速度的变化，机械特性都比较软，究其原因是由于在变载情况下，节流阀上的压差不稳定。为了克服这个缺点，将回路中的流量调整元件更换为调速阀（二通流量阀）或溢流节流阀（三通流量阀）。

1. 调速阀进口和出口节流调速回路

（1）速度特性 对于图 8-11a、b 两种情况，与进、出口节流调速回路完全一样，只是速度稳定性大大提高，其进、出口调速节流调速回路速度负载特性曲线如图 8-12 所示，当负载变化时，只要调速阀的开口一定，则液压缸的运动速度就保持恒定。

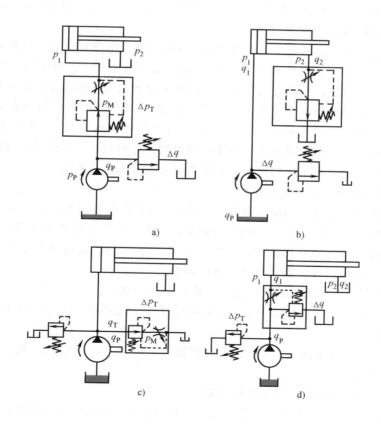

a)

b)

c)

d)

图 8-11 使用调速阀或溢流节流阀的节流调速回路

a）调速阀在进油路上 b）调速阀在回油路上 c）调速阀在旁油路上
d）溢流节流阀在进油路上

（2）功率特性

回路的输入功率为

$$P_P = p_P q_P \qquad (8\text{-}16)$$

回路的输出功率为

$$P_1 = Fv = p_1 A_1 v = p_1 q_1 \qquad (8\text{-}17)$$

回路的功率损失为

$$\begin{aligned}
\Delta P &= P_P - P_1 = p_P q_P - p_1 q_1 \\
&= p_P (q_1 + \Delta q) - (p_P - \Delta p_T) q_1 \\
&= p_P \Delta q + \Delta p_T q
\end{aligned} \qquad (8\text{-}18)$$

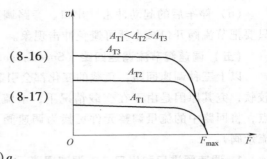

图 8-12　进、出口调速阀节流调速
回路速度负载特性曲线

式中　$p_P \Delta q$——溢流阀损失；

　　　$\Delta p_T q$——调速阀损失。

一般调速阀压差为 0.5MPa，高压阀为 1MPa。另外调速阀调速回路的溢流阀的调定压力 p_P 总是比节流阀调速回路高，因此功率损失比较大。因此，这种调速回路是以功率损失为代价来保证速度的稳定性。

在调速阀进口调速回路中，大都接成减压阀在前、节流阀在后。这种接法的优点是液压缸工作压力 p_1 随负载发生变化直接作用在减压阀上，调节快。但油液通过减压阀阀口时发热，热油进入节流阀，油温又随着减压阀的压降变化而变化，因而使节流阀的流量系数 C 值不能保持恒定。而在出口调速回路中则一般是节流阀在前、减压阀在后的形式较好。这样 p_2 可以直接作用在减压阀上，反应快。而流经节流阀的油液温度不受减压阀节流作用的影响。这种回路一般适用于对运动平稳性要求较高的小功率系统，如镗床、车床和组合机床等进给系统。

2. 调速阀旁路节流调速回路

调速阀旁路节流调速回路如图 8-11c 所示，该回路的特点如下。

1）工作原理与节流阀旁路调速回路基本一样，只不过 q_T 基本上是一个定值。因此速度刚度比旁路节流回路高。但由于 q_P 随负载而变，造成泵的泄漏也随负载而变，因此这种回路速度刚度比进、出口差些。

2）功率情况：无溢流损失，效率比进、出口回路高。

3）由于 q_T 不受负载的影响，最大负载只受安全阀限制，因此承载能力比节流阀旁路回路高。

4）为了保证调速阀正常工作，这种回路的工作压力 p_1 不能低于调速阀最小压差（约为 0.5MPa）。

3. 溢流节流阀的进口节流调速回路

如图 8-11d 所示，泵的输出流量 q_P，一部分通过节流阀流向液压缸，一部分通过定差溢流阀流向油箱。当负载力 F 变化时，液压缸的进口压力 p_1 也随之发生变化，从而使液压泵的出口压力 p_P 变化，而 $p_P - p_1$ 不变，因而速度稳定性较好。

溢流节流阀只能接在进油路上，其节流阀上的压差一般为 0.3~0.5MPa。由于

泵的供油压力 p_P 随负载增减而增减，因此这种压力匹配使其效率比进、出口调速回路都高，但比旁路调速阀调速回路低，其各部分功率分布如图 8-13 所示。由于液压泵的出口压力随负载的变化而变化，因此也称之为变压式节流调速。

溢流节流阀进口节流调速回路适用于对运动平稳性要求较高，功率较大的系统，如插、拉、刨等机床的主运动系统。

二、容积调速回路

容积调速回路的工作原理是通过改变回路中变量泵的流量或变量马达的排量来调节执行元件的运动速度。其中改变液压泵流量又包括变排量定转速、变转速定排量和变转速变排量三种。这种回路中，由于液压泵输出的油液直接进入执行元件，没有溢流损失和节流损失，且工件压力随负载变化而变化，因而效率高，发热少。但变量泵和变量马达结构比较复杂或者需要用电动机控制器，成本较高。一般常用于负

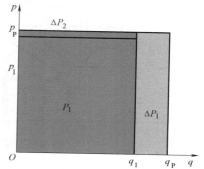

图 8-13 溢流节流阀进口节流调速回路功率分布

载功率大，运动速度高的液压系统中，如拉床、龙门刨床、工程机械、矿山机械等。

（一）液压泵的流量改变方式

1. 变排量定转速控制

变排量定转速调速工作原理如图 8-14 所示，特点如下。

1）电动机的转速基本恒定，按目前液压泵的转速工作范围，电动机的定转速一般设定在 1500r/min，发动机驱动型工程机械液压泵的转速在 1800r/min 左右。由于液压泵的转速基本恒定，一般通过调整变量液压泵的排量来控制流量和压力，因此需要有一套比较复杂的变排量控制机构，如图 8-15 所示，该结构对液压油的清洁度要求较高。

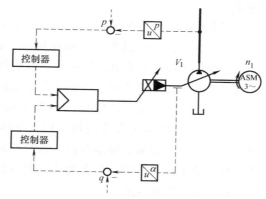

图 8-14 变排量定转速调速工作原理

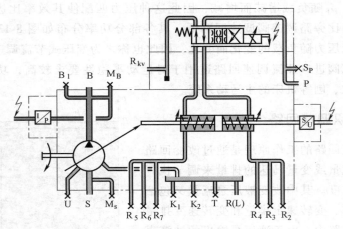

图 8-15　某变量液压泵的变排量原理图

2）虽然通过改变液压泵的排量可以调节流量，进而调节执行器的速度，但液压泵变排量的动态响应难以匹配节流调速。由于调节液压泵的斜盘倾角需要推动斜盘、柱塞和滑靴等一系列的质量元件和摩擦副，惯性较大，其排量的响应时间较长。液压泵或液压马达排量变化的响应时间约为 $50 \sim 500\text{ms}$。比如，A11VO130 液压泵的排量响应时间约为 $300 \sim 500\text{ms}$。由于改变液压阀的开度只需要通过电磁铁推动阀芯移动，而阀芯的质量远远小于液压泵的运动质量，所以，阀控方式的响应速度很快，一般取决于电磁铁的响应频率。目前，一般阀的响应时间大约为 $5 \sim 50\text{ms}$。

3）电动机转速固定，因而液压泵输出小流量时液压泵仍做高速运转，摩擦副的磨损加剧，噪声加大；电动机效率随负载而变化，在轻载时效率很低。因此，在部分负载和无负载情况下的效率大大低于满负载情况下的效率。一般情况下，当负载功率小于其额定功率 10% 时，其效率低于 50%。

2. 变转速定排量控制

20 世纪 60 年代以来，随着电力电子技术和控制理论的高速发展，交流变频调速技术取得了突破性的进展。变频调速以其优异的调速和起、制动性能，高效率、高功率因数和节能效果，广泛的适用范围及其他许多优点而被国内外公认为最有发展前途的调速方式，是当今节能、改善工艺流程以提高产品质量和改善环境，推动技术进步的一种主要技术手段。近年来，高电压、大电流的 SCR、GTO、IGBT、IGCT 等器件的生产以及并联、串联技术的发展应用，使大电压、大功率变频器产品的生产及应用成为现实。同时矢量控制、磁通控制、转矩控制、模糊控制等新的控制理论为高性能的变频器提供了理论基础。结合清洁电能的变流器，使交流变频技术朝着更加节能、绿色和高效的方向发展。

使用变转速定排量方案如图 8-16 所示，具有以下优点。

1）节能的突破。和变排量类似，变转速方案也是容积调速代替了传统的节流调速，大大降低了液压系统的节流损耗，节能效果取决于不同的工况。但与变排量定转速不同，前者具有更好的节能效果。该方案无负载时电动机可以停机工作实现零损耗，部分负载情况下效率能得到提高，同时也可以实现制动能量的回收。

2）减噪。不管电动机还是液压泵在低速时的噪声都明显降低。

3）可充分利用变频器的控制算法，结合液压参数（压力、流量）、电气参数（电流、电压）和机械参数（转速）极易实现液压泵的各种变量特性，比如恒压、恒流、正流量、负流量等。

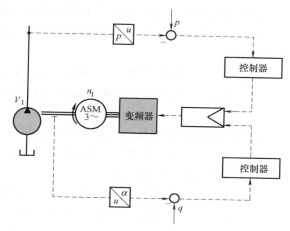

图 8-16　变转速定排量泵调速工作原理

从目前国内外的研究看，变转速定排量调速方案也存在以下不足。

（1）动态响应慢　电机的转矩响应时间即电流响应时间，由电机时间常数决定，电机时间常数为电感除以电阻。电感一般在 0.1mH 级~10mH 级，电阻一般大小为 0.01Ω 级~0.1Ω 级，电动机的电磁转矩的建立时间大约为 10ms 级~100ms 左右。电机转速的响应时间一般指的是起动时间，根据电机的不同控制方式，起动时间会有不同，一般变频起动时间较长，矢量控制会快些，直接转矩控制会更快些。但具体的时间由于转动惯量不同，电动机本身的起动转矩不同、是否带载情况不同，差别比较大。电动机根据结构不同，功率不同，使用场合不同，所设计的电动机结构差别较大，转动惯量也相差很多。大概数量级在 0.001kg·m^2。

当前，普通的工业用异步电动机驱动定量泵时，尤其负载较大时，转速从零加速到额定转速时所需要的时间甚至超过了 1s，采用该类型的电动机对液压泵出口压力进行闭环控制较难。目前采用动态响应较好的永磁同步电动机（伺服电动机），转速的加速时间也基本要在 500ms 以上，即使可以用来控制液压泵出口压力，但也难以适应负载流量随机快速的变化工况。

（2）低速特性差、调速精度不易保证　低转速的控制特性较差一直是电动机难以解决的关键技术。目前，柱塞泵的最低转速已经达到了每分钟几十转，但常规的工业用电动机要保证良好的转速控制特性时其最低转速最好在 200r/min 以上。

（3）电动机的输出转矩较大　由于电动机的低速大转矩输出时效率较低，因此当液压泵工作在高压小流量时，为了保证液压泵的出口压力，电动机不能停机工作，只能工作在一个较低转速，由于转矩又等于压力乘以液压泵的排量，导致电动机的输出转矩较大。

因此，许多学者通过液压系统设计、压力补偿以及先进控制策略等方法来改善变频液压调速系统的控制性能。2009 年，博世力士乐在 2009 亚洲国际动力传动与控制技术展览会上展出的变速泵驱动器，据称可节能 50%，降低入口液压油的发热量 60%，降低噪声 15dB，在成型加工技术中实现降低设备运行成本的长期目标。

3. 变转速变排量控制

变转速和变排量调速的工作的原理如图 8-17 所示，这种调速方式弥补了前两种控制方式的不足。此外通过变转速和变排量的复合控制可以显著地提高动态响应。

（1）通过调整变量泵的排量来控制压力　比如需要保压时，液压泵的出口流量很小，电动机还是以对其最有利的转速旋转，通过减小变量泵的排量提供小流量保压，避免了电动机在低转速大转矩时的能耗。

（2）流量控制　从转速大于某个转速阈值（根据电动机的速度控制特性，一般电动机在 200r/min 以下时控制特性较差）开始，通过调整电动机的转速来调节液压泵的流量，当转速小于 200r/min 时，通过改变变量泵的排量来调节流量。

（3）节能　无负载时因电动机不转所以没有损耗，部分负载时效率得到提高（$V_1 = V_{1\max}$）。

（4）噪声低　一般电动机的转速 $n_1 < n_{\max}$，因而噪声低。

本书介绍容积调速时，均以变排量定转速为例。

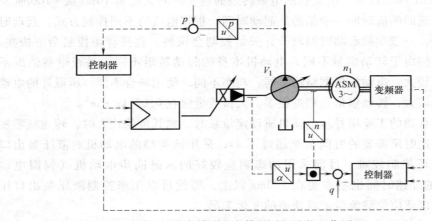

图 8-17　变转速和变排量泵调速的工作原理

（二）开式回路和闭式回路

一般液压系统按照回路的循环方式，分为开式回路和闭式回路，如图 8-18 所示。在开式回路中，泵从油箱吸油，执行元件的回油仍回油箱。因此，油液在油箱中便于沉淀杂质和析出气体，并得到良好冷却。但空气易侵入油液，使运动不平衡，并产生噪声。

在闭式回路中，无油箱这一中间环节，泵的吸油口和执行元件直接连接，油液在系统中封闭循环。因此能有效地将油、气隔绝，结构紧凑，运动平稳，噪声小。但散热条件差，需要辅助泵对系统进行补油、冷却和换油等，同时需要使用双向过滤器。

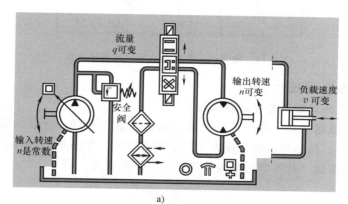

a)

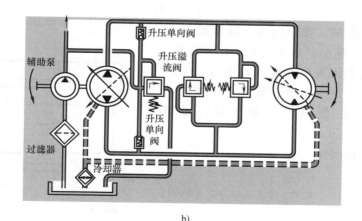

b)

图 8-18　开式和闭式回路
a）开式回路　b）闭式回路

图 8-19 所示为典型闭式泵控马达的闭式液压系统，液压马达的出油口与液压泵的吸油口相连，改变液压泵（闭式泵）的排量以及液压泵转速来控制液压马达。补油泵可以保证系统最低压力，并且在排量改变需补油时保证容积式传动的响应。

冲洗换油阀保证闭式系统中液压油的温度不会太高。该系统只有补油泵从油箱里吸取少量的油，可以为系统配备一个体积不大的油箱，适于行走式机械。一般的压路机系统基本采用该方案。

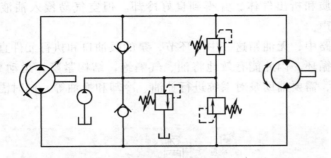

图 8-19　典型闭式泵控马达的闭式液压系统

（三）变量泵-液压缸

1. 泵-缸式开式回路容积调速回路

（1）工作原理　泵 1 排出流量全部进入液压缸，通过改变泵的排量来改变活塞的运动速度 v，回路中的最大压力由安全阀 2 限定，如图 8-20 所示。

（2）运动速度　若不考虑泵以外的元件和管路损失，则有

$$v = \frac{q_P}{A_1} = \frac{q_{Pt} - k_1 \dfrac{F}{A_1}}{A_1} \tag{8-19}$$

因泵有泄漏，使得速度 v 随负载 F 而变，F 越大 v 越小。当 F 达到一定程度后，可能泵输出的流量全部泄漏，此时活塞停止运动。因此这种回路在低速下承载能力很差，其速度-负载特性曲线如图 8-21所示。

（3）速度刚性

$$k_v = \frac{A_1^2}{k_1} \tag{8-20}$$

由式（8-20）可见，回路中的速度刚性 k_v 不受负载的影响，只要加大液压缸的面积 A_1、减少泵的泄漏就可能提高速度刚性。

（4）应用场合　适用于负载功率大，运动速度高的场合，如推土机、升降机、插床、拉床等。

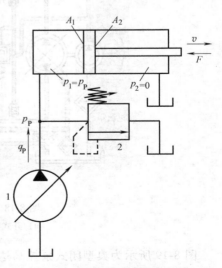

图 8-20　泵-缸式容积调速回路

1—变量泵　2—安全阀

2. 泵-缸式闭式容积调速回路

图 8-22 所示的双向变量泵 7 除了能给液压缸供应所需的油液外，还可以改变输油方向。两个安全阀 6 和 8 用以限制回路每个方向的最高压力；两个单向阀 5 和 9 是"补油-变向"辅助装置，提供补偿回路中泄漏和液压缸两腔流量差额之用。换向时，换向阀 3 变换工作位置，辅助泵 1 输出的低压油一方面改变液压阀 4 的工作位置，并作用在变量泵定子的控制缸 a 和 b 上，使变量泵改变输油方向，另一方面又接通了变量泵的吸油管道，补充泄漏。

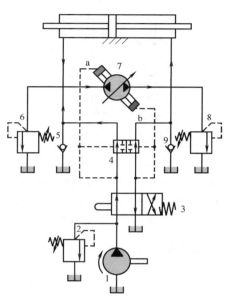

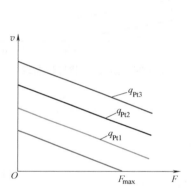

图 8-21　泵-缸式容积调速回路
的速度-负载特性曲线

图 8-22　泵-缸式闭式容积调速回路

（四）　泵-马达调速回路

1. 变量泵-定量马达式容积调速回路

（1）工作原理　在图 8-23 所示的回路中，液压泵的转速和液压马达的排量都是恒定的，改变液压泵的排量即可以控制液压马达的输出转速。

辅助泵 1 的作用：

1）补充主泵 3 和液压马达中 5 的泄漏，其供油压力由溢流阀 6 调定，一般为 $0.3 \sim 1.0 \mathrm{MPa}$。

2）辅助泵和溢流阀使低压管路中建立起所需的低压，防止空气渗入和气穴现象出现。

3）将油箱中经过冷却的油送入回路，使一部分热油从溢流阀 6 流回油箱，把回路中的热油带走，辅助泵的流量一般应是主泵 3 最大流量的 $10\% \sim 15\%$ 左右。

（2）主要性能　容积调速回路的主要性能有速度-负载特性、转速特性、转矩特性和功率特性。

1）速度-负载特性如下。

速度-负载特性方程为

$$n_M = \frac{q_P}{V_M} = \frac{V_P n_P - k_1 p_P}{V_M} = \frac{V_P n_P - k_1 \dfrac{2\pi T_M}{V_M}}{V_M} \tag{8-21}$$

速度-负载特性曲线如图 8-24 所示。

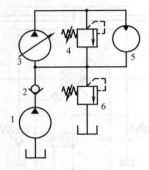

图 8-23　变量泵-定量马达容积调速回路
1—辅助泵　2—单向阀　3—主泵　4—安全阀
5—液压马达　6—溢流阀

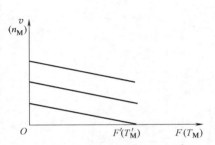

图 8-24　速度-负载特性曲线

速度刚度为

$$k_v = -\frac{\partial T_M}{\partial n_M} = \frac{V_M^2}{2\pi k_1} \tag{8-22}$$

由于变量泵、定量马达均有泄漏，马达的输出转速 n_M 会随负载 T_M 的增大而减小。当负载增大到某值时，马达停止运动，表明这种回路在低速下的承载能力很差。

2）转速特性如下。

马达的输出转速 n_M 与变量泵排量 V_P 的关系为

$$n_M = \frac{q_P}{V_M} \eta_{VM} = \frac{V_P}{V_M} n_P \eta_{VP} \eta_{VM} \tag{8-23}$$

改变泵的排量 V_P，可使马达的输出转速 n_M 成比例地变化。

3）转矩特性如下。

马达的输出转矩 T_M 与马达排量 V_M 的关系为

$$T_M = \frac{\Delta p_M V_M}{2\pi} \eta_{mM} \tag{8-24}$$

马达的输出转矩 T_M 与泵的排量 V_P 无关，不会因调速而发生变化。若系统的负载转矩恒定，则回路的工作压力 p 恒定不变（即 Δp_M 不变），此时马达的输出转矩 T_M 恒定，故此回路又称为"等转矩调速回路"。

4）功率特性如下。

马达的输出功率 P_M 与变量泵排量 V_P 的关系为

$$P_M = \Delta p_M V_P n_P \eta_{VP} \eta_{VM} \eta_{mM} \tag{8-25}$$

$$P_M = T_M 2\pi n_M = \Delta p_M V_M n_M \eta_{mM} \tag{8-26}$$

马达的输出功率 P_M 与马达的转速成正比，亦即与泵的排量 V_P 成正比。

上述三个特性曲线如图 8-25 所示，由于泵和马达存在泄漏，所以当 V_P 还未调到零值时，n_M、T_M 和 P_M 已都为零值。这种回路若采用高质量的轴向柱塞变量泵，其调速范围 R_P 可达 40，当采用变量叶片泵时，R_P 仅为 5~10。

2. 定量泵-变量马达式容积调速回路

在图 8-26 所示的回路中，液压泵 3 的转速和排量都是恒定的，通过调节液压马达 5 的排量可以控制其输出的速度。其中，泵 1 是用来补偿泵 3 和马达的泄漏的。

该回路泵的排量 V_P 和转速 n_P 均为常数，故液压泵的输出流量不变。

通过改变变量马达的排量 V_M 来改变马达的输出转速 n_M。当 V_M 较小时，T_M 较小，以至带不动负载，造成马达"自锁"现象，因此这种调速回路调速范围小，$R_M < 3$。

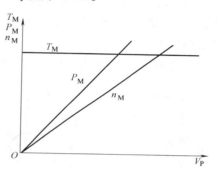

图 8-25　变量泵-定量马达式容积调速回路的工作特性曲线

参考式（8-23）~式（8-26）进行分析。当负载恒定时，回路的工作压力 p 和马达输出功率 P_M 都恒定不变，而马达的输出转矩 T_M 与马达的排量 V_M 成正比变化，马达的转速 n_M 与其排量 V_M 成反比（按双曲线规律）变化。输出功率 P_M 不变，故此回路又称"恒功率调速回路"。定量泵-变量马达式容积调速回路的工作特性曲线如图 8-27 所示。

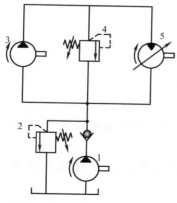

图 8-26　定量泵-变量马达式容积调速回路

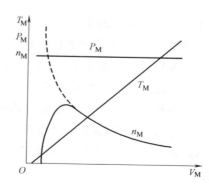

图 8-27　定量泵-变量马达式容积调速回路的工作特性曲线

3. 变量泵-变量马达式容积调速回路

在图 8-28 所示的回路中，既可以通过调节泵的排量也可以通过调节液压马达的排量来实现调速，因此调速的范围更大，可达 100。其中，泵 1 是用来补偿泵 3 和马达的泄漏的。该回路的调速特性如下。

第一阶段：将液压马达的排量固定在最大值上，然后对变量泵进行调节，使泵的排量由零调至最大。由 $n_M = V_P n_P / V_M$ 可知，n_M 逐渐增大至 n'_M，相当于变量泵+定量马达，此阶段为恒转矩调速回路。

第二阶段：把变量泵的排量调到最大值后，再将变量马达的排量由最大调至最小，马达的转速由 n_M 升到最大 n_{Mmax}。相当于定量泵+变量马达组成的调速回路，此阶段为恒功率调速。

变量泵-变量马达式容积调速回路的工作特性曲线如图 8-29 所示。

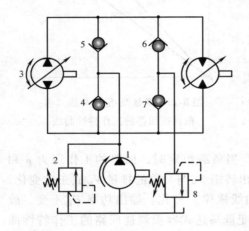

图 8-28 变量泵-变量马达式容积调速回路

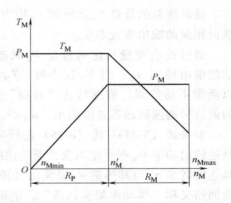

图 8-29 变量泵-变量马达式容积调速的
工作特性曲线

（五）容积调速的优点

容积调速与节流调速相比，具有以下特点。

1）容积调速无节流阀影响，速度稳定性好。

2）调速范围大，且易于换向。

3）容积调速液压泵压力随负载而变，且液压泵输出流量全部进入执行元件，没有溢流损失、节流损失，所以效率高。

4）由于变量泵和变量马达结构上比较复杂，因此容积调速在结构上比较复杂。

5）容积调速适于大功率、速度稳定性要求高，需要大调速范围的液压系统。

三、容积节流调速回路

容积调速回路虽然效率高，发热小，但仍存在速度负载特性较软的问题（主要由泄漏引起）。

因此，人们综合容积调速系统效率高和节流调速系统速度-负载特性较好的特点，在低速、稳定性要求较高的场合采用容积节流调速（Volume-throttle speed-regulating circuit）的方式。

（一）定压式容积节流调速回路

1. 工作原理

图 8-30 所示是采用限压式变量泵的定压式容积节流调速回路，使 q_P 与通过 A_T 进入液压缸的流量 q_1 相适应。图 8-31 是限压式变量泵的恒压变量调节机构。

当 q_P 大于 q_1，泵压力上升，推动定子使偏心 e 减小，限压式叶片变量泵 q_P 自动减小，直到 $q_P = q_1$。

当 q_P 小于 q_1，泵压减小，e 增大，q_P 增大，直到 $q_P = q_1$。

调速阀在这里的作用不仅能使进入液压缸的流量保持恒定，而且还使泵的输出流量保持相应的恒定值，从而使泵和缸的流量匹配。

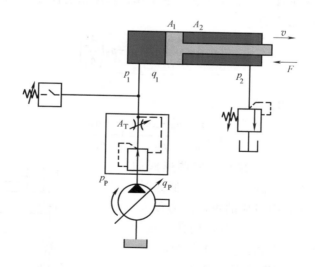

图 8-30　定压式容积节流调速回路

2. 调速特性

图 8-32 是定压式容积节流调速回路的压力-流量特性曲线，其中点 a 是泵的工作点，泵的供油压力为 p_P，流量为 q_1。调速阀在某一开度下的压力-流量特性曲线上的点 b 是调速阀（液压缸）的工作点，压力为 p_1，流量为 q_1。当改变调速阀的开口量，使调速阀压力-流量特性曲线上下移动时，回路的工作状态便相应改变。

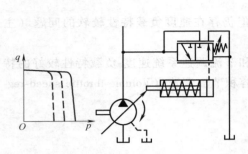

图 8-31　恒压变量机构

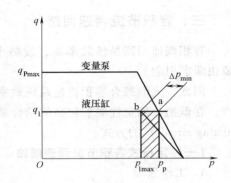

图 8-32　定压式容积节流调速回路的
压力-流量特性曲线

限压式变量泵的供油压力应调节为

$$p_P \geqslant p_1 + \Delta p_{Tmin} \qquad (8\text{-}27)$$

当负载 F 变化，p_1 发生变化时，调速阀的自动调节作用使调速阀内节流阀上的压差 Δp 保持不变，流过此节流阀的流量 q_1 也不变，从而使泵的输出压力 p_P 和流量 q_P 也不变，回路就能保持在原工作状态下工作，速度稳定性好。

该回路的回路效率为

$$\eta = \dfrac{\left(p_1 - p_2 \dfrac{A_2}{A_1}\right) q_1}{p_P q_1} = \dfrac{p_1 - p_2 \left(\dfrac{A_2}{A_1}\right)}{p_P} \qquad (8\text{-}28)$$

如果无背压 $p_2 = 0$，则

$$\eta = \dfrac{p_1}{p_P} = \dfrac{p_P - \Delta p_T}{p_P} = 1 - \dfrac{\Delta p_T}{p_P} \qquad (8\text{-}29)$$

如果负载较小时，p_1 减小，使调速阀的压差 Δp_T 增大，造成节流损失增大。低速时，泵的供油流量较小，而对应的供油压力很大，泄漏增加，回路效率严重下降。因此，这种回路不宜用在低速、变载且轻载的场合。

（二）变压式容积节流调速回路

图 8-33 是变压式容积节流调速回路，图 8-34 是其变量调节结构。

1. 工作原理

1）该回路使用稳流量泵和节流阀。

2）节流阀控制进入液压缸的流量 q_1，并使变量泵输出流量 q_P 自动和 q_1 相适应。

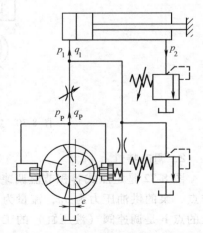

图 8-33　变压式容积节流调速回路

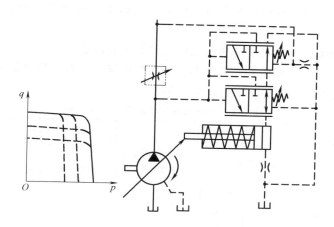

图 8-34　变量调节机构

当 $q_P > q_1$，泵压 p_P 增大，控制缸向右推力增大，便克服弹簧阻力推动定子右移，e 减小，q_P 减小，直至 $q_P = q_1$。

如因泄漏等原因使 q_P 小于 q_1，则 p_P 减小，向右推力减小，定子左移，e 增大，q_P 增大，直至 $q_P = q_1$。

2. 速度特性

此回路使用的是节流阀，但具有与调速阀一样的性能，A_T 一经调定，流量 q_1 基本稳定，不随负载变化影响，因此 Δp 基本不变。

由定子方向受力平衡方程可得：

$$p_P A_1 + p_P(A_2 - A_1) = p_1 A_2 + F_s \tag{8-30}$$

$$\Delta p = p_P - p_1 = F_s / A_2 \tag{8-31}$$

由于弹簧刚度小，工作中伸缩量也很小（$\leq e$），所以 F_s 基本恒定，节流阀前后压差 Δp 基本上不随外负载而变化，经过节流阀的流量也近似等于常数，可见这种调速回路负载特性极好，当负载变化时，泵压 p_P 随负载而变，故称变压式。

3. 效率

无溢流损失，只有节流阀 $0.3 \sim 0.4\mathrm{MPa}$ 的压降损失，因此效率高，功率损失小，发热少。

4. 使用场合

用在负载变化较大，速度较低的中、小功率场合。

四、调速回路的比较

液压系统中的调速回路应能满足如下的一些要求，这些要求是评价调速回路的依据。

（1）调速范围　能在规定的调速范围内调节执行元件的工作速度。

（2）**速度刚性** 在负载变化时，已调好的速度变化愈小愈好，并应在允许的范围内变化。

（3）**带载能力** 具有驱动执行元件所需的力或转矩。

（4）**效率** 使功率损失尽可能小，效率尽可能高，发热尽可能小。

各种调速回路的主要性能比较见表 8-1。

表 8-1 各种调速回路的主要性能比较

调速回路类型 主要性能		节流调速回路				容积调速回路	容积节流调速回路	
		用节流阀调节		用调速阀或溢流 节流阀调节		变量泵-液压缸式	定压式	变压式
		定压式	变压式	定压式	变压式			
机械特性	速度刚性	差	很差	好		较好	好	
	承载能力	好	较差	好		较好	好	
调速特性/范围		大	小	大		较大	大	
功率特性	效率	低	较高	低	较高	最高	较高	高
	发热	大	较小	大	较小	最小	较小	小
适用范围		小功率、轻载或低速的中、低压系统				大功率、重载高速的中高压系统	中小功率的中压系统	

调速回路的选用方法如下。

1）一般来说速度低的用节流调速回路；速度稳定性要求高的用调速阀式调速回路，要求低的用节流阀式调速回路。

2）负载小、负载变化小的用节流调速回路，反之，用容积调速回路或容积节流调速回路。

3）一般情况下，功率<3kW 的用节流调速回路；3～5kW 的用容积节流调速回路或容积调速回路；5kW 以上的用容积调速回路。

4）费用低时用节流调速回路；费用高时则用容积节流或容积调速。

五、快速运动回路

快速运动回路（Fast-speed movement circuit）又称增速回路，其功用在于使液压执行元件在空载时获得所需的高速，以提高系统的工作效率或充分利用功率。实现快速运动的方法有多种不同的方案，下面介绍几种常用的快速运动回路：差动回路、采用蓄能器的快速补油回路、利用双泵供油的快速运动回路、补油回路等。

（一）差动连接快速运动回路（Fast-speed circuit by a differential area actuator）

图 8-35 为典型液压缸差动连接的快速运动回路。其特点为当液压缸前进时，从液压缸有杆腔排出的油再进入无杆腔，增加进油口的进油量，即与液压泵同时向液压缸进口处供应液压油，可使液压缸快速前进，但使液压缸推力变小。假设液压缸活塞

杆带动负载伸出时的速度为 v_1，缩回时的速度为 v_2，根据流量连续方程可得：

$$\frac{v_2}{v_1} = \frac{A_1}{A_1 - A_2} \tag{8-32}$$

（二）采用蓄能器补油的快速运动回路（Fast-speed circuit by accumulator）

蓄能器作为泵的辅助动力源，可与泵同时向系统提供压力油。图 8-36 所示为一蓄能器作为辅助能源实现快速运动的回路。换向阀移到右位时，蓄能器所储存的液压油即释放到液压缸的无杆腔，活塞快速前进。换向阀移到左位时，蓄能器液压油和泵排出的液压油同时送到液压缸的有杆腔，活塞快速返回。

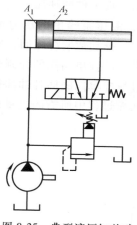

图 8-35　典型液压缸差动
连接的快速运动回路

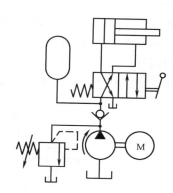

图 8-36　蓄能器补油的
快速运动回路

（三）利用双泵供油的快速运动回路（Fast-speed circuit by double pumps oil supply）

图 8-37 所示回路，在工作行程时，系统压力升高，打开卸荷阀 4，使低压大排量泵 1 卸荷，系统由高压小排量泵 2 供油；当需要快速运动时，系统压力较低，由两台泵共同向系统供油。

（四）补油回路（Make-up circuit）

大型冲床为确保加工精度，都使用柱塞式液压缸，在前进时需非常大的流量；后退时几乎不需什么流量。这两个问题使得泵的选用变得非常困难，在此回路中使用补油

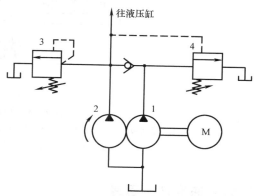

图 8-37　双泵供油快速运动回路
1—低压大排量泵　2—高压小排量泵
3—溢流阀　4—卸荷阀

油箱，可使换向阀及平衡阀的选择依泵的流量而定，且泵的流量可较小，可有效节约能源。其具体工作过程如下。

当主液压缸 2 和辅助液压缸 1、3 下行冲压工件时，换向阀 8 左位工作，液压泵输出的压力油经换向阀进入两个辅助液压缸的上腔，同时由于下放阶段没有接触工件，液压缸的运动速度高、压力低，故顺序阀 4 没有打开。此时辅助液压缸带动主液压缸快速下行。此时液控单向阀 6 正向导通，补油油箱 5 中的液压油经液控单向阀流入主液压缸为其补油，以实现其快速运动而不出现吸空现象。当接触工件后，需要施加压力进行冲压工件时，此时压力升高，顺序阀打开，液压泵输出的压力油经顺序阀流入主液压缸，从而提供较高的压力以实现工件的冲压。

当冲床结束冲压返回时，此时换向阀右位工作，液压泵输出的压力油经换向阀、平衡阀 7 中的单向阀流入两个辅助液压缸的下腔，推动活塞杆缩回，同时带动主液压缸柱塞向上运动；此时液压泵输出的压力油进入液控单向阀的控制油口，使液控单向阀反向打开，主液压缸内的液压油可以通过液控单向阀回补油油箱。由于辅助液压缸的缸径很小，因此在带动主液压缸柱塞回缩过程中所需的流量也较小。

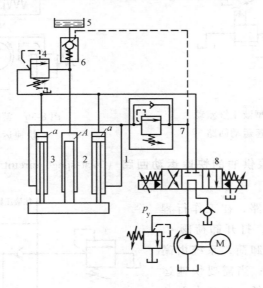

图 8-38　补油回路

1—辅助液压缸　2—主液压缸　3—辅助液压缸　4—顺序阀　5—油箱
6—液控单向阀　7—平衡阀　8—换向阀

六、速度换接回路

速度换接回路（Speed shift circuit）的功能是使液压执行机构在一个工作循环中从一种运动速度变换到另一种运动速度，因而这个转换不仅包括液压执行元件由快速到慢速的换接，而且也包括两个慢速之间的换接。实现这些功能的回路应该具有较高的速度换接平稳性。

（一）快速与慢速的换接回路（Speed shift between fast and slow）

图 8-39 所示为使用行程阀实现快慢速换接的回路。当各阀处于图示位置时，液压缸 1 活塞伸出，有杆腔的液压油经行程阀 2 直接回油箱，活塞杆快速伸出；当挡铁碰到行程阀时，液压缸有杆腔输出的液压油只能经节流阀 3 回油箱，活塞杆的运动速度降低。这种回路的快慢速换接过程比较平稳，换接点的位置比较准确。缺点是行程阀的安装位置不能任意布置，管路连接较为复杂。若将行程阀改为电磁阀，安装连接比较方便，但速度换接的平稳性、可靠性以及换向精度都较差。

（二）两种慢速的换接回路

图 8-40 所示为使用两个调速阀实现不同工进速度的慢速换接回路。图 8-40a 中的两个调速阀并联，由换向阀实现换接。它不宜用在工作过程中的速度换接，只可用在速度预选的场合。此时两个调速阀的开口设置成不同的开度即可。图 8-40b 所示为两调速阀串联的速度换接回路。在这种回路中的调速阀 A 一直处于工作状态，它在速度换接时限制着进入调速阀 B 的流量，因此它的速度换接平稳性较好，但由于油液经过两个调速阀，所以能量损失较大。并且在这个回路中，一定要保证调速阀 B 的开口比 A 的小，才能实现两种速度的换接。

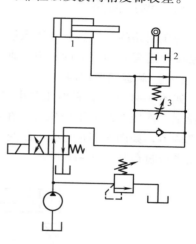

图 8-39　使用行程阀实现快慢速换接的回路

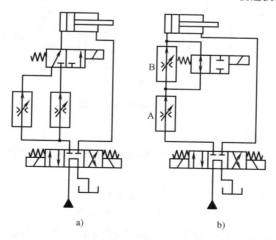

a)　　　　　　　　　b)

图 8-40　使用两个调速阀实现不同工进速度的慢速换接回路

第三节　压力控制回路

压力控制回路（Pressure control circuit）是利用压力控制阀来控制系统整体或某一部分的压力，以满足液压执行元件对力或转矩要求的回路。压力控制回路包括调压回路（Pressure regulated circuit）、减压回路（Pressure-reducing circuit）、增压回路（Pressure-increasing circuit）、保压回路（Pressure-holding circuit）、卸荷回路（Pressure-venting circuit）和平衡回路（Pressure counter-balance circuit）等。

一、调压回路

调压回路的功用是使液压系统整体或部分的压力保持恒定或不超过某个数值。若系统中需要两种以上的压力，则可采用多级调压回路。

（一）单级调压回路

如图 8-41 所示，在液压泵出口处设置并联溢流阀即可组成单级调压回路，从而控制了液压系统的工作压力。在定量泵系统中，液压泵的供油压力可以通过溢流阀来调节，如图 8-41a 所示。在变量泵系统中，用安全阀来限定系统的最高压力，防止系统过载如图 8-41b 所示。

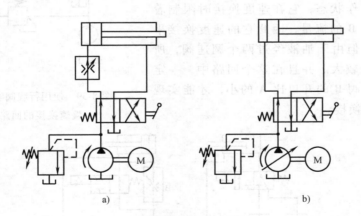

图 8-41　单级调压回路

（二）二级调压回路

图 8-42 所示为二级调压回路，可实现两种不同的系统压力控制。具体过程如下。

1）电磁阀 3 失电右位工作，系统压力由阀 2 调定；

2）电磁阀 3 得电左位工作，系统压力由阀 4 调定。

注意：阀 4 的调定压力一定要小于阀 2 的调定压力，否则不能实现二级调压；当系统压力由阀 4 调定时，溢流阀 2 的先导阀口关闭。

（三）多级调压回路（Multi-stage pressure regulated circuit）

图8-43所示为三级调压回路图，由溢流阀1、2、3分别控制系统的压力，从而组成了三级调压回路。具体工作过程如下。

1）1YA失电、2YA失电，系统压力由阀1调定。

2）1YA得电、2YA失电，系统压力由阀2调定。

3）1YA失电、2YA得电，系统压力由阀3调定。

注意：阀2和阀3的调定压力都要小于阀1的调定压力，阀2和阀3调定压力之间没有关系。

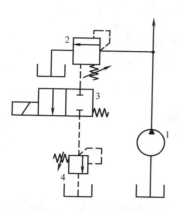

图8-42   二级调压回路

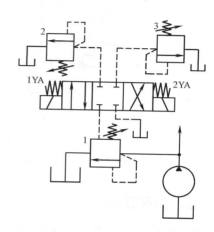

图8-43   三级调压回路

（四）连续可调压回路（Stepless pressure regulated circuit）

调节图8-44所示先导式比例溢流阀的输入电流 I，即可实现系统压力的无级调节。

特点：回路结构简单，压力切换平稳，更容易使系统实现远距离控制或程序控制。

二、减压回路

减压回路的功用是使系统中的某一部分油路具有比系统压力低的稳定压力，一般用于工件的夹紧。最常见的减压回路通过定值减压阀与主油路相连，如图8-45所示，其工作原理分析如下。

在图8-45a所示的回路中，液压泵输出的压力油经减压阀后，为二次回路提供一个稳定的较低压力。回路中单向阀的作用是当主油路由于执行元件的快速运动而导致压力低于减压阀的调整压力时，

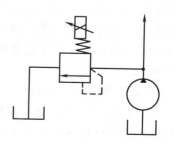

图8-44   连续可调压回路
（无级调压回路）

防止油液倒流而引起减压回路压力降低，导致工件松开，故能起短时保压之用。

在图 8-45b 所示的回路中，利用先导型减压阀 1 的远控口接一远控溢流阀 2，则可由阀 1、阀 2 各调得一种低压。

注意：阀 2 的调定压力值一定要低于阀 1 的调定压力值。

减压回路中也可以采用类似两级或多级调压的方法获得两级或多级减压。

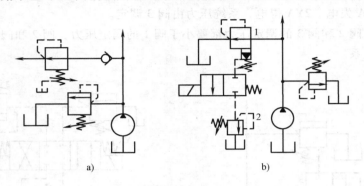

图 8-45　减压回路

a）单级减压回路　b）多级减压回路

三、卸荷回路

卸荷回路的功用是指在液压泵驱动电动机不频繁起停的情况下，使液压泵在功率输出接近于零的情况下运转，以减少功率损耗，降低系统发热，延长泵和电动机的寿命。

具体实现方式有采用复合泵的卸荷回路、利用二位二通阀旁路卸荷的回路、利用换向阀卸荷的回路、利用溢流阀远程控制口卸荷的回路等。

（一）复合泵卸荷回路

图 8-46 是采用双泵供油的液压钻床的动力源。当主油路液压缸快速推进时，推动液压缸活塞前进所需的压力低于左右两边溢流阀和卸荷阀所设定的压力，故大排量泵和小排量泵的压力油全部送到液压缸使活塞快速前进。当主液压缸转入工进状态时，压力升高，高于卸荷阀的设定压力时，此时低压大排量泵的液压油经过卸荷阀回油箱，从而降低能量损耗。卸荷阀的调定压力通常比溢流阀的调定压力低 0.5MPa 以上。

（二）阀控卸荷回路

图 8-47 是采用二位二通阀使泵卸荷的回路。当二位二通阀左位工作，泵排出的液压油以接近零压的状态流回油箱以节省动力并避免油温上升。二位二通阀可以手动操作，亦可使用电磁操作。注意二位二通阀的额定流量必须和泵的流量相适应。

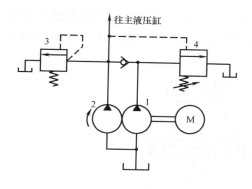

图 8-46　采用复合泵的卸荷回路

1—低压大排量泵　2—高压小排量泵

3—溢流阀　4—卸荷阀

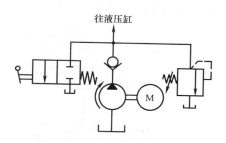

图 8-47　采用二位二通阀的卸荷回路

（三）利用溢流阀远程控制口卸荷的回路

　　如图 8-48 所示回路，二位二通电磁阀通电，溢流阀远程控制口通油箱，溢流阀的平衡活塞上移，主阀阀口打开，泵排出的液压油全部流回油箱，泵出口压力几乎为零，使泵处于卸荷运转状态。

　　注意：图中二位二通电磁阀只通过很少流量，因此可用小流量规格。在实际应用上，一般将此二位二通电磁阀和溢流阀组合在一起，称为电磁控制溢流阀。

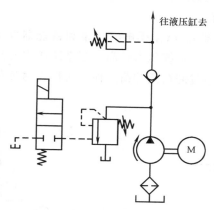

图 8-48　利用溢流阀远程控制口卸荷的回路

（四）换向阀中位卸荷回路

　　图 8-49a 是采用中位串联型（M 型中位机能）换向阀实现泵卸荷的回路。换向阀处于中位时，液压油直接经换向阀的 P、T 通路流回油箱，泵的工作压力接近于零。

　　此回路结构简单，但压力损失较多，不适用于一个泵驱动两个或两个以上执行元件的场合。

　　尤其值得注意的是换向阀和泵的流量要相适应。

当换向阀采用电液换向阀且为内控型时，如图 8-49b 所示，换向阀处于中位时，液压泵出口直通油箱，泵卸荷。因回路需保持一定的控制压力以操纵执行元件，故在阀的进口安装单向阀。

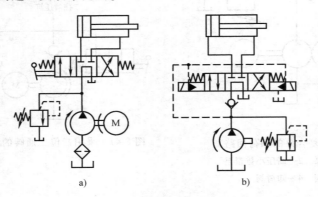

a)   b)

图 8-49　利用换向阀中位机能实现泵卸荷的回路

（五）　限压式变量泵的卸荷回路

如图 8-50 所示，当系统压力升高达到变量泵压力调节螺钉调定的压力时，压力补偿装置动作，液压泵 1 的输出流量随供油压力升高而减小，直到维持系统压力所必需的流量，回路实现保压卸荷；系统中的溢流阀 2 作安全阀用，以防止泵的压力补偿装置的失效而导致压力异常。

（六）　卸荷阀卸荷回路

如图 8-51 所示，当电磁铁 1YA 得电时，泵和蓄能器同时向液压缸左腔供油，推动活塞右移，接触工件后，系统压力升高。当系统压力升高到卸荷阀 1 的调定值时，卸荷阀打开，液压泵通过卸荷阀卸荷，而系统压力通过蓄能器 3 保持。图中的溢流阀 2 当安全阀用。

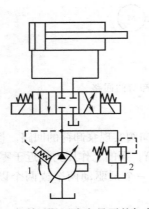

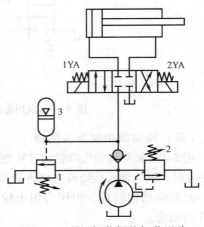

图 8-50　利用限压式变量泵的卸荷回路　　　　图 8-51　利用卸荷阀的卸荷回路

四、增压回路

如果系统或系统的某一支油路需要压力较高但流量又不大的压力油，而采用高压泵又不经济，或者根本就没有必要增设高压力的液压泵时，常采用增压回路。这样不仅易于选择液压泵，而且系统工作较可靠，噪声小。增压回路中提高压力的主要元件是增压缸或增压器。主要分为利用串联液压缸的增压回路、利用增压器的增压回路、气压-液压增压回路等。

（一）利用增压缸的增压回路

图 8-52 所示回路，将小直径液压缸和大直径液压缸串联可使冲柱急速推出，且在低压下可得很大的输出力。如想单独使用大直径液压缸以同样速度运动，势必选用更大容量的泵，而采用这种串联液压缸则只要用小容量泵就够了，可以节省许多动力。

（二）利用增压器的增压回路

图 8-53a 为利用单动型增压器为液压冲床冲柱增压的回路。

1）换向阀移到右位，液压泵输出的压力油经顺序阀 1 和减压阀 2 后进入增压器 3 的大腔，活塞向左移动，在小腔输出更高的压力油进入冲柱液压缸 4 的无杆腔，使活塞快速向下运动冲击工件，当达到规定的压力时就停止。

2）换向阀移到左位，液压泵输出的压力油进入冲柱液压缸的有杆腔，推动冲柱液压缸向上运动，液压缸无杆腔的压力油分为两

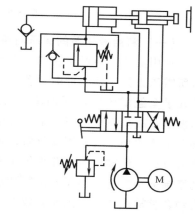

图 8-52　利用串联液压缸的增压回路

路，一路进入增压器的小腔，推动活塞向右运动，大腔的液压油经过两个单向阀回油箱；另一路液压油经过液控单向阀回油箱。

3）换向阀移到中位，液压泵通过换向阀的中位卸荷；同时冲柱液压缸下腔封死，可以暂时防止冲柱向下掉。

如果要实现双向增压，可采用图 8-53b 形式的增压器。

五、保压回路

有的机械设备在工作过程中，常常要求液压执行机构在其行程终止时，保持压力一段时间，这时需采用保压回路。所谓保压回路，也就是使系统在液压缸不动或仅有工件变形所产生的微小位移下稳定地维持住压力，最简单的保压回路是使用密封性能较好的液控单向阀的回路，但是阀类元件的泄漏使得这种回路的保压时间不能维持太久。主要有利用液压泵保压的保压回路和利用蓄能器的保压回路等。

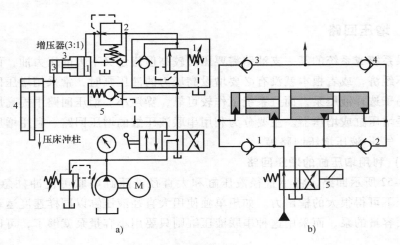

图 8-53　利用增压器的增压回路

（一）利用液压泵的保压回路

利用液压泵的保压回路，也就是在保压过程中，液压泵仍以较高的压力（保压所需压力）工作，此时，若采用定量泵则压力油几乎全经溢流阀流回油箱，系统功率损失大，易发热，故只在小功率的系统且保压时间较短的场合下才使用；若采用变量泵，在保压时，泵的压力较高，但输出流量几乎等于零，液压系统的功率损失小，这种保压方法能随泄漏量的变化而自动调整输出流量，因而其效率也较高。

（二）利用蓄能器的保压回路

图 8-54 所示为利用蓄能器的保压回路使虎钳 2 夹紧工件的液压原理图。换向阀左位工作时，虎钳夹紧，蓄能器充压，压力升高，直到卸荷阀被打开使泵卸荷。此时作用在活塞上的压力由蓄能器来维持并补充液压缸的漏油，当工作压力降低到比卸荷阀所调定的压力还低时，卸荷阀

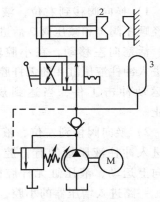

图 8-54　利用蓄能器的保压回路
使虎钳夹紧工件的液压原理图
1—卸荷阀　2—虎钳　3—蓄能器

又关闭，泵的压力油再继续送往蓄能器。本系统可节约能源并降低油温。

六、平衡回路

平衡回路的功用在于防止垂直或倾斜放置的液压缸和与之相连的工作部件因自重而自行下落。

（一）采用顺序阀的平衡回路

图 8-55 所示为利用单向顺序阀的平衡回路，有内控外泄（图 8-55a）和外控外

泄（图8-55b）两种，下面分别单独讨论。

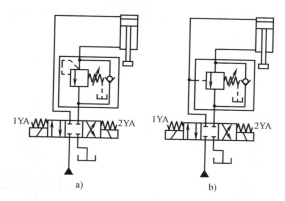

图8-55 利用单向顺序阀的平衡回路

　　图8-56中，顺序阀是图8-55a所示的内控式顺序阀。调节单向顺序阀的开启压力，使其稍大于立式液压缸下腔的背压。活塞下行时，由于回路上存在一定背压支承负载重力，活塞将平稳下落；换向阀处于中位时，活塞停止运动。该方案适用于恒重力负载。

　　图8-57中，顺序阀是图8-55b所示的外控式顺序阀。换向阀左位工作时，活塞下行，此时液压泵输出的高压油打开外控式顺序阀，液压缸有杆腔的背压消失，因而回路效率较高；当换向阀处于中位时，液压缸停止工作，由于此时中位机能是H型，因此外控式顺序阀的控制油口处于低压状态，故顺序阀关闭以防止活塞和工作部件因自重而下降。该方案的优点是，只有上腔进油时活塞才下行，比较安全可靠；缺点是活塞下行时平稳性较差。该方案适用于变重力负载。

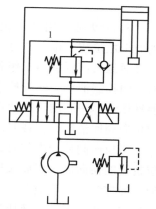

图8-56 利用单向内控式顺序阀的平衡回路

（二）利用液控单向阀的平衡回路

　　图8-58是利用液控单向阀的平衡回路。当换向阀处于左位工作时，液压泵输出的液压油进入液压缸无杆腔；同时液压泵输出的压力油作用在液控单向阀1的控制口，促使液控单向阀反向打开；液压缸有杆腔的液压油经过单向节流阀2和液控单向阀回油箱。当活塞下行速度过快，导致无杆腔的压力降低，作用在液控单向阀控制口上的压力不足以使其反向打开，液控单向阀关闭，液压缸有杆腔的压力油被封闭，活塞停止运动，直到无杆腔压力升高到重新使液控单向阀反向打开为止。

　　当换向阀右位工作时，液压泵输出的压力油经过液控单向阀正向流通，并通过单向节流阀进入有杆腔，推动活塞上行缩回。

　　当换向阀处于中位时，由于其中位机能是 H 型，因此液压泵卸荷，而液控单向阀的控制油口也与油箱相通，因此能保证液控单向阀反向可靠关闭，使活塞及重物能可靠地保持其停止位置。

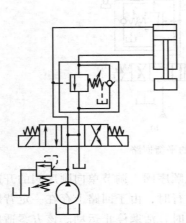

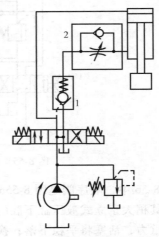

图 8-57　利用外控式顺序阀平衡回路　　　　图 8-58　利用液控单向阀的平衡回路

　　图 8-59 是利用液压锁的平衡回路。当换向阀处于左位或右位工作时，液压泵输出的液压油一方面流入液压缸的工作腔，另一路流入液控单向阀的控制油口，使液控单向阀反向导通，从而使液压缸另一腔的液压油可以通过反向打开的液控单向阀回油箱，实现双向运动。

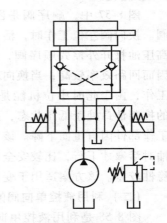

　　当换向阀处于中位时，由于选用的是 H 型中位机能的换向阀，因此液压泵卸荷，两个液控单向阀的控制油口均通油箱，因此两个液控单向阀均反向截止，保证了液压缸可靠地停止。由于液控单向阀采用的是座阀结构，密封性好，因此这种方式是最可靠的锁紧液压缸的方式。两个液控

图 8-59　利用液压锁的平衡回路

单向阀如图 8-59 所示的使用方式，又称之为液压锁。

七、制动回路

　　图 8-60 所示为利用 O 型中位机能的换向阀控制液压马达正转、反转和停止的回路。只要将换向阀移到中间位置，马达停止运转，但由于惯性原因，马达继续转动使得马达制动腔的压力急剧升高，马达出口与换向阀之间管路和元件承受的压力增大，有可能将回油管路或阀件破坏，故必须如图 8-60b 所示，装一制动溢流阀，当出口压力增加到制动溢流阀所调定的压力时，溢流阀被打开，从而保护了管路和

元件免受高压冲击而损坏。

又如液压马达驱动输送机，在一个方向有负载，另一个方向无负载，即需要有两种不同的制动压力。因此这种制动回路如图 8-61 所示，每个制动溢流阀各控制不同方向的油液。

当液压马达停止运转（停止供油时），由于惯性原因，马达会继续旋转，而马达入口处无法供油，造成真空现象。如果在图 8-62 所示的回路中，在马达入口及回油管路上各安装一个开启压力较低（小于0.05MPa）的补油单向阀，当马达停止时，油箱的油液可经单向阀给马达入口补油，从而避免马达出现吸空而损坏。

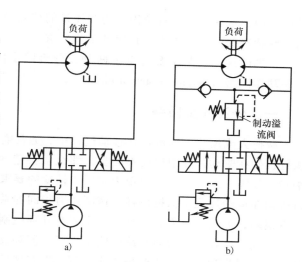

图 8-60 利用 O 型中位机能的换向阀控制
液压马达正转、反转和停止的回路

a）马达双向运动回路 b）双向压力相同的制动回路

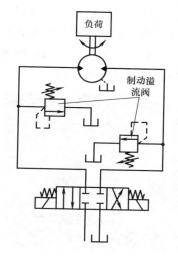

图 8-61 两种不同压力的制动回路

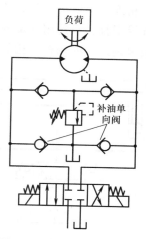

图 8-62 利用补油单向阀实现
液压马达制动回路的补油

第四节 单泵多执行元件工作回路

在液压系统中，如果由一个液压泵给多个执行元件（液压缸、液压马达）输送压力油,这些执行元件会因压力和流量的彼此影响而在动作上相互牵制,必须使用一些特殊的回路才能实现预定的动作要求。

常见的这类回路主要有以下两种:分流同步回路(Synchronization circuit)和顺序动作回路(Sequence action circuit)。

一、分流同步回路

载荷大或尺寸大的部件在移动过程中,通常需要多个执行机构同时驱动。如果执行机构在驱动过程中出现不同步,那么就会造成机械结构卡死、运动部件倾覆、翻转等故障。因此,工业应用中对同步精度的要求越来越高。同步系统是指多个执行机构在运动过程中保持位移、速度或力相同的系统。液压同步控制方式的分类方法有很多,但从控制方式上划分,主要有开环控制和闭环控制两种方法,这两种方式的区别主要在于是否对系统的输出进行检测和反馈。开环控制同步控制技术主要分为机械同步和液压同步两种方式。下面以双液压缸驱动的同步回路为例阐述几种典型的同步回路,多液压马达同步控制可参考两液压缸驱动同步回路。

(一)采用机械连接同步回路

图 8-63 所示为机械连接同步回路,将两支(或若干支)液压缸的活塞杆用机械装置(如齿轮或刚性梁)连结在一起使它们的运动相互牵制,即可不必在液压系统中采取任何措施而达到同步,此种同步方法简单,工作可靠。机械同步控制方式的同步精度主要取决于负载的变化情况和机械结构的制造精度,该方式不能很好地应对外界干扰,只适用于负载变化不大的应用场合,而不宜用在两缸距离过大或两缸负载差别过大的场合,比如中大型液压挖掘机的动臂驱动系统。

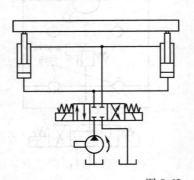

图 8-63　机械连接同步回路

(二)采用调速阀的同步回路

节流调速同步回路的主要元件为调速阀,通过调速阀保证进入执行元件的流量保持相等来实现同步运动,其液压原理如图 8-64 所示。该同步回路价格便宜、结构简单,具有广泛的应用,但由于调速阀的启动阶跃效应会导致不同的瞬时速度,最终导致累计误差使得同步精度无法保证。

（三）采用分流阀、分流集流阀的同步回路

该同步回路的主要元件为分流阀和分流集流阀，如图 8-65 所示，基于分流阀的同步回路只适用于单方向同步要求的回路。当有反向流量要求时，需要配置单向阀。基于分流集流阀的同步回路可用于有双向同步要求的回路。该同步回路简单经济，具有较强的抗偏载能力，但当执行机构较多时，随着分流级数的增加，系统能耗增大且分流精度显著降低，同样不太适用于同步精度要求高、压力较低的系统。需要注意的是两个液压缸不能机械刚性连接。

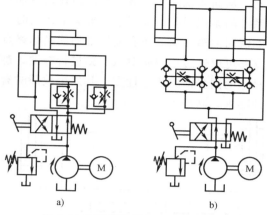

图 8-64 采用调速阀的同步回路

a）单向同步 b）双向同步

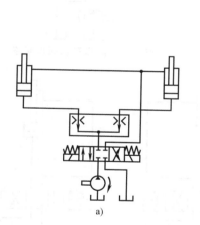

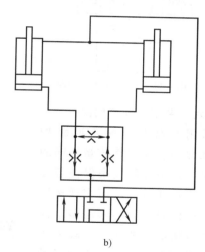

图 8-65 分流阀、分流集流阀同步回路

a）分流阀同步回路 b）分流集流阀同步回路

（四）同步缸同步回路

该同步回路的主要元件为同步缸，如图 8-66 所示。由于同步缸的缸筒上的每一部分容积都相同，通过移动相同的距离就能够保证各支路流量相等，因此可以实现同步运动。该液压同步系统抗偏载能力较强、具有较高的同步精度，但结构体积较大，液压缸的行程较小。

（五）同步液压马达同步回路

该同步回路的主要元件为同步液压马达，如图 8-67 所示。同步液压马达是由排量相同的几个液压马达刚性联接组成的，因此可以保证通过各个支路的流量都相同，从而实现同步。该同步回路在每条油路上都设有一个单向阀和溢流阀用于消除系统的累积误差，即当液压缸向上运动时，先到达终点的支路的油液可以通过溢流阀流回油箱，保证所有液压缸均能到达终点；当液压缸向下运动时，先到达终点的支路可以通过单向阀对该支路进行补油，避免马达吸空现象的发生。采用同步液压马达的同步回路稳定性高，其发生故障时有一个参数的劣化过程，适用于同步稳定性要求较高的场合。

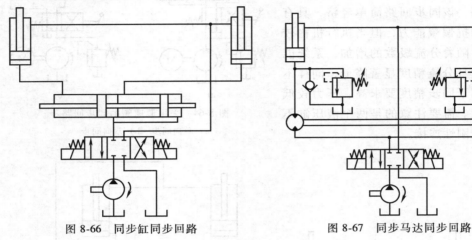

图 8-66　同步缸同步回路　　　　　　图 8-67　同步马达同步回路

（六）并联泵同步回路

采用并联泵的同步回路如图 8-68 所示。通过将排量相同的几个液压泵刚性联接来保证各支路输出流量相等，从而实现速度同步。这种同步方案采用多个液压泵联合供油，能够承受较大的偏载，但在多液压缸同步运行过程中其同步误差不可调，很难实现人为控制，因此需要另外加设其他装置来消除系统的累积误差，以达到更高的同步精度。

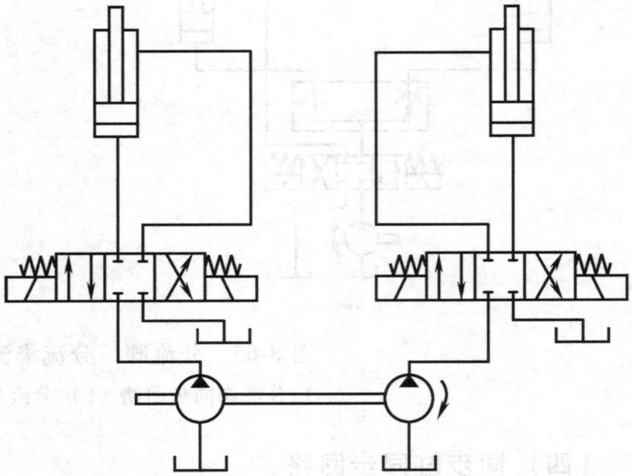

图 8-68　采用并联泵的同步回路

（七）闭环控制的同步回路

双液压缸同步闭环控制系统中经常采用的两种控制策略是：同等方式和主从方式。所谓的"同等方式"是在双缸同步系统中，两个液压缸没有主从之分，同时跟随输入设定值，各自受到控制并达到同步控制的目的。所谓"主从方式"是在双缸同步系统中，选取其中一个液压缸作为主液压缸，跟随输入设定值，而另一个液压缸作为从液压缸，跟随主液压缸的输出，以此达到同步控制的目的。闭环控制一般需要用到比例调速阀、比例换向阀等。

二、顺序动作回路

按照实现顺序动作的控制方式，可以分为行程控制顺序动作回路和压力控制顺序动作回路。

（一）行程控制顺序动作回路

图 8-69a 所示为行程阀控制的行程控制顺序动作回路。这种回路工作可靠，但动作顺序一经确定，再改变就比较困难，同时管路长，布置较麻烦。

图 8-69b 所示为由行程开关控制的顺序动作回路，这种回路的优点是控制灵活方便，但其可靠程度主要取决于电气元件的质量。

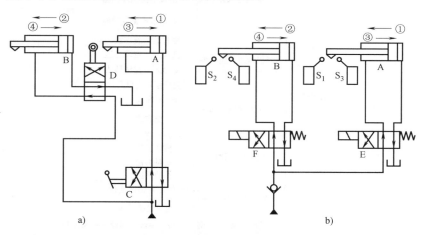

图 8-69　行程阀控制的行程控制顺序动作回路

（二）压力控制顺序动作回路

图 8-70 所示为顺序阀控制的压力控制顺序动作回路。这种回路动作的可靠性取决于顺序阀的性能及其压力调定值，否则顺序阀易在系统压力脉冲中造成误动作，适用于液压缸数目不多、负载变化不大的场合。优点是动作灵敏，安装连接较方便；缺点是可靠性不高，位置精度低。

其具体工作过程如下：当换向阀左位工作时，液压泵输出的液压油一路流入液压缸 1 的无杆腔，实现动作①；另一路由于顺序阀 3 的设定压力较高没有打开。当动作①运动到

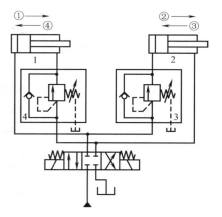

图 8-70　顺序阀控制的压力控制
顺序动作回路

位后压力升高，高于顺序阀 3 的设定压力后，顺序阀 3 打开，液压泵输出的液压油进入液压缸 2 的无杆腔实现动作②。当动作②运动到位后，换向阀右位工作，此时液压泵输出的压力油进入液压缸 2 的有杆腔，完成动作③；当动作③运动到位后，压力升高，高于顺序阀 4 设定压力后，液压油进入液压缸 1 的有杆腔，实现动作④。依次往复运行，实现顺序动作。

小　结

本章主要介绍了液压系统的各种基本回路，其主要内容如下。

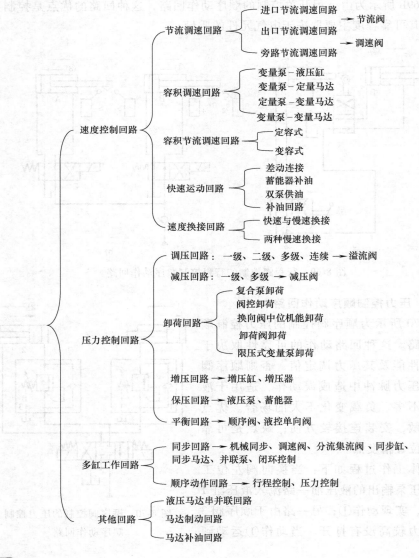

习 题

8-1 思考题

1. 各种调速回路的特点是什么？在实际工作中应该如何选择？

2. 系统中是不是有调速阀就可以实现速度的稳定控制？

3. 在定量泵-变量马达容积调速回路中，为什么该回路的带载起动能力差？

4. 在变量泵-变量马达容积调速回路中，为什么要先进行泵的变量调节，且将马达排量固定在最大值？

5. 液压系统中为什么要设置背压回路？背压回路与平衡回路有何区别？

8-2 填空

1. 两个液压马达主轴刚性连接在一起组成双速换接回路，液压泵的输出流量是 q，压力是 p，马达的排量是 V_M。两马达串联时，其转速为（ ）；两马达并联时，其转速为（ ），而输出转矩（ ）。串联和并联两种情况下回路的输出功率（ ）。

2. 在变量泵-变量马达调速回路中，为了在低速时有较大的输出转矩、在高速时能提供较大功率，往往在低速时，先将（ ）排量调至最大，用（ ）调速；在高速段，（ ）排量为最大，用（ ）调速。

3. 顺序动作回路的功用在于使几个执行元件严格按预定顺序动作，按控制方式不同，分为（ ）控制和（ ）控制。同步回路的功用是使相同尺寸的执行元件在运动上同步，同步运动分为（ ）同步和（ ）同步两大类。

8-3 选择题

1. 在下面几种调速回路中，（ ）中的溢流阀是安全阀，（ ）中的溢流阀是稳压阀。

A. 定量泵和调速阀的进油节流调速回路

B. 定量泵和旁通型调速阀的节流调速回路

C. 定量泵和节流阀的旁路节流调速回路

D. 定量泵和变量马达的闭式调速回路

2. 要求多路换向阀控制的多个执行元件实现两个以上执行机构的复合动作，多路换向阀的连接方式为（ ），多个执行元件实现顺序单动，多路换回阀的连接方式为（ ）。

A. 串联油路   B. 并联油路

C. 串并联油路   D. 其他

3. 容积调速回路中，（ ）的调速方式为恒转矩调节；（ ）的调节为恒功率调节。

A. 变量泵-变量马达   B. 变量泵-定量马达

C. 定量泵-变量马达

4. 用同样的定量泵、节流阀、溢流阀和液压缸组成下列几种节流调速回路，（　　）能够承受负负载，（　　　　）的速度刚性最差，而回路效率最高。

A. 进油节流调速回路　　　　　　　　　B. 回油节流调速回路

C. 旁路节流调速回路

5. 在定量泵节流调速阀回路中，调速阀可以安放在回路的（　　），而旁通型调速回路只能安放在回路的（　　）。

A. 进油路　　　　　　　　　　　　　　B. 回油路

C. 旁油路

6. 为保证锁紧迅速、准确，采用了双向液压锁的换向阀应选用（　　）中位机能；要求液压缸进行保压，而液压泵卸载，其换向阀应选用（　　）中位机能。

A. H 型　　　　B. M 型　　　　C. Y 型　　　　D. D 型

7. 在回油节流调速回路中，节流阀处于节流调速工况，系统的泄漏损失及溢流阀调压偏差均忽略不计。当负载 F 增加时，泵的输入功率（　　），缸的输出功率（　　）。

A. 增加　　　B. 减少　　　C. 基本不变　　　D. 无法判断

8. 在调速阀旁路节流调速回路中，调速阀的节流开口一定，当负载从 F_1 降到 F_2 时，若考虑泵内泄漏变化因素时液压缸的运动速度（　　）；若不考虑泵内泄漏变化的因素时，缸运动速度可视为（　　）。

A. 增加　　　B. 减少　　　C. 不变　　　D. 无法判断

9. 在定量泵-变量马达的容积调速回路中，如果液压马达所驱动的负载转矩变小，若不考虑泄漏的影响，试判断马达转速（　　）；泵的转出功率（　　）。

A. 增加　　　B. 减少　　　C. 基本不变　　　D. 无法判断

8-4　判断题

1. 采用调速阀的定量泵节流调速回路，无论负载如何变化始终能保证执行元件运动速度稳定。（　　）

2. 三通调速阀（溢流节流阀）只能安装在执行元件的进油路上，而调速阀还可安装在执行元件的回路和旁油路上。（　　）

3. 在变量泵-变量马达闭式回路中，辅助泵可以补充泵和马达的泄漏。（　　）

4. 因液控单向阀关闭时密封性能好，故常用在保压回路和锁紧回路中。（　　）

8-5　图 8-71 所示的进油节流调速回路中，液压缸两腔面积 $A_1 = 100\text{cm}^2$，$A_2 = 50\text{cm}^2$，负载 $F_L = 2000\text{N}$。求：①如果节流阀压降在负载 $F_L = 2000\text{N}$ 时为 0.03MPa，溢流阀的调整压力为多少？泵的工作压力为多少？②溢流阀按①调好后，负载 F_L 从 2000N 降到 1500N 时，泵的工作压力有何变化？活塞运动速度与①相比有何变化？③如将节流阀改用调速阀，负载 F_L 从 2000N 降到 1500N 时活塞运动速度与①

相比有何变化？

8-6 图 8-72 所示液压系统可完成的动作循环"快进-工进-快退-停止-卸荷"如下。试写出动作循环表，并评述系统的特点？

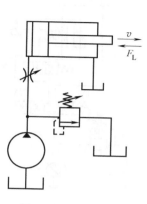

图 8-71 习题 8-5 图

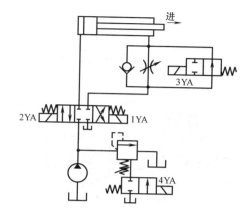

图 8-72 习题 8-6 图

8-7 图 8-73 所示系统能实现"快进-1 工进-2 工进-快退-停止"的工作循环。试画出电磁铁动作顺序表。其中阀 1 开口比阀 2 大。

8-8 图 8-74 所示系统能实现"快进-工进-快退-原位停止泵卸荷"的工作循环。试画出电磁铁动作顺序表。

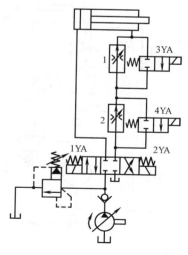

图 8-73 习题 8-7 图

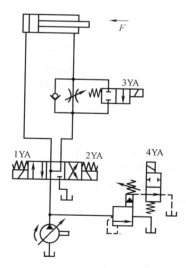

图 8-74 习题 8-8 图

8-9 图 8-75 所示系统能实现"快进-1 工进-2 工进-快退-停止"的工作循环。试画出电磁铁动作顺序表，并分析系统特点。

8-10　图 8-76 所示系统能实现"快进-1 工进-2 工进-快退-停止"的工作循环。试画出电磁铁动作顺序表，并分析系统的特点？

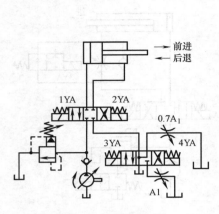

图 8-75　习题 8-9 图

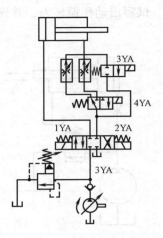

图 8-76　习题 8-10 图

8-11　图 8-77 所示液压系统可实现"快进-工进-快退-停止"的动作循环，要求列出其电磁铁动作循环表，并分析该液压系统有何特点？

8-12　图 8-78 所示液压系统可实现"快进-工进-快退-停止"的动作循环，要求列出其电磁铁动作循环表，并分析该液压系统有何特点？

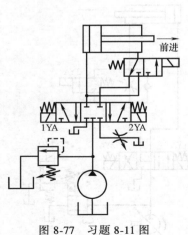

图 8-77　习题 8-11 图

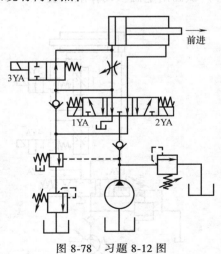

图 8-78　习题 8-12 图

8-13　根据图 8-79 所示液压系统说明下列问题。

1）阀 1、阀 2、阀 3 组成什么回路？

2）本系统中阀 1、阀 2 可用液压元件中哪一种阀来代替？

3）系统工作正常时，为使柱塞能够平稳右移，系统工作压力为 p_1、阀 2、3

的调整压力分别为 p_2 和 p_3，这三种压力中，哪个压力值最大，哪个最小或者相等，请予以说明。

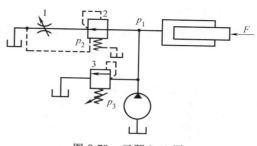

8-14　图 8-80 所示液压系统，活塞及模具的重量分别为 $G_1 = 3000N$，$G_2 = 5000N$；活塞及活塞杆直径分别为 $D = 250mm$，$d = 200mm$；液压泵 1 和 2 的最大工作压力分别为 $p_1 = 7MPa$，$p_2 = 32MPa$；忽略各处摩擦损失。试问：

图 8-79　习题 8-13 图

1）阀 a、b、c 和 d 各是什么阀？在系统中有何功用？

2）阀 a、b、c 和 d 的压力各应调整为多少？

8-15　图 8-81 所示为组合机床液压系统，用以实现"快进-工进-快退-原位停止-泵卸荷"工作循环。试分析油路有无错误。简要说明理由并加以改正。

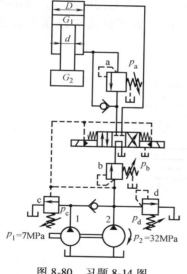

图 8-80　习题 8-14 图

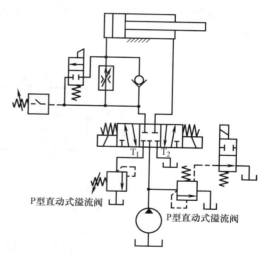

图 8-81　习题 8-15 图

8-16　图 8-82 为一顺序动作回路，两液压缸有效面积及负载均相同，但在工作中发生不能按规定的 A 先动、B 后动的顺序动作，试分析其原因，并提出改进的方法。

8-17　分析图 8-83，解答下列问题。

1）填写实现"快进-Ⅰ工进-Ⅱ工进-快退-原位停-泵卸荷"工作循环的电磁铁动作顺序表。

2）若溢流阀调整压力为 2MPa，液压缸有效工作面积 $A_1 = 80cm^2$，$A_2 = 40cm^2$，

在工进中当负载 F 突然为零时,节流阀进口压力为多大。

3) 在工进时当负载 F 变化,分析活塞速度有无变化,并说明理由。

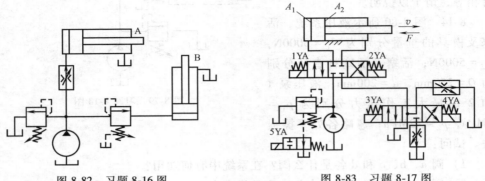

图 8-82　习题 8-16 图

图 8-83　习题 8-17 图

8-18　如图 8-84 所示回路,$F_1/A_1 = 1.5\mathrm{MPa}$,$F_2/A_2 = 1\mathrm{MPa}$。已知:阀 1 调定压力为 5MPa,阀 2 调定压力为 3MPa,阀 3 调定压力为 4MPa,初始时液压缸活塞均在左端死点,负载在活塞运动时出现,问这两个液压缸活塞是同时动作,还是有先后?并求液压缸活塞运动时及到达右端死点时,两个液压缸的进口压力各为多少?

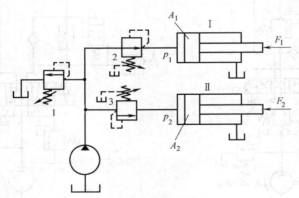

图 8-84　习题 8-18 图

附　　录

附录 A　常用液压气动图形符号

常用液压气动图形符号（摘自 GB/T 786.1—2020）见附表 A-1~附表 A-9。

附表 A-1　液压泵和马达

名称/描述	符号	名称/描述	符号
变量泵 单向旋转（顺时针）		定量泵/马达 单向旋转（顺时针）	
变量泵 双向流动,带有外泄油路,单向旋转 （顺时针）		双向变量泵/马达 双向流动,带有外泄油路,双向旋转	
限制旋转角度的泵 操纵杆控制		转动执行器 带有限制旋转角度功能,双向流动	
摆动执行器 单作用		连续增压器 将气体压力 p1 转换为较高的液体压力 p2	
变量泵 带有复合压力/流量控制（负载敏感型）,外泄油路和单向驱动（顺时针）		静液传动 泵控马达闭式回路驱动单元,由一个双向变量泵和一个双向定量马达组成	

附表 A-2　液压缸

名称/描述	符号	名称/描述	符号
单作用单杆缸 弹簧力回程,弹簧腔带连接油口		双作用单杆缸	
双作用双杆缸 活塞杆直径不同,双侧缓冲,右侧带调节		双作用膜片缸 带有预定行程限位器	
单作用柱塞缸		行程两端带有定位的双作用缸	
单作用伸缩缸		双作用伸缩缸	
单作用气-液压力转换器 将气体压力转换为等值的液体压力		单作用增压器 将气体压力 p1 转换为更高的液体压力 p2	

附表 A-3　控制机构

名称/描述	符号	名称/描述	符号
定位机构和分离把手		单向行程控制的滚轮杠杆	
步进电动机的控制机构		有可调行程限制装置的推杆	
单作用电磁铁		双作用电磁铁	
电液先导控制		机械反馈	

附表 A-4 方向控制阀

名称/描述	符号	名称/描述	符号
二位二通方向控制阀 电磁铁控制,弹簧复位,常开		三位五通方向控制阀 手动杠杆控制,带有定位机构	
二位四通方向控制阀 电磁铁控制,弹簧复位		二位三通电磁换向座阀 带有行程开关	
二位三通方向控制阀 单向行程的滚轮杠杆控制,弹簧复位		二位三通电磁换向座阀	
二位三通方向控制阀 单电磁铁控制,弹簧复位,手动锁定		单向阀 只能在一个方向自由流动	
二位四通方向控制阀 双电磁铁控制,带有定位机构(脉冲阀)		单向阀 带有弹簧复位,只能在一个方向自由流动,常闭	
二位四通方向控制阀 电液先导控制,弹簧复位		液控单向阀 带有弹簧,先导压力允许(油液)双向流动	
三位四通方向控制阀 电液先导控制,主级和先导级弹簧对中,外部先导供油,外部先导回油		液压锁(双液控单向阀组)	
三位四通方向控制阀 双电磁铁控制,弹簧对中		梭阀("或"逻辑) 压力高的入口自动与出口接通	
二位五通方向控制阀,踏板控制		比例方向控制阀 直控式	
先导式电液比例方向控制阀 主级和先导级位置闭环控制,集成电子器件		伺服阀 带有动力故障位置,电反馈,集成电子器件	

附表 A-5　压力控制阀

名称/描述	符号	名称/描述	符号
溢流阀 　直动式,开启压力由弹簧调节		顺序阀 　手动调节设定值	
二通减压阀 　直动式,外泄型		二通减压阀 　先导式,外泄型	
平衡阀 　由顺序阀与旁通单向阀组成		防气蚀溢流阀 　用来保护两条供压管路	
蓄能器充液阀 　带有固定的切换压力差		电磁溢流阀 　由先导式溢流阀与电磁换向阀组成,可电控预设定卸荷压力(俗称卸荷阀)	
三通减压阀 　超过设定压力时,阀开启通向油箱的出口		比例溢流阀 　直控式,通过电磁铁控制弹簧来控制座阀	
比例溢流阀 　直控式,电磁铁直接控制座阀,集成电子器件		三通比例减压阀 　带有电磁铁位置闭环控制,集成电子器件	

附表 A-6　流量控制阀

名称/描述	符号	名称/描述	符号
节流阀		单向节流阀	
流量控制阀 滚轮杠杆控制,弹簧复位		二通流量控制阀 预设置,单向流动,流量特性基本与压降和黏度无关,带有旁路单向阀	
三通流量控制阀 可调节,将输入流量分成固定流量和剩余流量		比例流量控制阀 直控式	
分流阀 将输入流量分成两路输出流量		集流阀 保持两路输入流量相互恒定	
比例节流阀 不受黏度变化的影响		比例流量控制阀 直控式,带有电磁铁位置闭环控制,集成电子器件	

附表 A-7　二通盖板式插装阀

名称/描述	符号	名称/描述	符号
压力控制和方向控制插装阀插件 座阀结构,面积比 1:1		压力控制和方向控制插装阀插件 座阀结构,常开,面积比 1:1	
方向控制插装阀插件 带节流端的座阀结构,面积比≤0.7		方向控制插装阀插件 带节流端的座阀结构,面积比>0.7	
方向控制插装阀插件 座阀结构,面积比≤0.7		方向控制插装阀插件 单向流动,座阀结构,内部先导供油,带有可替换的节流孔(节流器)	

（续）

名称/描述	符号	名称/描述	符号
溢流插装阀插件滑阀结构，常闭		减压插装阀插件滑阀结构，常闭，带有集成的单向阀	
减压插装阀插件滑阀结构，常开，带有集成的单向阀		带有梭阀的控制盖板 梭阀液压控制	
带有溢流功能的控制盖板		二通插装阀带有内置方向控制阀	
二通插装阀带有减压功能和流量控制阀，高压控制			

附表 A-8　液压附件

名称/描述	符号	名称/描述	符号
工作管路		控制管路	
连接管路		交叉管路	
软管总成		组合元件框线	
三通旋转式接头		快换接头，不带有单向阀，断开状态	
快换接头，带有一个单向阀，断开状态		快换接头，带有两个单向阀，断开状态	
快换接头，带两个单向阀，连接状态		可调压力继电器，机械电子控制	

（续）

名称/描述	符号	名称/描述	符号
光学指示器		数字指示器	
声音指示器		转速计	
转矩计		计数器	
直通式颗粒计数器		过滤器	
带有压力表的过滤器		带有附属磁性滤芯的过滤器	
带有旁路单向阀的过滤器		带有旁路节流的过滤器	
带有液体冷却的冷却器		不带冷却液流道指示的冷却器	
加热器		温度调节器	
带有电动风扇冷却的冷却器		—	—
压力测量单元（压力表）		带有选择功能的压力表	

（续）

名称/描述	符号	名称/描述	符号
温度计		液位指示器（观察镜，俗称油标）	
流量指示器		流量计	
隔膜式充气蓄能器（隔膜式蓄能器）		活塞式充气蓄能器（活塞式蓄能器）	

附表 A-9　气动元件

名称/描述	符号	名称/描述	符号
气压复位从先导口提供内部压力		气压复位外部压力源	
电控气动控制机构		气动软启动阀电磁铁控制内部先导控制	
二位三通方向控制阀差动先导控制		三位五通直动式气动方向控制阀弹簧对中，中位时两出口都排气	
单作用膜片缸活塞杆终端带缓冲，排气口不连接		气罐	
真空发生器		三级真空发生器带集成单向阀	
吸盘		吸盘带弹簧加载杆和单向阀	
直动式安全阀弹簧调节开启压力		—	—

（续）

名称/描述	符号	名称/描述	符号
减压阀 内部流向可逆		顺序阀,外部控制	
减压阀 远程先导可调,只能向前流动		旋转马达/旋转泵 限制旋转角度,双向摆动	
半旋转马达/旋转泵 单作用		气马达	
空气压缩机		变方向定流量双向摆动气马达	
真空泵		连续气液增压器 将气体压力 p1 转换为较高的液体压力 p2	

附录 B 液压传动术语中英文对照

中文	英文
液压传动术语	Hydrodynamic Drives Terminology
液压传动	Hydraulic transmission
气压传动	Pneumatic transmission
执行机构	Actuator
能源装置	Power supply
执行装置	Actuator
控制调节装置	Control valves
图形符号	Graphic symbol
工业液压	Industrial Hydraulics
移动液压	Mobile hydraulics

液压液	Hydraulic fluid，Hydraulic oil
难燃液压液	Fire-resistant hydraulic fluid
润滑	Lubrication
冷却	Cooling
防锈	Anti-rust
抗磨	Anti-wear
密度	Density
可压缩性	Compressibility
相容性	Compatibility
黏度	Viscosity
体积弹性模量	Bulk modulus of elasticity
运动黏度	Kinematic viscosity
污染	Pollution
流体力学	Fluid mechanics
流体	Fluid
流体静力学	Hydrostatics
静压力	Static pressure
水头	Head
静水头	Static head
绝对压力	Absolute pressure
表压力	Gauge pressure
相对压力	Relative pressure
真空度	Vacuum
帕斯卡定律	Pascal law
流体动力学	Hydrodynamics
连续性方程	Flow continuity equation
能量方程	Energy conservation equation
动量方程	Momentum conservation equation
重力	Gravity
惯性力	Inertia force
系统	System
控制体	Control body
边界	Boundary
稳定流动	Steady flow
非稳定流动	Unsteady flow

理想液体	Ideal liquid
实际液体	Actual liquid
一维流动	One-dimensional flow
流线	Streamline
流管	Flow tube
流束	Flow beam
平行流动	Parallel flow
通流截面	Flow cross section
质量守恒定律	Law of conservation of mass
伯努利方程	Bernoulli Equation
文丘里流量计	Venturi meter
液动力	Flow force
层流	Laminar flow
湍流	Turbulent flow
液压损失	Pressure loss
雷诺数	Reynolds number
临界雷诺数	Critical Reynolds number
气穴现象	Cavitation
液压冲击	Hydraulic impact
水锤现象	Water hammer
液压泵	Hydraulic pump
流量	Flow rate
额定流量	Rated flow
压力	Pressure
动力元件	Power component
电动机	Motor
内燃机	Internal combustion engine，ICE
负载	Load
液压马达	Hydraulic motor
容积式泵	Displacement pump
密封工作腔	Sealed volume
排量	Displacement
齿轮泵	Gear pump
叶片泵	Vane pump
柱塞泵	Piston pump

工作压力	Working pressure
额定压力	Rated pressure
公称压力	Nominal pressure
容积效率	Volumetric efficiency
机械效率	Mechanical efficiency
外啮合齿轮泵	External gear pump
内啮合齿轮泵	Internal gear pump
轴向柱塞泵	Axial piston pump
径向柱塞泵	Radial piston pump
恒压力	Constant pressure
恒流量	Constant flow
液压缸	Hydraulic cylinder
活塞缸	Piston cylinder
柱塞缸	Plunger cylinder
增压缸	Pressure cylinder
伸缩缸	Telescopic cylinder
单出杆液压缸	Single out rod hydraulic cylinder, Single rod cylinders
双出杆液压缸	Double out rod hydraulic cylinder
齿轮缸	Wheel cylinder
活塞	Piston
活塞杆	Piston rod
缸筒	Cylinder, Bore, Barrel
缸盖	Cylinder head
密封	Seal
密封沟槽	Seal housings
动密封	Seal for reciprocating application
内泄漏	Internal Leakage
缓冲	Cushioning
排气	Exhaust
防尘圈	Wiper ring, Dustband, Dustproof ring
外径	Outer diameter
内径	Inner diameter
导向长度	Guidance length
支撑环	Bearing ring
壁厚	Wall thickness

校核	Check
强度校核	Strength check
尺寸校核	Dimensional check
稳定性校核	Stability check
圆整	Round
液压控制阀	Hydraulic control valve
方向阀	Directional control valve
压力阀	Pressure control valve
流量阀	Flow control valve
叠加阀	Modular stack valves
公称通径	Nominal port dimension
阀体	Valve body
阀芯	Valve core
四通	Four-way directional flow/Four-port
电磁铁	Solenoid
二通插装阀	Two-port slip-in cartridge valve
插装阀	Cartridge valve
阀孔	Cavity
插装阀阀孔	Cartridge valve cavity
底板	Subplates
安装面	Mounting surface
减压阀	Pressure reducing valve
顺序阀	Sequence valve
卸荷阀	Unloading valve
节流阀	Throttling valve
单向阀	Check valve
溢流阀	Relief valve
调速阀	Regulating speed valve
三通调速阀	Bypass speed-regulating valve
（旁通型调速阀）	Relief-throttle valve
液压电磁换向阀	Solenoid operated directional valve
液压电磁换向座阀	Solenoid operated directional poppet valve
液压电液换向阀	Solenoid actuated pilot operated directional control valve
液动换向阀	Hydraulic pilot operated directional control valve
液压手动换向阀	Hand operated directional control valve

滚轮换向阀	Roller operated directional control valve
液压多路换向阀	Multiple directional valve
液压二通插装阀	Two-port slip-in cartridge valve
电调制液压控制阀	Electrically modulated hydraulic control valve
回流专用止回阀	Backflow special check valves
手动阀	Hand-operated valve
球阀	Globe-style valve
先导控制	Pilot-operated
电动	Electric
液动	Hydraulically operated
电液	Electrohydraulic
遥控	Remote control
最低起动压力	Breakaway pressure
压差	Pressure differential
起动性	Startability
辅助装置	**Auxiliary components**
液压泵站	Hydraulic pump station
油箱	Reservoir, Tank
过滤器	Filter
网式过滤器	Wire screen filter (Strainer)
线隙式过滤器	Wire wound filter
纸质过滤器	Paper filter
烧结式过滤器	Sintered metal powder filter
吸油粗滤器	Suction filter
高压过滤器	High pressure filter
低压过滤器	Low pressure filter
旁路过滤器	Bypass line filter
冷热交换器	Heat exchanger
加热器	Heater
冷却器	Coolers
经验系数	Empirical coefficient
蓄能器	Accumulator
充气压力	Precharging pressure
壳体	Shell
隔离式蓄能器	Insulation type accumulator

薄膜式蓄能器	Diaphragm type accumulator
重力式蓄能器	Weight loaded accumulator
弹簧式蓄能器	Spring loaded accumulator
活塞式蓄能器	Piston type accumulator
（皮囊式）蓄能器	Bladder type accumulator
有效容量	Effective volume
管件	Pipe
液压管件	Hydraulic tube/Hose fittings
软管	Hose
液压管接头	Hydraulic connection
快换接头	Quick action couplings
扩口式管接头	Flared fitting
卡套式管接头	Compression connector
焊接式管接头	Welded connector
扣压式胶管接头	Crimped hose connectors
法兰接头	Flange connector
硬管接头	Rigid connector
压力传感器	Pressure sensor
流量测量仪表	Flowmeter
稳态性能	Steady-state performance
特性的测定	Determination of characteristics
液压回路	Hydraulic circuit
速度控制回路	Speed control circuit
压力控制回路	Pressure control circuit
多缸工作回路	Multi-actuator control circuit
方向控制回路	Directional control circuit
调速回路	Flow control circuit
调压回路	Pressure regulated circuit
减压回路	Pressure-reducing circuit
增压回路	Pressure-increasing circuit
卸荷回路	Pressure-venting circuit
平衡回路	Pressure counter-balance circuit
保压回路	Pressure-holding circuit
进口节流调速回路	Inlet throttle speed-regulating circuit
出口节流调速回路	Outlet throttle speed-regulating circuit

旁路节流调速回路	Bypass throttle orifice speed-regulating circuit
容积调速回路	Volume speed-regulating circuit
容积节流调速回路	Volume-throttle speed-regulating circuit
速度负载特性	Speed-load performance
快速运动回路	Fast-speed movement circuit
差动连接快速运动回路	Fast-speed circuit by a differential area actuator
速度换接回路	Speed shift circuit
补油回路	Make-up circuit

附录 C　液压相关标准

类型	标准编号	现行版本	标准名称	对应 ISO
通用标准	GB/T 786.1	2009	流体传动系统及元件图形符号和回路图 第 1 部分:用于常规用途和数据处理的图形符号	ISO 1219—2012
	JB/T 10831	2008	静液压传动装置	—
	GB/T 2346	2003	流体传动系统及元件　公称压力系列	ISO 2944—2000
	GB/T 3766	2015	液压传动　系统及其元件的通用规则和安全要求	ISO 4413—2010
	JB/T 7033	2007	液压传动　测量技术通则	ISO 9110-1—1990,MOD
	GB/T 8782.2	2012	液压传动测量技术　第 2 部分:密封回路中平均稳态压力的测量	ISO 9110-2—1990,IDT
	GB/T 9934.1	2005	液压传动　金属承压壳体的疲劳压力试验　第 1 部分:试验方法	ISO 10771-1—2015,IDT
	GB/T 7935	2005	液压元件　通用技术条件	—
	JB/T 5924	1991	液压元件压力容腔体的额定疲劳压力和额定静态压力验证方法	—
	GB/Z 19848	2005	液压元件从制造到安装达到和控制清洁度的指南	—
液压泵和马达	GB/T 17485	1998	液压泵、马达和整体传动装置参数定义和字母符号	—
	GB/T 17491	2011	液压泵、马达和整体传动装置　稳态性能的试验及表达方法	ISO 4409—2007,MOD
	GB/T 7936	2012	液压泵和马达　空载排量测定方法	ISO 8426—2008,MOD
	GB/T 2347	1980	液压泵及马达公称排量系列	ISO 3662—1976,eqv
	GB/T 2353	2005	液压泵及马达的安装法兰和轴伸的尺寸系列及标注代号	ISO 3019-2—2001,MOD

（续）

类型	标准编号	现行版本	标准名称	对应 ISO
液压泵和马达	JB 5918	1991	液压轴向柱塞泵和马达方形安装法兰和轴伸　型式和尺寸	—
	GB/T 23253	2009	液压传动　电控液压泵　性能试验方法	ISO 17559—2003, IDT
	JB/T 7039	2006	液压叶片泵	—
	JB/T 7041	2006	液压齿轮泵	—
	JB/T 7043	2006	液压轴向柱塞泵	—
	GB/T 20421.1	2006	液压马达特性的测定　第1部分:在恒低速和恒压力下	ISO 4392-1—2002, IDT
	GB/T 20421.2	2006	液压马达特性的测定　第2部分:起动性	ISO 4392-2—2002
	GB/T 20421.3	2006	液压马达特性的测定　第3部分:在恒流量和恒转矩下	ISO 4392-3—1993
	JB/T 10829	2008	液压马达	—
	JB/T 10206	2010	摆线液压马达	—
	JB/T 8728	2010	低速大转矩液压马达	—
液压缸	GB/T 15622	2005	液压缸试验方法	ISO 10100—2001, MOD
	JB/T 10205	2010	液压缸	—
	GB/T 2348	1993	液压气动系统及元件　缸内径及活塞杆外径	ISO 3320
	GB/T 2349	1980	液压气动系统及元件　缸活塞行程系列	—
	GB/T 15242.1	2017	液压缸活塞和活塞杆动密封装置尺寸系列　第1部分:同轴密封件尺寸系列和公差	—
	GB/T 15242.2	2017	液压缸活塞和活塞杆动密封装置尺寸系列　第2部分:支承环尺寸系列和公差	—
	GB/T 15242.3	1994	液压缸活塞和活塞杆动密封装置用同轴密封件安装沟槽尺寸系列和公差	—
	GB/T 15242.4	1994	液压缸活塞和活塞杆动密封装置用支承环安装沟槽尺寸系列和公差	—
	GB/T 2350	1980	液压气动系统及元件　活塞杆螺纹型式和尺寸系列	—
液压控制阀	GB/T 2514	2008	液压传动　四油口方向控制阀安装面	—
	GB 2877	2007	液压二通盖板式插装阀　安装连接尺寸	ISO 7368—2016
	GB/T 7934	2017	液压二通盖板式插装阀　技术条件	—
	GB/T 14043	2005	液压传动　阀安装面和插装阀阀孔的标识代号	—

（续）

类型	标准编号	现行版本	标准名称	对应 ISO
液压控制阀	GB/T 8104	1987	流量控制阀　试验方法	ISO 6403—1992
	GB/T 8105	1987	压力控制阀　试验方法	ISO 6403—1998
	GB/T 8106	1987	方向控制阀　试验方法	ISO 6403—1998
	GB/T 8107	2012	液压阀　压差-流量特性的测定	ISO 4411—2008,MOD
	GB/T 15623.1	2018	液压传动　电调制液压控制阀　第1部分:四通方向流量控制阀试验方法	ISO 10770—1998,MOD
	GB/T 15623.2	2017	液压传动　电调制液压控制阀　第2部分:三通方向流量控制阀试验方法	ISO 10770—1998,MOD
	GB/T 15623.3	2012	液压传动　电调制液压控制阀　第3部分:压力控制阀试验方法	ISO 10770—1998,MOD
	JB/T 10374	2013	液压溢流阀	—
	JB/T 10371	2013	液压卸荷溢流阀	—
	JB/T 10367	2014	液压减压阀	—
	JB/T 10370	2013	液压顺序阀	—
	JB/T 10366	2014	液压调速阀	—
	JB/T 10368	2014	液压节流阀	—
	JB/T 10364	2014	液压单向阀	—
	JB/T 10365	2014	液压电磁换向阀	—
	JB/T 10830	2008	液压电磁换向座阀	—
	JB/T 10373	2014	液压电液换向阀和液动换向阀	—
	JB/T 10369	2014	液压手动及滚轮换向阀	—
	JB/T 8729	2013	液压多路换向阀	—
	JB/T 10414	2004	液压二通插装阀　试验方法	—
	ISO 7790	2013	液压传动　四油口叠加阀和四油口方向控制阀 02、03、05、07、08 和 10 规格　夹紧尺寸规格	—
	ISO 5783	1995	液压传动　阀安装面和插装阀孔的标识规则	—
油液	GB/T 7631.2	2003	润滑剂、工业用油和相关产品（L类）的分类　第2部分:H组(液压系统)	ISO 6743-4—1999
	ISO 4405	1991	液压传动　油液污染度　采用重量法测定颗粒污染度	—
	GB/T 14039	2002	液压传动　油液　固体颗粒污染等级代号	ISO 4406—1999
	ISO 4407	2002	液压传动　液体污染　采用光学显微镜测定颗粒污染度的方法	—
	ISO 11171	2016	液压传动　液体自动颗粒计数器的校准	—

（续）

类型	标准编号	现行版本	标准名称	对应 ISO
管件及管接头	GB/T 19674.1	2005	液压管接头用螺纹油口和柱端　螺纹油口	—
	GB/T 19674.2	2005	液压管接头用螺纹油口和柱端填料密封柱端（A 型和 E 型）	—
	GB/T 19674.3	2005	液压管接头用螺纹油口和柱端金属对金属密封柱端（B 型）	—
	GB/T 2351	2005	液压气动系统用硬管外径和软管内径	—
	ISO 8434-1	2018	液压传动和通用金属管连接件　第 1 部分：24°锥形接头	—
	ISO 8434-2	2007	液压传动和通用金属管连接件　第 2 部分：37°扩口管接头	—
	ISO 8434-3		用于流体传动和一般用途的金属管接头　第 3 部分：O 形圈端面密封管接头	—
	ISO 7241-2	2000	液压传动　快换接头　第 2 部分：试验方法	—
蓄能器	GB/T 2352	2003	液压传动　隔离式充气蓄能器　压力和容积范围及特征量	—
	GB/T 19926	2005	液压传动　充气式蓄能器气口尺寸	—
	GB/T 19925	2005	液压传动　隔离式充气蓄能器优先选择的液压油口	—
密封	ISO 3601-1	2012	液压传动系统　O 形密封圈　第 1 部分：内径、横截面的公差和名称代码	—
	GB/T 2873.3	2017	液压传动连接　带米制螺纹和 O 形圈密封的油口和螺柱端　第 3 部分：轻型螺柱端（L 系列）	—
	GB/T 2878.1	2011	液压传动连接　带米制螺纹和 O 形圈密封的油口和螺柱端　第 1 部分：油口	—
	GB/T 2878.2	2011	液压传动连接　带米制螺纹和 O 形圈密封的油口和螺柱端　第 2 部分：重型螺柱端（S 系列）	—
	GB/T 2878.4	2011	压传动连接　带米制螺纹和 O 形圈密封的油口和螺柱端　第 4 部分：六角螺塞	—
	GB/T 2879	2005	液压缸活塞和活塞杆动密封　沟槽尺寸和公差	—

（续）

类型	标准编号	现行版本	标准名称	对应 ISO
密封	GB/T 2880	1981	液压缸活塞和活塞杆窄断面动密封沟槽尺寸系列和公差	—
	GB/T 3452.1	2005	液压气动用 O 形橡胶密封圈　第 1 部分：尺寸系列及公差	—
	GB/T 3452.3	2005	液压气动用 O 形橡胶密封圈　沟槽尺寸	—
	GB/T 15242.4	1994	液压缸活塞和活塞杆动密封装置用支承环安装沟槽尺寸系列和公差	—

注：GB 为国家标准；JB 为机械行业标准；ISO 为国际标准。

附录 D　习题答案

第一章　绪　　论

略

第二章　液压介质

2-1

40，运动，中心

2-2

降低或减小，增大

2-3

标准液体内摩擦力大小的黏性系数，$\mu = \tau / \dfrac{\mathrm{d}u}{\mathrm{d}z}$

2-4

液体在单位速度梯度下流动时，单位面积上的内摩擦力

2-5

C，B

2-6

C

2-7

在环境温度较高，工作压力高或运动速度较低时，为减少泄漏，应选用黏度较高的液压油，否则相反。

2-8

在拉动活塞过程中，活塞受到拉力和油液的黏性摩擦力作用，即

$$F = \mu A \frac{\mathrm{d}u}{\mathrm{d}y} = \mu \pi dL \frac{v}{h} = 0.065 \times 3.14 \times 119.6 \times 140 \times 10^{-6} \times \frac{0.5}{(120-119.6) \times 10^{-3}/2} N = 8.5N$$

第三章　流体力学基础知识

3-1

1. ×；2. ×；3. ×；4. ×；5. √。

3-2

1.　0.15MPa；2.　0.07MPa；3.　1.4MPa；4.　0.06MPa 或 0.14MPa；5. 0.1, 1, 1。

3-3

1. 根据伯努利方程，流体所具有的总能量不变，在液体流动后，具有一定的动能，且由于管径不同，因此运动速度也呈现差异，因此测压管的高度也相应发生变化。

2. 流量增大，速度增加，流体具有的动能增加，则相应的压力势能减小，因此测压管高度降低。

3. 截面大的，运动速度小，动能小，压力势能大，测压管高度高，因此排列应该为：$p_2 > p_1 > p_3$

4. 截面 3 和截面 4 的管径虽然相同，但是经过了一个弯管，产生了一定的能量损失，因此截面 4 的测压管高度要低。

5. 例如图 3-50 中液体从截面 1 流到截面 2，主要是因为流体具有一定的动能，能够克服压差而运动。

6. 如果测压管出口堵死，此时液体不能流动，转化为静力学问题，此时各测压管高度相同。

3-4

1. 沿程压力损失，局部压力损失

2. B

3. 层流，紊流/湍流，雷诺数

4. A，B

5. 紊流，惯性，动能损失；层流，黏性，内摩擦

6. 沿程压力，局部压力

7. 层流

8. BC

9. ×

10. ×

11. C

3-5

1. CD，AB

2. 当活塞运动过程中，活塞与缸体之间的泄漏为压差剪切流；当活塞运动到端部停留时为压差流；从活塞杆处向外界的泄漏以压差流为主。

3. C

4. CD

5. ABCD

3-6

以截面 I - I 作为等压面，列写静压力基本方程

左侧压力：$p_1 = p_A + \rho_A g z_A$

右侧压力：$p_2 = p_B + \rho_B g z_B + \rho_{Hg} g h$

又由于等压面，故 $p_1 = p_2$，从而推出：

$$p_A - p_B = \rho_B g z_B + \rho_{Hg} g h - \rho_A g z_A = 8349.6 \text{Pa}$$

3-7

设管内的绝对压力为 p，液面压力为大气压力 p_a。则根据静力学方程：

$p_a = p + \rho g h$，容器中的真空度为：$p_a - p = \rho g h = 1000 \times 9.8 \times 1 \text{Pa} = 9.8 \times 10^3 \text{Pa}$

3-8

两种情况下的压力相等，均为 $p = \dfrac{F}{\dfrac{\pi}{4} d^2} = \dfrac{50000 \times 4}{3.14 \times 0.1^2} \text{Pa} = 6.37 \text{MPa}$

3-9

$$q = \frac{\pi}{4} d^2 v$$

因此各速度分别如下：

液压缸活塞运动速度 $v_h = \dfrac{q}{\dfrac{\pi}{4} D^2} = \dfrac{25 \times 10^{-3} \times 4}{3.14 \times 0.05^2 \times 60} \text{m/s} = 0.21 \text{m/s}$

有杆腔输出的流量 $\quad q' = v_h \dfrac{\pi}{4} (D^2 - d^2) = 16 \text{L/min}$

进油管速度 $\quad v_{jy} = \dfrac{q}{\dfrac{\pi}{4} d^2} = \dfrac{25 \times 10^{-3} \times 4}{3.14 \times 0.015^2 \times 60} \text{m/s} = 2.36 \text{m/s}$

回油管速度 $\quad v_{hy} = \dfrac{q'}{\dfrac{\pi}{4} d^2} = \dfrac{16 \times 10^{-3} \times 4}{3.14 \times 0.015^2 \times 60} \text{m/s} = 1.51 \text{m/s}$

3-10

液体流动无泄漏，故流过每个截面的流量均相等，设为 q。

则根据连续性方程，每个截面的速度满足：$v_1 < v_2 < v_3$。

根据伯努利方程，三个截面在一条水平线上，因此满足 $\dfrac{p}{\rho g} + \dfrac{v^2}{2g}$ = 常数，因此三个截面上的压力满足 $p_1 > p_2 > p_3$。

3-11

① 以 1-1 和 2-2 截面列写伯努利方程：$\dfrac{p_1}{\rho g} + \dfrac{v_1^2}{2g} + h_1 = \dfrac{p_2}{\rho g} + \dfrac{v_2^2}{2g} + h_2 + \xi \dfrac{v_1^2}{2g}$

以截面 1-1 作为基准面，则 $h_1 = 0$，$h_2 = h$；$p_1 = p_a$，$p_2 = p_a - 0.02\text{MPa} = 0.08\text{MPa}$。油箱液面很大，因此其液体速度可以认为是零；油管中的流速：$v = \dfrac{q}{\dfrac{\pi}{4}d^2} = \dfrac{150 \times 10^{-3} \times 4}{3.14 \times 0.06^2 \times 60}\text{m/s} = 0.88\text{m/s}$。

将上述数据带入伯努利方程，得

$$h = \frac{p_1 - p_2}{\rho g} - \frac{v_2^2}{2g}(1 + \xi) = \left[\frac{0.02 \times 10^6}{900 \times 9.8} - \frac{0.88^2}{2 \times 9.8}(1 + 0.5) \right]\text{m} = 2.2\text{m}$$

② 当考虑沿程压力损失时，$\dfrac{p_1}{\rho g} + \dfrac{v_1^2}{2g} + h_1 = \dfrac{p_2}{\rho g} + \dfrac{v_2^2}{2g} + h_2 + \xi\dfrac{v_2^2}{2g} + \dfrac{128\mu h}{\pi d^4 \rho g}q$，则

$\dfrac{128\mu h}{\pi d^4 \rho g}q + h = 2.2\text{m}$，从而高度为

$$h = \frac{2.2}{1 + \dfrac{128\mu}{\pi d^4 \rho g}q} = \frac{2.2}{1 + \dfrac{128 \times 30 \times 10^{-6} \times 150 \times 10^{-3}}{3.14 \times 0.06^4 \times 900 \times 9.8 \times 60}}\text{m} = 2.1999\text{m}$$

从上面的计算看出，沿程压力损失较小，可以忽略。

3-12

1）分别取液面 1-1 和泵的入口 2-2 列写伯努利方程：

$$\frac{p_1}{\rho g} + \frac{v_1^2}{2g} + h_1 = \frac{p_2}{\rho g} + \frac{v_2^2}{2g} + h_2 + \frac{128\mu l}{\pi d^4 \rho g}q$$

以截面 1-1 作为基准面，则 $h_1 = 0$，$h_2 = h$；$p_1 = p_a$，$p_2 = 2.3 \times 10^4\text{Pa}$。油箱液面很大，因此其液体速度可以认为是零，即 $v_1 = 0$；油管中的流速 $v = \dfrac{q}{\dfrac{\pi}{4}d^2} = \dfrac{1.2 \times 10^{-3} \times 4}{3.14 \times 0.04^2}\text{m/s} = 0.955\text{m/s}$。

将上述数据带入伯努利方程，得

$$h = \frac{p_1 - p_2}{\rho g} - \frac{v_2^2}{2g} = \left(\frac{1.013 \times 10^5 - 2.3 \times 10^4}{900 \times 9.8} - \frac{0.955^2}{2 \times 9.8} - \frac{128 \times 292 \times 10^{-6} \times 10 \times 1.2 \times 10^{-3}}{3.14 \times 0.04^4 \times 900 \times 9.8} \right)\text{m}$$

$$= (8.877 - 0.046 - 0.006)\text{m} = 8.825\text{m}$$

2) 如果流量扩大一倍，则油管中的流速也扩大一倍，即

$$v=\frac{2q}{\frac{\pi}{4}d^2}=\frac{2\times1.2\times10^{-3}\times4}{3.14\times0.04^2}m/s=1.91m/s$$

带入伯努利方程得

$$h=\frac{p_1-p_2}{\rho g}-\frac{v_2^2}{2g}=\left[\frac{1.013\times10^5-2.3\times10^4}{900\times9.8}-\frac{1.91^2}{2\times9.8}-\frac{128\times292\times10^{-6}\times10\times2.4\times10^{-3}}{3.14\times0.04^4\times900\times9.8}\right]m$$
$$=8.68m$$

第四章　液压泵和液压马达

4-1

1. 机械能，液压能（或压力能）

2. 液压泵

3. 大（或粗）

4. 出油口或排油口、压油口

5. 1) 液压马达；2) 单作用叶片泵；3) 外反馈式限压变量泵

4-2

1. ×；2. ×；3. ×；4. ×；5. √；

6. ×；7. ×；8. ×；9. ×；10. ×；

11. ×；12. ×；13. ×

4-3

1. 有密封容积；密封容积周期性变化；吸油区和压油区隔离。

2. 液压泵是将机械能转化为液压能，而液压马达是将液压能转换为机械能，从能量转换来说，两者是可逆的。

液压泵为了提高性能，在结构上多存在不对称性，比如齿轮泵为了减小困油现象设置的卸荷槽，叶片泵为了叶片顺利地伸出和缩回而使叶片没有沿径向布置等；液压马达一般要求正反向旋转，因此结构上一般是对称结构。

3. 液压泵的工作压力取决于外负载。

工作压力是实际工作时的压力；而额定压力是液压泵长时间工作所允许的压力。一般工作压力小于额定压力，工作压力允许短时间超过额定压力，但不能长时间工作。

4. 略。

5. 略。

4-4

a) $p_P=0$；b) $p_P=0$；c) $p_P=\Delta p$；d) $p_P=F/A$；e) $p_P=2\pi T/V_m$。

4-5

由题意知，当液压泵出口压力为零时测得的流量即为液压泵的理论流量，即

$q_{th} = 106L/min$

① 出口压力为 2.5MPa 时，容积效率 $\eta_V = \dfrac{q_{ac}}{q_{th}} = \dfrac{100.7}{106} = 95\%$

② 由液压泵的流量方程 $q = Vn$ 知，当转速降为 500r/min 时，其流量为

$$q_{500} = \frac{q_{1450}}{n_{1450}} n_{500} = \frac{100.7}{1450} \times 500 L/min = 34.7 L/min$$

4-6

① 快进时，双泵供油，流量为：$4L/min + 16L/min = 20L/min$，工作压力为 1MPa，此时的液压功率为

$$P_1 = pq = \frac{20 \times 10^{-3}}{60} \times 1 \times 10^6 W = 0.33 kW$$

驱动电动机的功率 $\qquad P_M = \dfrac{P_1}{\eta} = \dfrac{0.33}{0.8} kW = 0.41 kW$

当工作压力为 3MPa 时，仅由小泵 $4L/min$ 供油，此时液压功率为

$$P_2 = pq = \frac{4 \times 10^{-3}}{60} \times 3 \times 10^6 W = 0.2 kW$$

此时驱动电动机的功率 $\quad P_M = \dfrac{P_2}{\eta} = \dfrac{0.2}{0.8} kW = 0.25 kW$

因此综合上述两种情况，快进快退时的功率较大，为 0.41kW。

② 采用一个定量泵时，最大工作压力由系统的最高压力进行计算，即：

$$P = pq = \frac{20 \times 10^{-3}}{60} \times 3 \times 10^6 W = 1 kW$$

$$P_{电机} = \frac{P}{\eta} = \frac{1}{0.8} kW = 1.25 kW$$

通过分析可以看出，采用两个泵可以大幅度减小系统的装机功率。

4-7

当液压缸以 0.03m/s 速度快速运行时，此时处于定量泵阶段，而以 0.006m/s 速度运动时处于变量泵阶段，因此以这两个工作点为基准，画两条线，相交。如下图所示。

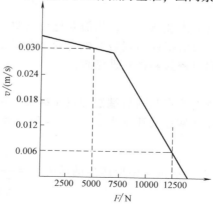

4-8

1）电动机的机械效率 $\eta_m = \dfrac{\eta}{\eta_V} = \dfrac{0.7}{0.8} = 87.5\%$

额定转矩 $T = \dfrac{pV}{2\pi}\eta_m = \dfrac{10\times10^6\times200\times10^{-6}}{2\times3.14}\times0.875\,\mathrm{N\cdot m} = 278.66\,\mathrm{N\cdot m}$

2）当外部负载为 150N·m 时，此时压力 $p = \dfrac{2\pi T}{V\eta_m} = \dfrac{2\times3.14\times150}{200\times10^{-6}\times0.875}\,\mathrm{Pa} = 5.383\,\mathrm{MPa}$

3）当转速为 59r/min 时，其输入流量 $q = \dfrac{Vn}{\eta_V} = \dfrac{200\times10^{-3}\times59}{0.8}\,\mathrm{L/min} = 14.75\,\mathrm{L/min}$

4）马达的输出功率 $P = pq\eta = 5.383\times10^6\times\dfrac{14.75}{60}\times10^{-3}\times0.7\,\mathrm{W} = 926.3\,\mathrm{W}$

或 $P = 2\pi Tn = 2\times3.14\times150\times\dfrac{59}{60} = 926.3\,\mathrm{W}$

4-9

1）输出转矩 $T = \dfrac{\Delta pV}{2\pi}\eta_m = \dfrac{(9.8-0.49)\times10^6\times250\times10^{-6}}{2\times3.14}\times\dfrac{0.9}{0.92}\,\mathrm{N\cdot m} = 362.56\,\mathrm{N\cdot m}$

2）实际转速 $n = \dfrac{q\eta_V}{V} = \dfrac{0.3\times10^{-3}\times0.92\times60}{250\times10^{-6}}\,\mathrm{r/min} = 66\,\mathrm{r/min}$

第五章 液 压 缸

5-1

1. 柱塞、活塞；2. 单作用液压缸、双作用液压缸；3. 单出杆液压缸、双出杆液压缸

5-2

1. 双出杆；2. 柱塞；3. 活塞杆式；4. 柱塞

5-3

D C

5-4

为防止泄漏和污染物进入液压系统，故需要进行密封。

活塞与缸筒的配合以及活塞杆与端盖的配合处都需要密封。

常见的密封形式有间隙密封和密封件密封。

5-5

为了防止活塞在行程的终点与前后端缸盖发生碰撞，引起噪声，影响工件精度或使液压缸损坏，一般在活塞运动速度大于 0.1m/s 时需要设置缓冲装置。

5-6

要推动负载 F_R，则在液压缸 4 中要产生的压力 $p_4 = \dfrac{F_R}{\frac{\pi}{4}D^2} = \dfrac{1962.5}{\frac{\pi}{4}\times50^2}\,\mathrm{MPa} = 1\,\mathrm{MPa}$

根据帕斯卡原理，作用在活塞 5 上的压力 p_4 也大小不变地作用在活塞 1 上，即活塞 1 所受到的力 $F_1 = \frac{\pi}{4} d^2 p_4 = \frac{\pi}{4} \times 20^2 \times 1 \text{N} = 314 \text{N}$。

因此，1）当活塞 1 上的作用力 F 为 314 N 时，可以推动活塞运动，此时密闭容腔中的压力为 1MPa；2）当活塞 1 上的作用力 F 为 157N 时，此时的作用力不足以推动活塞运动，此时密闭容腔的压力 $p_3 = \frac{F}{\frac{\pi}{4} d^2} = \frac{157}{\frac{\pi}{4} \times 20^2} \text{MPa} = 0.5 \text{MPa}$；3）当作用力 F 大于 314N 时，此时由于推动活塞运动的力仅需 314N，因此活塞做加速运动，此时密闭容腔内的液体压力由外负载 F_R 决定，即压力为 1MPa。

5-7

三种情况下都是活塞杆固定，液压缸运动。

a）有杆腔进油，推动液压缸向左运动。此时：

推力 $F_1 = \frac{\pi}{4}(D^2 - d^2) p$；速度 $v_1 = \dfrac{q}{\frac{\pi}{4}(D^2 - d^2)}$

b）差动连接，推动液压缸向右运动。此时：

推力 $F_1 = \frac{\pi}{4} d^2 p$；速度 $v_1 = \dfrac{q}{\frac{\pi}{4} d^2}$

c）柱塞缸，为单作用式，推动液压缸向右运动。此时：

推力 $F_1 = \frac{\pi}{4} d^2 p$；速度 $v_1 = \dfrac{q}{\frac{\pi}{4} d^2}$

5-8

应用牛顿第二运动定律，分别列写活塞的受力方程。

图 5-24 所示为两个液压缸串联。

① 活塞 1 的受力平衡方程：$p_1 A_1 = p_2 A_2 + F_1$

活塞 2 的受力平衡方程：$p_2 A_1 = 0 + F_2$

此时，$F_1 = F_2$

因此，$p_2 = \dfrac{p_1 A_1}{A_1 + A_2}$，所以推力 $F_1 = F_2 = p_2 A_1 = \dfrac{p_1 A_1^2}{A_1 + A_2} = \dfrac{0.9 \times 10^6 \times (1 \times 10^{-2})^2}{1 \times 10^{-2} + 0.8 \times 10^{-2}} \text{N} = 5 \text{kN}$

$$v_1 = \frac{q_1}{A_1} = \frac{12 \times 10^{-3}}{1 \times 10^{-2} \times 60} \text{m/s} = 0.02 \text{m/s}$$

1 缸从有杆腔流出的流量进入 2 缸的无杆腔，因此其速度为

$$v_2 = \frac{v_1 A_2}{A_1} = \frac{0.02 \times 0.8 \times 10^{-2}}{1 \times 10^{-2}} \text{m/s} = 0.016 \text{m/s}$$

② 当 $F_1 = 0$ 时，此时，$F_2 = \frac{p_1 A_1^2}{A_2} = \frac{0.9 \times 10^6 \times (1 \times 10^{-2})^2}{0.8 \times 10^{-2}} \text{N} = 11.25 \text{kN}$

③ 当 $F_2 = 0$ 时，$p_2 = 0$，$F_1 = p_1 A_1 = 0.9 \times 1 \times 10^{-2} \times 10^6 \text{N} = 9 \text{kN}$

5-9

建立活塞的受力平衡方程 $p_1 \frac{\pi}{4} D^2 = p_2 \frac{\pi}{4} d^2$，则输出压力 $p_2 = \frac{p_1 D^2}{d^2}$

5-10 略

第六章 液压控制阀

6-1

① 隔离作用。防止系统压力大于液压泵压力时出现倒灌现象而损坏液压泵。

② 单向流动。在节流调速回路中，为系统提供一个低阻力的流通通道。

③ 补油。当液压缸垂直放置时，由于活塞杆的快速运动导致上腔出现局部真空时，可以通过油箱为液压缸供油，防止出现气穴现象。

④ 补油。当换向阀切换到下位工作时，此时切断了液压马达的供油回路。但此时马达在负载的惯性作用下仍然旋转，造成进油口吸空，此时为防止出现气穴现象，通过单向阀从油箱为马达补油。

⑤ 进油过滤器的旁通回路。当过滤器由于堵塞而造成两端压差过大，为避免引起液压泵的入口压力过低而造成泵吸空现象，设置单向阀为液压泵提供一个快速补油通道。

⑥ 回油过滤器的旁通回路。当过滤器由于堵塞而造成两端压差过大，为避免引起由于系统的回油压力过大，设置单向阀为系统提供一个快速回油的通道。

⑦ 双向节流调速回路。通过四个单向阀的配合使用，可以仅使用一个调速阀即可实现系统的双向节流调速。

⑧ 闭式回路中的补油。由于闭式回路中执行元件的回油直接与液压泵的吸油口相通，由于泄漏、发热等问题，需要为主油路补充油液，此时单向泵通过单向阀为主系统补油。

6-2

1. M 或 H

2. P

3. M 或 O

4. H 或 Y

5. M 或 H

6-3

工况	图 6-29（O）	图 6-30（M）	图 6-31（Y）	图 6-32（P）
系统保压	是	否	是	是（差动）
系统卸荷	否	是	否	否
换向精度	准确	准确	不	—
起动平稳	平稳	平稳	不平稳	差动
液压缸浮动	否	否	是	差动
制动冲击	有	有	无	—

6-4

负

6-5

a）和 c）

6-6

1. 进、进、闭

2. 出、进、出、开

3. 通断、闭

6-7

1. 先导阀、主阀

2. 直动式、先导式

3. 主阀

4. 进、闭

5. 压力之和、最小设定

6. 压力、减压

7. 串、出、开

8. 等于、大于

6-8

① 因为阀芯打开和关闭时所受的摩擦力方向不一致而导致。

② 先导式减压阀。比较式（6-5）和式（6-9）可知，与直动式相比，先导阀入口压力 p_3 基本恒定，而先导式溢流阀的主阀弹簧刚度比较小，因此其 F_s 比较小，从而先导式溢流阀的调压偏差较小。

6-9

当进口压力高于先导阀设定压力后，在主阀芯上下两端产生压差以打开主阀进行溢流。

6-10

溢流阀的流量压力曲线表示的是溢流阀的入口压力随溢流量的变化规律，当溢流阀通过的流量越多，阀口开度越大，弹簧的预压缩量也就越大，根据式（6-7）

可知，进口压力也就越高。

而常说的溢流阀能稳定入口压力指的是输入流量不变的情况下，在干扰情况下，进口压力上下波动后能自动稳定在设定值的性质。

6-11

阀A和B串联，阀C为阀A的先导阀。由于阀C的设定压力小于阀A的设定压力，因此阀A由阀C决定，即为2 MPa。阀A和B串联，即压力为：3MPa+2MPa=5MPa。

所以液压泵的出口压力为5MPa。

6-12

1）夹紧缸快速运动时，由于没有带动负载，可以认为压力为零，此时溢流阀和减压阀均不工作。故此时：$p_A = p_B = p_C = 0$MPa；当夹紧缸夹紧工件后，此时夹紧缸不动，假设此时主油路的压力无穷大，此时溢流阀工作，故此时：$p_A = 6$MPa；减压阀工作，其出口压力 $p_B = p_C = 3$MPa。

2）工件夹紧后，主油路压力降低，此时由于单向阀的作用，$p_C = 3$MPa；而减压阀的进出口压力均与主油路保持一致，即 $p_A = p_B = 1$MPa

6-13

1）缸1运动时，其入口压力 $p_C = \dfrac{F_1}{A_1} = \dfrac{14 \times 10^3}{100 \times 10^{-4}}Pa= 1.4$MPa

缸2运动时，其入口压力 $p_B = \dfrac{F_2 + A_2 p_背}{A_1} = \dfrac{4250 + 0.15 \times 10^6 \times 50 \times 10^{-4}}{100 \times 10^{-4}}Pa=$

0.5MPa

液压泵出口压力 $p_A = p_C + \Delta p = 1.4MPa+ 0.2MPa= 1.6$MPa

2）一般减压阀工作时，其进出口压差在1MPa以上即可以可靠工作，即在缸2工作时，减压阀的设定压力为0.5MPa，进口压力为1MPa+0.5MPa=1.5MPa$<p_A$，即可以认为缸2工作时，缸1保持不动。只有当缸2运动到位后，压力升高才驱动缸1动作。

即工作顺序为缸2先动，到位后缸1再动。

3）由于两缸是分时动作的，因此速度大的缸所需的流量即可认定为需要液压泵输出的流量。

由于两缸面积相同，因此速度快的流量大，由于缸2速度大，因此缸2所需要的流量即是液压泵需供给的流量，即 $q = v_2 A_1 = 4 \times 10^{-2} \times 100 \times 10^{-4} \times 10^3 \times 60L/min= 24$L/min。

6-14

a）外控式顺序阀，防止液压缸下行速度过快。

b）内控式顺序阀，平衡重物与液压缸活塞重力。

c）外控式顺序阀，在系统压力较高而流量较小时，使左侧的低压大流量阀卸荷。

d）内控式顺序阀，使系统在阀5和两个顺序阀的配合下一次完成夹紧动作①、钻孔动作②、钻孔退回③和夹紧缸松开④的顺序动作。

6-15

1）顺序阀在前，溢流阀在后，顺序阀相当于由于开关。

当 $p_X > p_Y$ 时，液压泵的出口压力即为 p_X，顺序阀的出口压力为 p_Y。

当 $p_X < p_Y$ 时，液压泵的出口压力即为 p_Y。

2）溢流阀在前，顺序阀在后，顺序阀相当于由于溢流阀出口的背压。

此时液压泵的出口压力为 $p_X + p_Y$。

6-16

1）换向阀处于中位，液压泵到液压缸的通路断开，此时溢流阀、顺序阀和减压阀均工作。因此：

液压泵出口压力 $p_A = 4\text{MPa}$

顺序阀的出口压力等于液压泵的出口压力，即 $p_B = 4\text{MPa}$。

减压阀的出口压力为其设定压力，即 $p_C = 2\text{MPa}$。

2）1YA 通电，液压缸 I 运动时，此时液压缸的负载压力 $p_B = \dfrac{F_L}{A_1} = \dfrac{35 \times 10^3}{100 \times 10^{-4}}\text{Pa} = 3.5\text{MPa}$。

此压力大于顺序阀的设定压力而小于溢流阀的设定压力，因此 $p_A = 3.5\text{MPa}$。

C 点压力保持，即 $p_C = 2\text{MPa}$。

当活塞运动到终点位置时，此时三点压力与第一问的结果相同。

3）2YA 通电，II 缸工作。

当活塞运动时，此时负载压力为零，减压阀不工作，因此 $p_A = p_C = 0\text{MPa}$。

顺序阀不工作。

当活塞碰到挡铁后，此时状态与第一问相同。

6-17

负载压力：$p_L = \dfrac{F_L}{A_1} = \dfrac{10 \times 10^3}{50 \times 10^{-4}}\text{Pa} = 2\text{MPa}$

a）减压阀回路

由于减压阀设定压力为3MPa，大于负载所需压力，因此减压阀不工作，阀口常开，即：$p_A = p_B = p_L = 2\text{MPa}$。

当活塞停止运动时，此时减压阀和溢流阀工作，此时：$p_A = p_Y = 5\text{MPa}$，$p_B = p_J = 3\text{MPa}$

b）顺序阀回路

只有当顺序阀工作时，液压缸才能运动，因此，$p_B = p_L = 2\text{MPa}$，$p_A =$

$p_X = 3\text{MPa}$。

当活塞停止时，溢流阀工作，此时 $p_A = p_B = p_Y = 5\text{MPa}$

6-18

a) 安全阀，负载压力

b) 溢流阀，5MPa

c) 溢流阀，$p_P = \dfrac{F}{A_1} + \dfrac{\rho A_2}{2A_1}\left(\dfrac{q_T}{C_d A_T}\right)^2$

d) 安全阀，$p_P = \dfrac{F}{A_1}$

第七章　液　压　辅　件

略。

第八章　液压基本回路

8-1

略。

8-2

1. q/V_M；$q/2V_M$；$\dfrac{2pV_M}{\pi}$；pq

2. 马达排量；变量泵；泵排量；马达

3. 行程；压力；机械；液压

8-3

1. BCD；A

2. B；A

3. B；C

4. B；C

5. ABC；A

6. AC；B

7. C；D

8. C；C

9. C；B

8-4

1. ×

2. √

3. √

4. √

8-5

① 液压缸无杆腔的压力 $p_L = \dfrac{F_L}{A_1} = \dfrac{2\times10^3}{100\times10^{-4}}\text{Pa} = 0.2\text{MPa}$

液压泵的出口压力　　　$p_P = p_L + 0.03\text{MPa} = 0.23\text{MPa}$

因此时节流阀有压降，溢流阀开始工作，因此液压泵的出口压力即为溢流阀设定压力，$p_Y = p_P = 0.23\text{MPa}$

② $p_L = \dfrac{F_L}{A_1} = \dfrac{1.5 \times 10^3}{100 \times 10^{-4}}\text{Pa} = 0.15\text{MPa}$

液压泵的出口压力　　　$p_P = p_L + 0.03\text{MPa} = 0.18\text{MPa}$

由于此时没有达到溢流阀的设定压力，因此去往节流阀的流量增多，液压缸的运动速度加快。

③ 由于采用了调速阀，因此速度基本无变化。

8-6

工况	1YA	2YA	3YA	4YA
快进	+	−	−	−
工进	+	−	+	−
快退	−	+	−	−
停止	−	−	−	−
卸荷	−	−	−	+

特点：先导型溢流阀卸荷回路卸荷压力小、冲击小，回油节流调速回路速度平稳性好，发热、泄漏节流调速影响小，用电磁换向阀易实现自动控制。

8-7

工况	1YA	2YA	3YA	4YA
快进	+	−	+	+
1工进	+	−	−	+
2工进	+	−	−	+
快退	−	+	+	+
停止	−	−	−	−

8-8

工况	1YA	2YA	3YA	4YA
快进	−	−	+	+
工进	+	−	−	+
快退	−	+	−/+	+
停止泵卸荷	−	−	−	−

8-9

工况	1YA	2YA	3YA	4YA
快进	+	−	+	−
1工进	+	−	−	−
2工进	+	−	−	+
快退	−	+	+	−
停止	−	−	−	−

8-10

工况	1YA	2YA	3YA	4YA
快进	+	−	+	−
1 工进	+	−	+	−
2 工进	+	−	−	+
快退	−	+	+	−
停止	−	−	−	−

8-11

工况	1YA	2YA	3YA
快进	+	−	+
工进	+	−	−
快退	−	+	−
停止	−	−	−

液压系统的特点:

采用回油节流调速回路保证稳定的低速运动,较好的速度刚度;提高了运动的平稳性,起动冲击小;采用差动连接实现快进,能量利用经济合理。

8-12

工况	1YA	2YA	3YA
快进	+	−	−
工进	+	−	+
快退	−	+	−
停止	−	−	−

液压系统的特点:

采用进油节流调速回路保证稳定的低速运动,较好的速度刚度;采用背阀提高了运动的平稳性,起动冲击小;采用差动连接实现快进,能量利用经济合理。

8-13

1) 定量泵旁路调速回路。

2) 二通调速阀。

3) 旁路节流调速回路,溢流阀做安全阀用,因此压力最高;系统的工作压力次之,减压阀的设定压力最小。

8-14

1) 阀 a 是外泄式顺序阀,当液压缸上腔进油活塞下行时,为活塞和模具提供一定的背压,使其运动平稳。

阀 b 是外泄式顺序阀,为了给液控换向阀提供一定的控制压力;

阀 c 是外控式卸荷阀,当系统压力升高到该法设定压力时,将液压泵 1 卸荷;

阀 d 是溢流阀，是控制系统最高工作压力的安全阀。

2）

阀 a 的设定压力为平衡活塞和模具的压力：

$$p_a = \frac{(G_1 + G_2)}{\frac{\pi}{4}(D^2 - d^2)} = \frac{3000 + 5000}{\frac{3.14}{4} \times (0.25^2 - 0.2^2)} \text{Pa} = 0.45 \text{MPa}$$

阀 b 主要是形成一定的控制压力，设定压力 1～1.5MPa 即可；

阀 c 的设定要保护液压泵 1 的压力不超过最大压力，即设定压力为 7MPa

阀 d 应保证不超过液压泵 2 的最大工作压力，即设定压力为 32MPa

8-15

图示液压系统中有下列错误：

1）直动式 P 型溢流阀无远程控制口，液压泵不能实现远控卸荷。应更换为先导式 Y 型溢流阀。

2）单向阀装反了，系统无法实现节流调速。

3）行程阀应为常开型。图示情况不能实现"快进转工进"机动控制。

4）压力继电器应装在节流阀出口，才能反映液压缸无杆腔压力变化。实现活塞碰死挡后迅速快退。

5）背压阀应装在换向阀右边 T_2 回油路上，图示装法工进时无背压，快退时反而有背压。

8-16

本题采用了顺序阀来实现顺序动作，但是采用的是内控式。

两缸并联回路，缸 A 需要实现节流调速，液压泵输出压力已由溢流阀的调定压力所决定，当顺序阀的调整压力等于或低于溢流阀的调定压力，缸 A、B 将同时动作，当顺序阀调整压力高于溢流阀调定压力时，缸 B 不能动作。

要使 A 先动，结束后才使 B 动，应该将 A 的压力作为控制信号来控制顺序阀，且顺序阀的设定压力要大于缸 A 的工作压力，改为下图示形式。

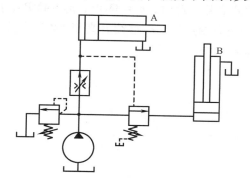

8-17

1)

工况	1YA	2YA	3YA	4YA	5YA
快进	+	−	+	−	+
Ⅰ工进	+	−	−	−	+
Ⅱ工进	+	−	−	+	+
快退	−	+	+	−	+
停止、泵卸荷	−	−	−	−	−

2)

$$p_1 A_1 = F + p_2 A_2$$

$F = 0$ 时

$$p_2 = p_Y \frac{A_1}{A_2}$$

代入数值,得节流阀进口压力

$$p_2 = 20 \times 10^5 \times \frac{80}{40} \mathrm{Pa} = 40 \times 10^5 \mathrm{Pa} = 4 \mathrm{MPa}$$

3)工进时,负载 F 变化,活塞速度有变化。因为当 F 变化时,由活塞受力平衡方程式知, p_2 也随之变化,即节流阀前后压差 $\Delta p (= p_2)$ 变化,由节流阀流量方程。

$q_T = K f \Delta p^m$ 知,通过节流阀的流量 q_T 随之变化;活塞运动速度 $v = \dfrac{q_T}{A_2}$,速度 v 也变化。

8-18

1)由于减压阀 2 处于常开状态,当液压泵起动后, p_1 立即达到 1.5 MPa,推动缸Ⅰ活塞运动。此时, $p_1 = p_P = 1.5 \mathrm{MPa}$,所以 $p_2 = 0$ 。

2)当缸Ⅰ活塞运动至右端点后, p_1 、 p_2 立即同时升高, p_1 升至调定压力 3MPa,阀 2 将处于关闭状态,保持 $p_2 = 3 \mathrm{MPa}$; p_P 继续升高,至阀 3 调定值 4 MPa 时,打开阀 3,缸Ⅱ活塞右移。此时, $p_1 = 3 \mathrm{MPa}$, $p_P = 4 \mathrm{MPa}$, $p_2 = 1 \mathrm{MPa}$ 。

当缸Ⅱ活塞也运动至右端点后, p_P 继续升高至 5MPa,溢流阀 1 开启溢流。此时, $p_1 = 3 \mathrm{MPa}$, $p_2 = p_P = 5 \mathrm{MPa}$ 。

参 考 文 献

［1］ 路甫祥. 液压气动技术手册［M］. 北京：机械工业出版社，2002.

［2］ 雷天觉. 新编液压工程手册［M］. 北京：北京理工大学出版社，1998.

［3］ 陈淑梅. 液压与气压传动（英汉双语）［M］. 2 版. 北京：机械工业出版社，2014.

［4］ 王积伟. 液压传动［M］. 3 版. 北京：机械工业出版社，2018.

［5］ 李壮云. 液压元件与系统［M］. 3 版. 北京：机械工业出版社，2011.

［6］ 姜继海. 液压传动［M］. 哈尔滨：哈尔滨工业大学出版社，2015.

［7］ 左建民. 液压与气压传动［M］. 5 版. 北京：机械工业出版社，2016.

［8］ 王洁. 液压传动系统［M］. 4 版. 北京：机械工业出版社，2016.

［9］ 吴望一. 流体力学［M］. 北京：北京大学出版社，1982.

［10］ 林建忠. 流体力学［M］. 2 版. 北京：清华大学出版社，2013.

［11］ E·约翰芬纳莫尔，约瑟 B·弗朗兹尼. 流体力学及其工程应用［M］. 钱翼稷，周玉文，等译. 北京：机械工业出版社，2009.

［12］ 李玉柱. 流体力学［M］. 北京：高等教育出版社，2008.

［13］ 吴根茂. 新编实用电液比例技术［M］. 杭州：浙江大学出版社，2006.

［14］ 王积伟. 液压与气压传动习题集［M］. 北京：机械工业出版社，2008.

［15］ 刘银水. 液压与气压传动学习指导与习题集［M］. 2 版. 北京：机械工业出版社，2016.

［16］ 阎祥安. 液压传动与控制习题集［M］. 修订版. 天津：天津大学出版社，2004.

［17］ 李振水. 液压系统污染分析与故障预防［M］. 北京：航空工业出版社，2016.

［18］ 王强. 液压系统污染控制［M］. 北京：国防工业出版社，2010.

［19］ 王春行. 液压控制系统［M］. 2 版. 北京：机械工业出版社，2000.

［20］ 管忠范. 液压传动系统［M］. 3 版. 北京：机械工业出版社，2004.

［21］ 张海平. 实用液压测试技术［M］. 北京：机械工业出版社，2018.

［22］ 张海平. 液压平衡阀应用技术［M］. 北京：机械工业出版社，2017.

［23］ 张海平. 液压螺纹插装阀［M］. 北京：机械工业出版社，2012.

［24］ 周盛. 液压自由活塞发动机运动特性及其数字阀研究［D］. 杭州：浙江大学，2006.

［25］ 成大先. 机械设计手册：第 5 卷［M］. 6 版. 北京：化学工业出版社，2016.

［26］ 闻邦椿. 机械设计手册：第 4 卷［M］. 6 版. 北京：机械工业出版社，2018.

［27］ 成大先. 机械设计手册：单行本. 液压传动［M］. 6 版. 北京：化学工业出版社，2017.